心灵疗愈

宋兴川 著

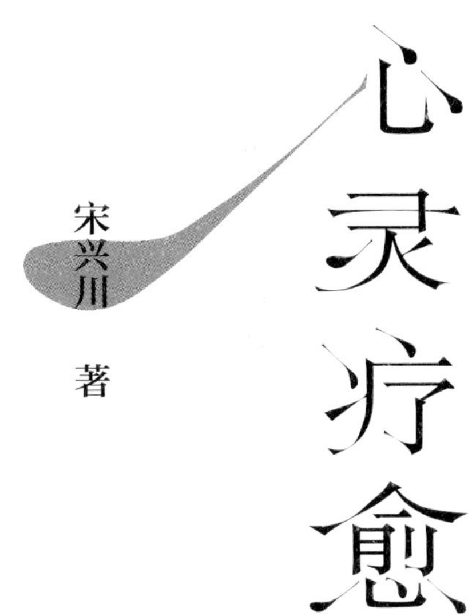

随着梦想的实现
我们不断地获得生命的成长
也得到心灵的蜕变与超越

中国社会科学出版社

图书在版编目（CIP）数据

心灵疗愈 / 宋兴川著. — 北京：中国社会科学出版社，2017.12
ISBN 978-7-5203-0824-3

Ⅰ.①心… Ⅱ.①宋… Ⅲ.①人生哲学 Ⅳ.①B821

中国版本图书馆CIP数据核字（2017）第195884号

出 版 人 赵剑英
责任编辑 郭晓娟
责任校对 李 享
责任印制 王 超

出 版 中国社会科学出版社
社 址 北京鼓楼西大街甲 158 号
邮 编 100720
网 址 http://www.csspw.cn
发 行 部 010-84083685
门 市 部 010-84029450
经 销 新华书店及其他书店

印刷装订 北京明恒达印务有限公司
版 次 2017 年 12 月第 1 版
印 次 2017 年 12 月第 1 次印刷

开 本 710×1000 1/16
印 张 18.5
插 页 2
字 数 275 千字
定 价 58.00 元

自序：人在旅途

我喜欢旅行，尤其喜欢在旅行中与各种各样有故事的人交流，我们走进彼此的内心，倾听彼此生命中的故事。在令人感动的故事里，我们认识自我、分析社会并探讨生命的意义，由此化解心中的烦恼，心灵得到不断成长。我认为，这些都是我们内心的需要，也是每个人关注并感兴趣的主题。因为它涉及我们的生活目标或行为背后的原因。

我曾在南方某大学工作了八年，那是我一生中最宝贵的一段时光，也是我认识自我、洞悉社会，获得自我成长的难忘且不可多得的经历。从不惑之年到知天命，我没有要获取学位的焦虑，也没有科研任务的压力，更没有评职称的恐慌。这段闲适的岁月，让我得以怀旧惜往，思考人生。

这八年，我经历了美好，也遭遇了发展上的挫折，但我经过孤独地思考，感悟了尊严、自由、爱与公平的含义。就在这八年里，我的孩子经历了小升初、中考和高考的磨炼；我申请并报批了国家社科基金；开创了一门新课《绘画与心理治疗》，并进入社会开展了专项的培训；我还独自去西藏，去发现另一种有信仰的生活。

更重要的是我的心灵发生了蜕变，逐步获得自我的疗愈。

……

所有的这些人生际遇，让我静下心来，一边认识人生，一边认识自我。人们说人的成熟要经受寂寞与孤独，这话一点都不假。只有忍受寂寞与孤独，人的心才能静若止水，才能不为外界的诱惑所纷扰，也才能专心思考当下的问题。

思考，是非常奇妙的思想旅行。我卧在松软的沙发上旁若无人地阅读沉思，有时会想得很远，思绪如流，由一个问题不断想出好些事。这使我经常产生一些奇怪的想法，脑中还会闪现一些静止的画面。这如醉如痴的状态，让我有种入禅的极乐体验，有时甚至会听到遥远的地方传来的很细的呢喃。如果没有沉下心来，我是无法感受与体验到这灵动的精神世界。

我曾经进入过这样的世界 ——

这是一种美好的入静状态，你就是你自己，内在的我在你的心头游动。你可以感觉甚至触摸到它的存在，它对你絮语，俘获你的精气神，与你进行自我的对话。

这是你平时少有的状态，你静静地感受内心的呼唤。你的呼吸微弱如游丝一般，然而思想却异常活跃。你内心的我与外在的我融为一体，如一团柔软的云。它，那么缥缈，如轻纱曼舞，如在极静的无风的草原点燃的一炷香。那细白的烟从燃火的香头产生，直直地生长。

它，像被时间凝固的一发射出鞘的箭，慢慢直刺蓝得不能再蓝的浩渺天空……

美极了。

一切的一切都凝固了，像一幅静谧的画。

定格了。

没有了声音，没有了气味，没有了时间，只是身心木然的一个刹那。

……

图 0.1　有些体验只有自己才能感受到，回归内心，会发现另一个自己

有次看书，里面有段描述“纯粹的意识经验”的文字，我认为上面描绘的就是纯粹的意识经验，也是我心灵深处的呼唤。

每每如此，我都会凝神，忘了我周围的一切。随着心底一股莫名的力量的涌动，有个声音命令我：把内心的涌动写下来！

有时是先围着某个题目，更多的时候是出于某种冲动，神奇的是，待我快写完时，我的主题会忽然凸显出来。当我痛快淋漓地把内心的感受全部呈现出来之后，我会如释重负，浑身倍感轻松。我知道，当我写完了一篇文章，盘桓在我内心多日的困惑就会搞清楚了，躁动的心灵也平静了。

写完一篇文章的愉悦是无与伦比的，它不是感官上的爽，而是内心的通透与舒畅，它是细致的，以至于我能听到气息的流动，感觉到心的低语。

就在这种心情下，我写了上百篇感悟人生、感悟生命的随笔。当我把这些文章排在一起时，我很惊讶。在不知不觉中，我竟写下了这么多的文字，它们涌动着思想，每个题目都闪耀着灵光。当你循着文章题目往下读时，你会发现所有的文字都围绕着一个魂。如果抓住这个魂，你便能触摸到思想的海洋。这是一个殷实的精神家园，因为我把对这些论题的所思所感一股脑儿全倾泻在这里。这里也是我生命的源，因为凡是我敬重的问题我都会思考，并写下来，形成我思想涌动的泉。如果你用心地泛舟，细细地汲取，可能会发现，在这个精神的海洋里，有不同种类的主题，正如我在人生不同阶段会关注与思考不同的问题。竹子有节人生有段，每个题目就是我人生不同的旅行驿站，不是歇脚的而是梳理思想的驿站，最后都通向心灵的疗愈。无疑，有了这些精神琼浆，我的苦恼减少了，找到了迷失的自我，明确了人生的方向。我对未来将遭遇的艰难不再畏惧，反而有了克服困难的睿智和勇气。

有了这些思想的驿站真好，它们是化解我思想痛苦的良药，是滋养我精神生活的食粮，有了它们思想就不孤独，有了它们我会走进大彻大悟的人生。

宇宙有多大思想就有多深邃。虽然我不是哲学家，对人生、社会、自然与宇宙的思索也赶不上思想家，但是我是一个有意识爱思考的人。人生的每一步，我都很谨慎，因为我想做一个明白人。虽然人的出身不能选择，但人走的路是可以选择的。我从社会的底层一路风尘走来，我不能对不起自己，因为生命只有一次。当我步入暮年回忆往昔时，我不会因虚度年华而羞愧，也不会因碌碌无为而悔恨。我是一个平凡的人，但我能说：“我没有虚度年华，我努力做了我应该做的事，岁月记得我曾在这里走过，我的生命曾绽放过光明。足矣！”

这是我对人生的感悟，思想的涌动都收集在这本书里，这也是我心灵疗愈的写照。我不是为完成某个任务而拼凑出这个集子的，我是真真切切用心灵在歌唱我对生活的领悟，用生命在探索自我成长。我很希望与读我书的人分享与交流，期待我们能深刻地认识自己，更好地理解人生，在获得心灵的成长中，努力走好我们明天的路。

图 0.2　生命在不断地成长，任何力量都压不住追求成长的力量

在人生旅途中，我要感谢这几年的心灵对话者。他们是：李丽虹、上官玉彦、黄爱玲、唐晓诚、刘燕燕、高伟光、方盛良，尤其是李丽虹，她是我精神的伴侣、心灵疗愈的促进者，以及部分文稿的修改者。

我还要感谢浙江丽水学院的资助，更要感谢于奇芳、魏宇两位同学参与插图的绘制工作！

是为序！

宋兴川

浙江丽水学院

2017.6

目　录

第一章　从哪里来

第二章　到哪里去

第三章　追梦的出征

第四章　行在旅途

第五章　经受苦难

第六章　心在炼狱

第七章　圆梦的成功

第八章　怀旧

第九章　人生使命

第十章　我思故我在

第十一章　精神还乡

第一章　从哪里来

荣格认为人是有原型的，这是人生命的起点。我们内心有英雄的原型，也有灰姑娘蜕变为凤凰的原型。

以往的经历，尤其是早年的经历镌刻在我们的生命里，成为我们潜意识里的东西，形成我们的生活空间，又组成我们自我概念的一部分。我们正是从那里来，然后像英雄那样出征，经受磨难、战斗，而后获得圆满的成功。随着年龄的增加，我们越来越认同人生的成功是做自己喜欢做的事，听从内心的召唤。其实，人生就是一场旅行，从混沌走向明确，从软弱走向强大，从自卑走向超越，从迷茫走向成功。

人在旅途，我们都想践行自己的使命，有一个不悔的人生。

那么，什么是不悔的人生呢?

无疑，我们需要想明白我们从哪里来，也需要关注自己的内心，还需要顺应生命的道。

什么是幸福

每个人都在追求幸福，临别赠言或新年问候也都是在彼此祝福。如果要问什么是幸福，有几个人就可能有几种不同的说法，想找一个统一的答案真的很难。这其实正说明幸福对我们每个人来说都不一样，每个人的幸福都打上了各自不同的人生烙印。

但是如果对幸福没有比较明确的界定，就很难确定我们的人生目标，也很难评判我们是否幸福。

什么是幸福？抛开其他认知角度，从共同的内心体验上，我认为幸福带给人的是积极愉快的体验，也就是内心的和谐和身心圆满的状态，进而人能够沉浸其中而忘记周围的一切。这类似于心理学家马斯洛描述的高峰体验。即使用再瑰丽、华美的语言，也无法向别人说清，这取决于每个人的体验和自身的感悟能力。为具体说明幸福的内涵，我从以下三个方面理解：

图 1.1　幸福不是写在脸上的微笑，而是发自内心的微笑

从愉悦的体验来说，幸福取决于人的需要是否被满足。需要被满足了就获得了幸福，不过一定是满足自己内心所产生的需要，而不是别人给予你的。这又引出另一个重要问题，你内心的需要究竟是什么？我们很多人，是在被别人夸奖的环境中长大的，为了获得心目中重要人物的褒奖，往往忽视了自我的需求。还有一些追求完美的人，为了面子

和自尊，盲目攀比，取悦他人。显然，他们的需要就是获得优越感。这两类人都是不断地追求幸福，但他们抱怨、妒忌、紧张和不安，始终与幸福擦肩而过，这些人往往不知道自己需要什么或什么都想得到。

马斯洛把人的需要发展划分为五个层次[①]，在个体的成长过程中，不同时期的主导需要不同。所以，不同年龄段的个体，他们的幸福观也是不同的。这就是为什么亲子之间容易出现矛盾和冲突，有很难逾越的“代沟”。所以，父母要让孩子幸福就必须站在孩子的位置，满足他的内心需要。

不同时代的生活主旋律不同，每个时代的幸福观也有差别。人的需要很难超越他所处的年龄和社会时代。

从内心和谐的状态而言，幸福是人的观念和行为的一致，尤其是人的各种观念是逻辑一致而没有冲突的。也就是说，人对自己过去、现在和未来的看法具有同一性，认同自己并悦纳自己。其实，这些说法本质上都强调人是一个整体，内外统一、身心一致。这是美国心理学家费斯廷格的认知不协调理论的精髓：追求和谐一致。处于这种和谐境况的个体，内心似一泓清水，清澈见底；如乳臭未干的孩童，心地纯真，敢哭敢笑，常常眼泪还未擦干已露出笑容。人常说：小时候的幸福是单纯的，长大后的单纯亦是幸福的。这些人活得轻松，内外一致，一切都是内心真实情感的流露。他们活在当下，聚精会神，言行一致，身心浑然一体。

这是一种幸福，不过孩子不知道自己表现出的这种状态，在成人眼里叫幸福。这正应了一句话：幸福的人并不追求幸福，一直追求幸福的人可能是内心极度缺乏幸福的人。

从幸福是身心圆满的状态看，幸福不仅是内心一致、和谐，而且是身心活在当下自我的世界中。也就是说，身心处于忘我的境界，它是一种身心整合在一起的状态，这种状态能让人感觉到心的跳动和呼吸的急促，然而内心却很平静，仿佛能听到心灵的天籁之声。此刻，它可能失去了自我，

---

① 叶奕乾、何存道、梁宁建主编：《普通心理学》，华东师范大学出版社 2004 年版，第 320 页。人类的需要具有层次性，包括生理需要、安全需要、归属与爱的需要、尊重的需要，以及自我实现的需要。

身不由己，好像平常写不出几句话的笔，刹那间像汩汩泉水一样，冒出来，涌到笔尖……

知道了幸福的含义，那么从哪里寻找幸福呢？我认为幸福不在外部世界，它只能从人的内部世界寻找。

幸福感来自人需要的满足。人的需要分为精神需要与物质需要。精神是指向于人的内心，物质则是外部世界。在物质世界中，由于人的欲望是无穷的，为了追逐欲望的满足，人们残酷地竞争以获取更多的资源。但外部世界难以满足人们所有的欲望——对权力、金钱、财富、美色等的占有，人们会永远活在对欲望的角逐中，活在担心失去优势的焦虑与恐惧中。为了满足需要，人们只有不吝朝夕、永不停歇地斗争。在这种欲望驱动下，人们是无法从外部世界获取幸福的，难怪中国流传这样的谚语：知足常乐。那么，怎样才能规劝人们将欲望合理化，这涉及人们评判“知足”的标准，其实质是人们的认知问题，也就是价值判断问题。这又涉及人的精神了，也就是人的意识、思维和情感状态等。矛盾论认为，事物变化的内因是根本，外因是条件。无论社会有什么期待，只有将它转化为个体内心的需求，才能达到社会教化的目的。只有调整我们的认知，并让它们成为个体内心的一部分，才能达到心灵洗礼的目的，进而唤起幸福体验。为了获得这种幸福，我们要调准方向——不是去外部世界无止境地获取，而是从内心认知参照体系中去寻觅、领悟。虽然寻找的路程可能很漫长，也会经受内心的痛苦，但我们只有耐住性子苦思冥想，才有可能顿悟天机，让自己幸福。这是自我力量的发现，也是内心的炼狱。如果把这个悟道的信念放到内心的神龛，我们就会拥有无上荣光。这是我们生命的天，滋养我们内心的宁静与平和，唤起我们幸福的体验。无论白昼黑夜，还是四季更迭，我们都守望着它，它也会忠心陪伴我们，化解我们漫漫人生的孤独与寂寞，进而让我们怀着一颗孩子般纯真的心，祥和、达观地走完幸福人生。

明白了幸福要从内心寻找，那么幸福有没有大小，以及应该如何衡量呢？我认为幸福是不能度量的，因为人类精神层面的东西不能用物质世界的衡量方式去标定。

为了获得约定俗成的成功，我们进入各行各业奋斗打拼，以期在竞争中获得优势，在与同僚的比较中获得赞誉和肯定。不用说，这种动机很容易激起我们的攀比之心，让我们不断地去获取更大的成功，我们很享受这种“大”“全”“多”的占有感，以及别人投来的羡慕眼光。别人也可能会认为我们幸福得不得了，获得了一辈子都享用不完的幸福，我们会幸福得睡不着了。我们确实睡不着觉，但这显然不是享受幸福的状态，可能在遭受内心焦虑与恐惧的困扰。我们困惑该如何维持耀眼的财富而不落伍，我们为难不知怎样更好地协调处理因财富、名声大噪而滋生的各种社会关系，我们会为此苦恼，要一刻不停地忙碌与应酬，而无暇享受片刻的宁静。我们也许会在应酬之后思考我是否幸福，扪问内心我为什么活着。我们自己最清楚：我们不幸福。我们不明白为何追求幸福反倒不幸福。别人眼中的我们是幸福的，我们自己却感觉不到幸福。这其实说明幸福不能用经济利益最大化的原则去评判，也不能用简单的加减法的累积模型。幸福是个人精神层面的东西，用世俗的观念很难理解。这就引出一个尖锐的命题，即精神层面的东西不适合用物质世界的规则进行运算、衡量。

幸福不能说最大最小，也不能进行比较。饥饿时任何果腹的食物，都能让人获得身心的满足和愉悦。既然是任何食物，那就没有贵贱之分了。地瓜、甘薯和大鱼大肉对饥饿者都一样，所以人饿了吃什么都香。当然一定是饥饿时吃东西才会有真正的幸福感，什么东西都好吃。

饥饿的乞丐吃到食物的感觉和体验与身无分文的彩民中了大奖那一刻的幸福、快乐是一样的。摆脱世俗的观点，用心去体会，两者都是身心圆满愉悦的状态，没有大的幸福与小的幸福的区别。一个人即将与相恋的人结婚，另一个人马上要与他不爱的人结束痛苦的婚约，这两个事不一样，但当事人都是得到自己渴望的东西，他们体会到的幸福是同质的，不能说谁比谁更幸福。

朋友，我们都在追求幸福，要知道幸福是一种精神与身体一致的愉悦状态，它来自内心的体悟，不能用外界世俗的观念去评判多寡。幸福的获得仅仅靠等待是不行的，它需要在日常生活中付出行动。幸福存在于我们的内心，只要我们用心去做事，而不考虑价值的多寡，它就会出现，召唤我们，吸引我们加快步伐去追赶。

感悟：我们人生的目标是追求幸福。什么是幸福，它从哪里来，又怎样实现，这是人在旅途必须回答的问题。明白了这个问题，我们才能知足常乐，怡然自得。幸福在我们内心，是不能比较的；幸福需要追求，它是身心圆满的状态。

赶　集

20 世纪 70 年代的一个冬季，父亲带我去赶集，为即将到来的漫长冬季置办一些耐贮存的蔬菜。当时的冬季比现在冷，在北方根本吃不到新鲜的蔬菜，为熬过冬天家家都需买些大白菜、土豆、辣椒和蒜。

虽然很冷，但我还是毫不犹豫地从热被窝中爬起来了。当时的生活比较单调，能外出赶集，见到熙熙攘攘卖山货的场面，已经是一场难得的好戏。还有可能在热气腾腾的小吃摊上吃到好吃的东西，那是内心深处不愿启齿而又最真切的向往。

躺在床上的母亲说："你把他叫起来干吗？这么冷的天，你一个人去吧！"

"让他锻炼一下，一个男孩子，也是个帮手，在集上帮我看个东西什么的。"

"还没有吃饭呢，这么冷的天。"母亲有些责怪。

"带他到集上吃吧！"父亲回应道。

父亲说的话，我只听到这一句：到集上吃饭。我顿时没有了睡意，飞快穿好衣服和鞋，疾步到门口，望着父亲，等待出发。

正如母亲说的，外面很冷，间或刮起一阵阵的风，裹挟着少许雪花飞舞。这些我都不怕，我紧跟着父亲的脚步，生怕因太慢而被丢在家里，那对我来说将是个“灭顶之灾”。为了这次外出，再大的苦我都能承受。那个年代经济拮据，家里孩子多，父亲很少带我们外出，所以这样的外出是可遇不可求的享受。每个孩子都很珍惜那样的机会，会努力表现出父母所期待的听话、乖巧。

从我家到北关县城有三里地，没车，全是靠沿着河堤上的一条货运马路步行，行人稀稀落落，都是赶集的人。不一会儿父亲就遇到了几个相识的人，他们吸着纸烟，边聊天边赶路。我总是听到他们笑，虽听不懂他们在说什么也很高兴。大人们很高兴，他们难得有这样的聊天时刻，不经意间他们的步子比较快，我不想成为父亲的累赘，疾步或小跑尾随着他们。不一会儿，身体就渐渐暖和起来。

大约半个小时，我们终于到了集上。大老远就看到黑压压的人，叫卖声、讨价还价争吵声、找人的吆喝声，以及杀猪声和羊叫声等，汇合在一起扑面而来，似有一股魔力，让人们兴奋。它磁石般吸引了四面八方的人，让人流向着开锅一样的集市涌过去。这里是过去的古县城，也是靠北入山的关口，所以叫北关。逢每月十五，各方的人都来这里交易，人们称“赶会”。这个兴旺的集市由四条主街组成，东西南北自然形成不同的区。依着百货店、供销合作社自然形成衣服、布匹、鞋帽的集散地，这是东市；西市则是以几家食堂、旅舍为分界的卖蔬菜、干货、猪肉、羊肉和禽类等的交易；北市是鲜活牛马羊猪，游走的掮客在人群中拉客，牲畜们在这里等待命运的安排；南市满是鲜活的鱼和冰冻的海产品。

图 1.2　幸福是一种爱，是一种不能复制的主观状态。幸福是平淡生活中的小感动

这里真是人声鼎沸，它让我高兴、激动。由于东西市场人挤人，父亲大声叫我的小

名，转身拉着我的手，在人群中挤。他怕我走失，不住叮嘱我："跟紧，别丢了！"

父亲买了冬天要用的干辣椒、蒜瓣，把我安放在临街食堂的门口，告诉我要看好东西，哪都不能去，否则就会走丢。然后，他离开去买白菜了，回头又大声强调让我记住他交代的。没走几步又回来，笑着说等他买东西回来，就带我到食堂吃水煎包。这句话对我最管用，最能抵御我对外界的好奇心而不乱跑。这会儿我真感觉有些饿了，想着父亲说的水煎包，路途的劳顿也顷刻消失了，心里畅快了许多。父亲的背影消失在人群里，他说的话却并未因他不见了而消失，反而在我内心不停地回响。我还不住地告诫自己要听父亲的话，做一个他喜欢的孩子。只有这样，才会让他高兴，让他不仅能带我出来而且会给我买好吃的东西。我越想心里越美妙，这会儿我真得饿了，似乎闻到了食堂煎包子的香味。那金黄色的水煎包，皮焦馅香，尤其两头露出的肉馅，真让人眼馋。那时物资匮乏，鱼、肉、蛋包括豆腐都得凭票供应，除了过年、过节，一个月甚至两个月才吃一次肉。每次家里吃肉都是件大事，这样改善生活的时刻会让整个家庭，尤其是孩子期盼、兴奋好几天。所以，站在食堂门前的我，应该是天底下最幸福的人了，那种期待父亲出现的心情随着时间的流逝而强烈起来。我记得那时想呆了，父亲叫我我都没听见，拍我的肩膀我才回过神来。只见父亲背了一个大袋子，里面可能装着白菜和土豆，他满头大汗地卸下扛的袋子，自言自语道："还好，多跑了几步，今天买的白菜又好又便宜。"父亲喘了口气，从口袋里拿出另外一个袋子，放入抓住一头的辣椒，还有大蒜，又放了几颗白菜，这下两个袋子相对均匀了，他把它们系在一起，往肩上一扛，拉着我的手，十分爽快地说："走，吃水煎包去。"

我终于咽了一嘴的口水，进食堂了……

一从食堂出来，我就感觉到天晴了，暖暖的太阳出来了。我打着饱嗝，手里提着一小捆大葱，有着说不出的喜悦，昂着头、挺着胸，跟着父亲一边躲着人群，一边往回家的方向走。

赶集回来的那几天我都特别高兴，也很听父亲的话。遇到他快下班，我就会在马路口搜寻他的身影。我还会经常关注他表情的变化，期待听到我日夜期盼的一句话：川，明天咱们赶集去！

这样的经历持续了一两年，每次都是每年冬天来临的时候。不过，虽然也有再去过，可因家里的条件差，总是吃了早饭才去的，再没有买过什么吃的东西……

后来，我长大了，在附近的菜市场上什么东西都能买到。再到后来，家里条件好了，几乎顿顿可以吃上肉，至于水煎包，只要想吃，在家门口的小吃街就能立刻吃到，甚至家里也会做。然而，这些都不能再让我体验到儿时那种快乐和幸福。有时在外工作，在梦中会想起这件事，那种甜蜜、美好，经常唤醒我强烈的冲动——回家乡去赶集。有一年我真的回去赶集了，走了先前的路，也是大冷的天。虽然儿时的景物变了，集市仍热闹，但是当年的食堂没了，成了一幢阔绰的酒店，里面没有了水煎包和热闹的食客。我执着寻找，终于在不远处的小吃摊找到一家卖水煎包的，我要了一盘，细细品尝。但无论如何都找不到昔日的感觉了，悻悻然我终于接受了现实。

我一直思忖着这件难忘的事，为何它在生命里那样美好，却又那样难以重温。终于，多年后在我偶尔看到一部美学书时才幡然醒悟：

人生最美好的东西只有一次，是不能重复的，人生的幸福不在追求中，它在不经意间就从我们平淡的生活中溜走了。人世间的大成功、大富贵、大奢华，那不是我们内心的幸福，那只是我们的面子、自尊的满足。这些伟大的幸福，来得快，轰轰烈烈，然而去得也快，经常会留给你不愿言及的伤痛，如滚滚红尘，摧枯拉朽，让人大悲大喜，终而消失在历史的尘埃中。而唯独平淡生活中吃喝拉撒的平凡小事，才能让我们铭刻内心，时不时唤醒回味无穷的美好。这是我们内心的感动，它将陪伴我们一生。

这是我难忘的幸福，也是我难忘的人生领悟。

夜深了，大地沉睡了，我的梦醒了……

感悟：幸福源于我们内心的需要，这需要不是外界强加的，而是发自内心的自己生命的呼唤。内心的需要具有生命的天性，具有时代性，也具有情境性。它产生于我们的生活本身，又驱使我们去追求。每一个追求生命幸福的人，都要有一颗发现的心。有一种幸福，那就是平常生活中的小感动。

根

在海海有记忆的时候，就有一个长得酷似爸爸的人陪伴在他周围，一直到八九岁。海海一直称他为“叔叔”，他们是一家人。叔叔没有爸爸严厉，比爸爸可爱，经常陪他玩。

海海八九岁时，叔叔外出当兵，三年后转业回家。他回来那天，海海兴奋地一直笑，摸叔叔的军装，背着叔叔的皮包，煞有介事地在院子里转悠。夜里海海死活要跟叔叔睡，听叔叔讲部队上的故事。八九岁正是男孩子崇拜英雄的时期，无疑，在海海的心里叔叔就是当之无愧的英雄。

除了上学，海海几乎不离开叔叔。

有了叔叔的存在，海海感觉日子过得很快，也很幸福。这样的日子过了两年多，有一天叔叔离开了家，到外地当工人了。以后很长一段时间，他们虽见不着面，但经常通信。自从叔叔走后，海海常常感觉孤单和寂寞，这种苦只要一闲下来就特别浓重，因为没有人可以跟他开心地聊天。海海忙完农活就回家吃饭，天黑了，就躺到床上呼呼睡觉。可如果叔叔在的话，就可以聊些外面的事、村里的事，聊聊明天做什么农活，比如锄草、翻地、铡草等。这样周而复始的单调生活，让海海非常想念过去和叔叔相处的时光。这种思念伴随着海海高小毕业。

此后，海海就不上学了，他要回家跟着爸爸务农。新旧生活的转变，让他一时感觉人生没有意义，他很想找个人说说心中的怅惘和苦闷，也很想静下心来，想想以后的人生。

他想重拾过去的欢乐，想见见在外做工的叔叔。叔叔离他现在的家200里地，那时交通不便，既没有火车也没有汽车，只有一条土路。如果翻山走路，要走两天两夜，一路上很苦很累，除了夜里小憩一直都要走路。海海当时十五六岁，那是他平生第一次出远门，父母及邻里都觉得路途遥远而劝他罢了。从学校出来，他就要面临新的生活，从此将和父辈一样做农活。想到这样的命运，他真有点灰心，认为自己还没有长大，对外界还有许多好奇，难道就这样待在家里种一辈子地吗？他左思右想，真有点不甘心。说真的，如果就这么像父亲告诉他的那样，过两年结婚，然后生子、种地，他真有些不情愿。他很想像叔叔那样，当兵到外面的世界看看……总之，他有许多困惑和问题想找叔叔说说，有些心里话跟父母是说不清的。就为了这个心愿，有许多个不眠之夜，海海躺在空空的窑里，一直想这个问题，叔叔的影子经常萦绕在他脑海里。叔叔从部队转业回来就住在这个窑洞里，他和叔叔晚上躺在一起，有说不完的话。叔叔给他讲了许多外面的故事：有部队上打仗的、有朝鲜的风俗，还有东北一些地方的风俗、趣事……还有村里的事。那段时间是海海最幸福的日子，白天无论是在田间劳动，还是在家里干活，他都能与叔叔在一起说话。有时晚上会聊到很晚，油灯燃尽，直至三更。父母起夜从窗外走过，就经常催他们早睡，说明天还要干活。这些都是过去的事了，现在也经常在海海脑海浮起。当他孤独与寂寞的时候，尤其面临生活中的困难的时候，他经常会想到叔叔。经过几番斗争，海海还是下定决心，即使再苦再累，都要去临川找叔叔。一决定，他就积极准备择吉上路。父母不愿意，可海海铁了心要去，还好村里有个

图1.3 男孩子心目中都有他的英雄，小时候的英雄会影响他终生

老乡在离临川不远的地方修路。忙完一年的农活后，在秋天的一个早晨，他们结伴上路了。

那是海海最幸福的一天。

沿途经历的苦难难以用语言一一诉说，找到叔叔时，他两只脚都磨出了泡……

四年后海海结婚了，叔叔第一个孩子也六岁了。当时国内正遭受自然灾害，城市粮食匮乏。每年秋收后，二十出头的海海，都会骑着自行车到临川叔叔家，带去新挖的红苕……

以后，自行车就成了他们叔侄互访的交通工具。

海海与叔叔的感情，可以追溯到爸爸与叔叔深厚的兄弟情谊。据爸爸说，叔叔五岁时家里遭遇了一次大水，爷爷奶奶不幸溺水身亡，从此叔叔便跟着当时只有 13 岁的爸爸乞讨为生。他们贩过菜，做过长工、脚夫，曾在顺安火车站失散过。过了一两年，爸爸四处打听，在当地找到了离散多年的弟弟，也就是海海的叔叔。从此，两个兄弟相依为命，直到后来叔叔参军，去临川做工。从他们的坎坷经历可见叔叔与爸爸的感情非一般的兄弟，正所谓长兄如父，没有了父母，爸爸是叔叔唯一的亲人，抚养与照料弟弟，是爸爸神圣的责任。所以，爸爸曾是叔叔心目中的再生父母。那情感血浓于水，任何力量都打不破。所以，叔叔对海海的好，也是非同一般，既有类似爸爸与叔叔的手足之爱，亦有长辈对晚辈的爱。他们同吃同住同患难，还相拥而眠。无论痛苦和欢笑，他们都一同分享。据说，叔叔从部队回来送给海海的皮挎包，海海保留了十多年。透过挎包，那是藏在心底的不能言说的爱，是难以用世间任何东西衡量的情感。说到这里就可以理解海海当年徒步二百余里，执着找叔叔的心情。更可以理解，岁月有变，彼此相见的深情不变。所以，生活条件稍好后，海海就买了自行车，那是家里最值钱的东西。骑着那辆车，海海每年至少去叔叔家一趟。秋天会送去粮食，过年如果叔叔没到爸爸那儿探亲，他就会冒着严冬去临川的叔叔家。

据说骑车得一天，也就是凌晨四五点出发，下午六七点到。

多少年了，已经形成习惯了。

深秋或过年，叔叔都会不由自主地在临川的路上祈盼，而远在乡下的海海会不停地摸自行车。彼此内心的这种思念周而复始，一年又一年。

时光飞逝，两个家庭也在变化，随着叔叔的孩子出生、长大，海海的孩子也在一天天长大，而父辈的情感也在不断加深，这些孩子听着父辈的故事，遥想着远方的亲人，走过一年又一年。后来他们开始带着孩子走动，沿着当年播撒叔侄温情的路，演绎不同的探亲故事，重温一样的深情。

自行车承载的不只是一袋粮食，也不只是一个人的深情，更是两代人的思念。

又过了七八年，海海凭借自己出色的工作能力和为人宽厚的好口碑，被提拔到公社做事。从此，他不干农活了，手头可以定期领些津贴。经济条件一好，他就买了辆摩托车，此后再去临川就快多了，只需半天时间就能到达，而且还能携带更多的东西。一个月后海海就骑着摩托车满怀自豪到了叔叔家。

光阴如梭，转眼十多年过去了，海海已步入中年，叔叔也开始进入暮年，双方家庭有变，彼此往来也有点减少了。有一年，海海又开着车来到临川，此时的叔叔已五十多岁，步履蹒跚，皱纹开始爬上他苍老的额头，叔叔已退休在家。叔叔了解海海爸爸的情况，毕竟他年事已高，不能来了。不过，海海每年都会来，成为连接海海爸爸与叔叔情感的纽带。之后海海来，不光是自己，还带着他的孩子，也就是叔叔的“孙子”。每次见面，叔叔都是老泪纵横，那是激动亦是幸福的泪花。正如海海说，上了年纪的人都怀旧，叔叔像他的爸爸一样，都爱想以前的事。随着“孙子”的到来，自己的哥哥就再没有到过临川。叔叔经常回家探望日渐衰老的哥哥，兄弟俩每次相见流泪，离开又流泪。是啊，他们从苦难中走来，又一步步走向晚年，怀旧使两颗心又开始续写生命的陪伴。半个多世纪了他们有太多的话说，即使默默坐在一起，彼此看看对方，听着对方的心跳也感到幸福与甜蜜。之后，海海的叔叔每年都会到“老家”陪陪“老哥”。就在海海爸生命垂危之际，他告诉海海，他最大的愿望是看看在临川的弟弟，就是海海的叔叔，还希望他哥俩葬在一起。很快，海海的孩子就开车到临川，接海海的叔叔回“家”。连着三天，海海的叔叔一直陪在他哥哥的床前，拉着他的手，含着眼泪送海海的爸爸走完生命的最后一程。就像当年哥哥拉着他的手乞讨，他晚上睡在哥哥身边一样，海海的爸爸也是拉着海海的叔叔的手，在他的怀里闭上了眼睛。这是少有的场面，海海的爸爸走得很安详。因为他是在家里出生，在外面走了一趟，又回到“家”里才入睡的，尤其有弟弟的陪伴，他没有客死异乡的孤独与寂寞。在出殡那天，叔叔极度悲痛，一个老年人的下跪与号啕大哭，令全村人震撼，许多同村的老人互相传着一句话：他们哥俩的感情真好。据说，海海的爸爸走后，叔叔一下老了许多，那几天人也仿佛丢了魂，神情有些木然。

五年以后，叔叔也病逝了。临终的愿望也是葬回老家，与他的哥哥相伴。按理说，叔叔外出落了户，不是村里的人，死后不能葬入村里的坟地。后来安葬叔叔这件事让海海着实费了些精力与心思。

其实，自从爸爸死后，爸爸的遗愿如一块石头压在海海的心上。为了叔叔的后事能如愿以偿，海海开始为叔叔的后事铺路，他热心村上的公益，每年都宴请村里的老人。村里哪家有红白喜事他都会前去，并送上一份薄礼表达心意，他的好口碑在村里传扬着。无论在省城还是在县里做事，海海只要遇到村里的人都会热情款待。他谙熟村里的人情世故：白天下地劳动，傍晚出门闲活，老人的嘴啊，是一支不可忽视的舆论力量。

接到叔叔“不行了”的电话，他一边让堂弟、堂妹往家里送，一边连夜从省城赶回老家。凌晨四点后，他回到村里。在中国农村，一般很忌讳外乡人的遗体下葬本村。他先说服了村长，然后是村里有威望的人。由于海海先前的好口碑，叔叔的遗体没费多少周折就顺利进了村。孝顺的海海操持了叔叔的整个丧事。他守孝三天，还带着堂弟，挨门挨户跪拜村里的人，请他们参与自己叔叔的丧事。那天，全村跪拜下来，海海的膝盖都磨破了，不说消瘦，人都站不起来，曾几次晕倒。就在下葬的坟上，海海泣不成声，瘫倒在地，被村民背回……

叔叔走了，与爸爸去了另一个世界。叔叔就躺在爸爸的身边，海海逢年过节必定会到坟上祭拜，他不止一次说过，老了就回到这里长眠。海海与父亲和叔叔有一段难舍的情缘，期望死后再续上。叔叔走了，海海自己年事也高了，酒是不能喝了，烟却吸得厉害。有时坐在那，一支支吸闷烟，眼神里常是琢磨不透的深沉，满头的白发已把他“扮”成一位老人。他经常在与堂弟的聊天中，说起与叔叔的趣事，动情之处眼神发亮，嘴角溢满微笑。

叔叔走了，可在海海的心底却没有，也许在梦中他们还有交流，可能还像小时候一样，躺在一起聊天。

感悟：生命有记忆，过去是我们生命的根。生命就是这般轮回：儿时的记忆是我们以后人生的梦想，待到晚年它又成为我们挥之不去的乡愁。所以当我们迷茫时，要多重温过去，从中再生我们生活的信念与梦想。

失意与旅行

人在失意之后，会想去旅行，老百姓称之为“出门散散心”。其目的一是想暂且脱离痛苦的窘境，二是想重新寻找力量和存在的价值。

在旅行中，我们是孤独的但不是寂寞的。因为经常会有一些意想不到的神奇的事发生。我们会邂逅有趣的人，遭遇有挑战的事。每一次触动内心的感动都会直击我们的灵魂，促使我们反思。启示似心底汩汩的山泉，让我们对人生彻悟。在这样“求索”的旅途中，我们会放下自我，从过去的经历中看到受伤的自己，看到那颗需要呵护甚至期待被拯救的心。

旅行是一次心灵的治愈，大自然造化的神圣会让我们心生敬畏和感恩。在虔诚的膜拜中，我们一般都会放下自大、欲望和恩怨，从现实的虚妄中回到生命的本源，找回我们的良知与生命的轨迹。由此，被我们不经意丢弃的魂又回到我们内心，点亮我们迷失的心灵。

旅行使我们彻底隔绝纷扰的生活，让我们暂时忘却那个踌躇满志的自我，以一个局外人的视角来理性看待那个满身伤痛的自我。以想象的方式进行心理位置互换，更有益于我们认清自己，尤其是以往的我们是个什么样的人。然而，旅行的益处并非仅限于对自己的深刻认识。旅行让我们真正放下现实的自我，除了饱览美丽的自然景致外，我们还可以享受一个人独处的时光。比如在不眠的、寂静的月夜，人的心会静若止水，循着内心的呼唤，会走向一直被我们忽视而沉睡在心底的那个自我。这是最真实的自我，那里有我们的精神家园，有我们生命之水长流的泉眼，它赋予我们生命生长的不竭动力，还有最原始最忠实的使命，以及先验的人生轨迹。

在旅行的每一个万籁俱寂的夜晚，躺在有泥土味儿的大地上，望着夜幕下的北斗，我们能倾听到心的呢喃，与久违的原始的自我促膝攀谈。与它一道重温逝去的岁月，捡起迷失的誓言，我们还可以在它温暖的怀抱中完全松弛下来，美美睡一觉，汲取能帮我们走过失意的生命力。

图 1.4 旅行是一种自我发现，也是一次自我拯救

如果我们在旅途中有幸邂逅同路人，他极有可能就是上天派来拯救我们的人，他无意间侃侃而谈的人生故事，很可能会触发我们心底的共鸣，说不准还能与我们内心碰撞出火花。

如果生命有原型，那我们此次逃离失意的旅行，就是我们生命轨迹的一次大迁徙。旅途中遇到的任何人与事，都是命中注定来帮助我们走过人生困境的。如果你是有心人，如果你是虔诚的寻道者，这些神奇的经历都将是你生命中的礼物。抓住每一次的奇遇，倾心向它们学习，即使面对的是一块磐石，我们也能读出人生哲理，解开我们的心结。

真可谓旅行让我们走过失意，旅行让我们怀揣希冀。

无疑，真正的旅行会让我们的生命焕发勃勃生机和无穷的神奇力量。

感悟：人在社会中生存，社会化的要求常常让我们在不知不觉中改变自我。人的自私或贪欲有时会让我们活在面子和尊严中，而远离真实的自我。然而，内心的自我并不会消逝，它会时不时在自然的情境中，在无任何杂念的情况下，甚至在意外地与陌生人的交流中，被唤醒而浮升到我们的意识中。

北方的雪

在冬季，北方有雪，不一会儿就会漫山遍野，于是整个世界很快就银装素裹。

放眼望去，千里雪飘，雪海茫茫。

有雪的日子，生命中就有关于雪的记忆。

孩子们是喜欢雪的，他们在飞舞的大雪里堆雪人、打雪仗，甚至弓着背爬到坡顶，从长长的陡坡上滑下来。不仅孩子们有玩雪的天性，成年人也不例外，年轻的会打雪仗，年纪大点的会堆雪人，暮年的也会在雪地里聊聊天。然而，那是我过去的记忆，现在的孩子们却不是这样，他们已很少有这样的乐趣了。因为现在的孩子大都是独生子女，他们已经被游戏、网络和电视掠走了心。

小时候可能是孩子多，家庭生活条件差，大家都很渴望外面的世界，很喜欢与小伙伴玩，更喜欢在自然的环境里纵情寻找欢乐。雪地里的恣意戏耍就是美好记忆长河里的一朵浪花。为了寻找快乐，每年冬天尤其遇到下雪的日子，家里是拴不住孩子们的那颗玩心的。大雪的诱惑会使我们在雪地里找乐子。雪地里满是我们夹杂着叫喊的嬉笑声，以及原生态的舞蹈。雪地里的常见活动是嬉戏，你追我跑，抓着谁就把谁推倒在厚厚的雪地上。因为松软的雪似毯子，能保护我们不摔伤。于是大家追呀跑呀，疯狂地打雪仗。孩子们并不缺乏创造力，我们玩腻这打闹的游戏后，就会滑雪。我们找块木板，先爬到坡上，然后坐在上面，先稍微用脚给些助力，充当滑板的木板就会载着那些欢笑的孩子快速地滑向坡底。由于人多，我们要轮流排队，这无形中锻炼了我们的规则意识和合作精神。记得有一年冬天，我受木板在雪地上可以滑行的启示，跑回家拿了一个马扎。我往上一坐摔了一跤，然后灵机一动，掉了个方向后，马扎底面的两个横杆俨然成了雪橇的滑竿。没错，马扎滑的速度很快，不仅可以往坡下滑还可以由人推着在平地上滑，我又一试还可以带动两个人，两个人的快乐很快演变为三个人的快乐。开心地玩，让我们旺盛的创造力在快乐中被激发，我们不仅体会到心底泛起的快乐，也收获了纯真的友谊，还在相互的交流中学会了沟通……

这些经历多少年后已沉淀成我美好的记忆。

很快，白天雪地里的快乐随着夜幕降临也就结束了。疯闹了一整天，我们的身心也困顿了。白天的快乐主要是身体带来的体力释放，而傍晚的快乐就是一顿美味的大餐。

北方的冬天，夜里更加的冷，我们很少外出。在屋内生上炉子，不大的空间很暖和。为了节约柴和炭，取暖和做饭都在屋内。虽然会有些油烟味，但炒菜、炖肉的香味，让我们觉得值得。因为香味早就刺激了我们的食欲，再加上一家人聚在一起，即使是最普通的饭菜我们也似吃肉一样大快朵颐。吃过饭后，聚在一起的家人为了打发冬季漫长寂寞的时光，便开始讲些轶闻趣事。孩子们听父母讲各种各样的故事，就连串门的邻居也聚在一起聊些古今传奇，有时还讲些故意吓人的鬼怪故事，我们听得津

图 1.5　童年的经历是难忘的，它是我们梦中的家，更是我们魂牵梦绕的精神家园

津有味，甚至成年以后还记得当时所做的噩梦，以及不敢起夜而尿了床的事……

现在的孩子少了我们经历的快乐。虽然都是享受丰厚物质条件的独生子女，但孩子缺少玩伴和父母的陪伴。即使孩子出去了，玩伴也寥寥无几，形成不了打闹的欢乐气氛。而且孩子有学习压力，父母也可能有很大的生活压力，所以晚上很难有机会一起面对面地交流，更别奢望促膝攀谈了。即使周末，也是孩子玩游戏、上网，父母则被有趣的电视节目"绑架"。

我很想念在北方的雪地里小伙伴们在一起的嬉闹，那是生命活力的释放，也是心灵智慧的解放。在雪地里，我们没有压力，为了快乐做想做的游戏，那是自我的真正解放。

我也很想念冬天一家人围在一起共进晚餐的时刻。在不大的房间，虽然能闻见炒菜的油烟味，但这是一家人心与心最贴近的时候。父母、孩子，以及孩子之间都是近距离面对面地交流。大家有说有笑，彼此能望见对方的眼。这对于现代的孩子来说，无疑是一种难以复制的奢望。我们吃进去的不是食物，而是爱与快乐，那是我们真正体验到的醉心温暖。父母、姐姐，或邻居讲的故事，赶走的是隆冬漫长的寂寞，我们收获的是幸福。

北方的雪，承载着我的梦。

今夜有雪吗？在梦里，我不住地问。

一种甜蜜醉到我心底……

感悟：我们需要回到生命的源头，寻找幸福在哪里。幸福可能潜存在儿时的梦幻中，在童年的经历中。我们的生命是有记忆的，早年没有满足的东西，早年快乐的岁月，都是我们生命最初的印记。那个生命阶段营造的生活空间，沉淀到我们的精神世界。它是我们的夙愿，也是我们幸福快乐的本源。静下心来，回归故乡，寻觅我们消逝的梦，重温它的呼唤，感召它给我们的启示。

第二章 到哪里去

人是有目标的，在迈出每一步前，都要明确要到哪里去。

我们的目标来自原型，来自我们童年的经历，更主要的是来自社会文化的影响。殊不知，我们一出生就开始受社会文化的影响，这首先表现为父母从小对我们的要求。在岁月流逝中，我们已不知不觉把父母的训诫内化为自己的人生目的。

人是需要被表扬的。我们为了获得赞誉、晋升或者声望，不断雕塑自我，甚至压抑自我。然而，可能我们没有意识到，自己正在逐步地失去自我，也就是内心真正的我被忽视与压抑了，这就是我们在得到非凡的成功后，仍觉得孤独，快乐不起来的原因。我们迷失了自我，身心随着社会的大潮流似浮萍一般无目的地飘。

无疑，想要化解当代人无目的感这种困境需要明白：认知自我是首要的任务，由此才会让我们发现自己的使命，进而踏上幸福的康庄大道。

目标是我们黑夜里的灯塔。有了目标，我们的生命就有了寄托，我们的生活就充满了激情，所以，无论如何，到哪里去是我们人生必须解决的重大课题。

人生是不完美的

人生的目的在于追求幸福，人们总认为什么都有了，也就是说十全十美了，人生就幸福了。其实不是这样的。我认为，幸福不是实现完美的目标，而是在追求完美的过程中的不完美。人生是没有十全十美的，得到也伴随着失去，只不过我们更容易关注“得”的一方面。因为得到的东西，容易凸显出价值，它处于人们追逐的前台，吸引人们的眼球从而放大光环。如果换个参照体系，让失去的东西走到前台，人们就会意识到付出的代价。所以，对于社会的成功者，我们看到的是他的光鲜辉煌，而他获取成功付出的代价和忍受的痛苦，局外人往往看不到，也不能理解和体会。

用一个标准去评价每一个人可能是不好的。比如一个人是工作狂，一心扑在工作上，对某个单位功劳卓著，是人们称道的当之无愧的英雄。然而，他可能不是个好丈夫、好父亲。不同的社会环境对人有不同的目标定位，处于什么职位就需要追求规定的目标。目标是那么明确、具体，以至于作为完整生命体的我们都需要分裂自己，不得不放弃整体的自我，以进入社会分工的各种“生产流水线”，各司其职。说白了，也就是要忍痛割爱地只追求唯一，以彰显自我事业的独特价值。可是，我们的生命天性是身心的整体和谐。也就是说，自觉的和谐统

图 2.1　从矛盾的对立统一来说，完美是一种努力追求的状态，而人生是不完美的

一才是人生的幸福。于是，我们很困惑：原来我们所追求、塑造的公众自我，只是社会化的我，其实质就是对内在生命自我的强行雕刻。但是，如果不进行社会化，不对天性自我适度地压制、塑造，甚至“摧残”，我们就无法适应当今的社会。显然，这是一个痛苦的两难选择。所以，成熟就意味着“存天理灭人欲”。弗洛伊德[①]认为，人生就是本我、超我之间靠自我协调的过程。为此，我们的人生就会充满各种痛苦，这就需要我们看透人生，学会在不同的环境中放下自我，有时候是公众自我，有时候是内在的自我，以获得内心的平和。如果太过于执着，我们就很容易感到痛苦。然而，如果没有明确的社会目标和压力，我们就会放纵自己的天性，甚至极度自我膨胀，结果可能往往导致违法和犯罪。

无疑，过得明白的人生首先表现为要有得失观：人生是没有十全十美的，要懂得自己在人生不同阶段最需要的是什么，还要明白这些需要的满足又会让人失去什么。不管如何，在利益权衡中，我们要学会放弃和割舍。什么都想得到的人往往什么都得不到。

不同行业需要的是人的某些能力，也表现为社会用某些单一的目标评价我们。为此，社会极尽各种方式去激励人们追逐既定的目标，以促进社会的和谐发展。然而，我们生命的幸福却是生命固有的和谐的整体目标。所以，这就是为什么，我们总是追求成功的幸福，当成功到来时，我们却怎么也感觉不到幸福，大有欲求不满的体验。换句话说，当我们沦为割裂生命整体目标的牺牲品时，即使社会或公众评定我们幸福、成功了，我们依然感到高处不胜寒，常常独自黯然神伤。

我们学习了许多自然科学、社会科学知识，却不了解人生的关于生命力运动变化的“生命科学”。尤其是处于人生十字路口的人，他们常常不知道该走向何方。

---

① 西格蒙德·弗洛伊德（Sigmund Freud，1856 年 5 月 6 日—1939 年 9 月 23 日），是奥地利精神病医师、心理学家、精神分析学派创始人。他开创了潜意识研究的新领域，促进了动力心理学、人格心理学和变态心理学的发展，奠定了现代医学模式的新基础，为 20 世纪西方人文学科提供了重要理论支柱。

我认为生命是有活力的，它总是在寻找合适的环境，以展示自己的潜能。人的诞生和死亡都是生命的轨迹，无所谓高兴和悲伤。无论人们赋予它们什么样的价值，都只会反映出他们对生命的理解，那也极有可能并非生命的本源。所以，一个人有什么样的价值与判断，就会引发他相应的活动，进而产生一致的情绪。

那么我们应该持有的生命观是什么呢？我认为是变化观、得失观和平衡观。如果顺应生命的本性，就应该是学会等待、忘却和放下。无论成功与失败都具有相对的价值，人生无所谓完美，如同无所谓得与失一样。我们的幸福就是顺应生命的发展，履行应有的使命，以自然的心态过好每一天。要有过去的一天就过去了的心态，应该满怀欣喜迎接新的一天，相信新的一天总有新的使命与任务。

如果怀着这样的信念生活，我们就会享有淡泊、宁静，感受内心的博大，我们不仅能体会人生的温暖，还会对生命的发展感到满足。

这就是生命的“完美”，也是生命发展的和谐。

感悟：人生真正的完美是不存在的，完美的幸福也是不可能的，我们始终在追求幸福与完美的路上。人生是变化的，有变化就有得失，要学会知足常乐。同时，知不足而去努力地实现，也未尝不是一种快乐。

寻找快乐

每个人来到世界上都是寻找快乐的，不论是我们早晨起床喝下第一杯水，还是十年苦读换来的金榜题名。想想看，我们主动做的任何一件事，都逃脱不了寻找快乐的目的，所以，我们人生的轨迹是从痛苦出发，向着快乐奔跑。

然而，许多人历经生活的千辛万苦，也得到了自己想要的东西，当你问他是否快乐时，他可能会苦笑地摇摇头。你一定会对这样的人感到奇怪，其实这只说明他不明白自己真正需要什么，他得到的可能并不是他需要的，或者只是别人需要的东西。也就是说，他可能是别人获取快乐的工具而已。这告诉你，赶快寻找自己的快乐吧！

图 2.2　一棵树在寻找阳光和适宜生长的土壤，我们在奔波寻找快乐。快乐在哪里？它有时就在我们周围

我有一个朋友，通过两次近距离的交往，他给我留下了很深的印象。在返回的列车上，我想到与他相处的点点滴滴，脑海中掠过一个词——寻找快乐。他就是一个寻找快乐的人。我把与他交往的故事写下来，想让更多在旅途中寻找快乐的人受到启发和鼓励，进而寻找并享受人生真正的快乐。

分享的快乐

我一直很想去乡下旅行，终于抽出放假的时间到了汀州。那天，那位朋友早早在车站等我，并陪我吃了山城的特色小吃。由于天色晚了，我俩就住在车站附近比较幽静的一家宾馆。

他喜欢喝茶，我们在屋里一边喝茶一边聊天。他对心理咨询很感兴趣，做心理咨询在当地小有名气，我们的话题也就从心理咨询的案例开始了。他讲了一个个咨询案例，我听得很认真，也不停地发表自己的想法。我俩既有相同的看法，也有不同的观点，尤其是后者引导着我俩深度探索。他很快乐，我也很快乐，因为我俩有共同的话题，那话题不是简单的丁是丁、卯是卯，而是有启发的新思维，也有原创的见解。说真的，开始我还能品出茶的香味，到后来都尝不到茶的味道了，只能体验到分享思想的快乐。

我们从坐着品茗聊，到躺在床上聊，一直到夜里三点。

这意犹未尽的感觉醉到了梦里，因为他闭着眼睛还在说。

他曾笑着说自己是“冷、孤、自我”的人。

如果真是这样的话，我可是很能理解他这样的人，因为能聊到半夜的人是不多的，所以我是能读懂他的心的人。我也认为，有我的聆听与诠释，他的思维会更有深度。如果再经过争论，我俩的思想会更深邃。

不用说，对于他而言，心灵的交流也是人生最快乐的事。

他是寻找快乐的人，也是营造快乐的人。想想，如果不是他连夜从乡下赶回汀州，我们就失去了这分享心灵快乐的时光。因为只有住在这幽静的宾馆，才能品茗与静心，才有开启思想之旅的时机。也只有在宾馆，才能卧在床榻上，彻夜海聊而不用顾及是否影响他人。

那天晚上我也很快乐，因为他大老远来接我，又让我喝了好茶，还住上舒适的宾馆。更主要的是，在与他深入的分享交流中，我知道了很多接地气的东西，还激发出了我的一些思想火花。

活在当下

有一次逛他们小城的街道，他说：“遇到想吃的东西，不要等着以后，以后是什么？以后都是不确定的。”他给我讲了个故事：有对夫妇，两人很恩爱，女人很想要丈夫陪着她外去游玩。然而，他俩的游玩计划一拖再拖。因为早年才结婚时，男方需要照料他的弟弟妹妹。他们的经济不宽裕，对于旅行，男人苦笑着说等以后吧！等弟弟妹妹都长大成人了，男人说父母身体不好，多陪陪父母吧！等父母走后，他们的经济条件好了，男人说等孩子长大吧！终于孩子大了，那男人又说，为了周末孩子们回来有地方住，要等换大点的新房子。后来，换了大房子，这下可以外出游玩了吧，那男人又说家里要有一点积蓄，退休以后才有安全感。这样一晃二十多年过去了，家里的确存了一大笔钱，他们也都退休了。然而，正筹划旅游时，老伴感觉肚子痛，到医院一查已是肝癌晚期。不足三个月，那男的还未缓过神，老伴就走了。对着妻子的遗像，丈夫痛苦万分。因为，在他们相守的一辈子里，从结婚就计划着出游，却计划了一辈子。男人一直很愧疚，每天食不知味，久而久之就患上了抑郁症。

这个故事让我唏嘘不已，产生了“人事茫茫难自料”的感慨。

他说：“把握好今天，此时此刻才是真正的快乐，也是珍惜生命的表现。”他还十分肯定地扭过头看着我说：“过去的已经过去，未来的很难把握，我们拥有的只有当下！”

我深有感触地点头：“你说得对。这个问题我以前从未考虑过，只是去年脚扭伤了，才考虑到生死与未来的问题。”当他的话得到认同后，他非常高兴，又说：“汶川地震时，有个孩子上学前想喝可乐，妈妈让他放学回来再喝，没想到下午就地震了，孩子临死前没满足喝可乐的愿望成了妈妈一辈子的遗憾。”

“这件事我知道，他妈妈还在孩子的墓前放了许多可乐，我能理解那个妈妈彻骨的愧疚”，我十分认真地说。

他接着说：“生命变化莫测，有一种痛苦叫愧疚，只有失去了的人才能感觉到，而且随着岁月流逝，这种痛苦会继续生长！”我冲他深情地点点头。

沉默了几分钟，他继续说：“我现在一想到想干的事，就会去做，只要快乐就行。我不想等以后。比如我喜欢的衣服会立刻买下来；想吃的东西，那就买吧；给女儿的承诺，总是尽快兑现……”

我很想听他继续说，因为他说的时候就是快乐的，这也叫“活在当下”啊！“我很喜欢旅行，吃当地的特色小吃，虽然我爱家乡的菜，但是既然是旅行，那就活在‘人在旅途’中。当地的小吃尽可能都尝尝。”他口才极好，口若悬河一口气说了很多。

还没等我问，他继续说：“我喜欢吃饭时就专注菜肴的滋味，细嚼慢咽，不喜欢边吃饭边看电视！”

……

他的这种观念对我影响极大。

回来以后，我就在衣食住行方面做到了！

不勉强

我在汀州与他交流得很好，我们除了吃饭就是交流。除了心理学外，我们还谈人生，聊社会万象，他还带我逛了汀州古城墙。

有一天吃完饭，我们走在街上，有一个卖男士服装的品牌店，他建议我进去看看，说他看上一件衣服感觉我穿上特别合适。据他说，他的衣服都是自己买的。他的眼光真不赖，他的衣服从头到脚都是名牌，不仅质地很好，色泽、款式都很符合他的气质。我在这方面绝对是个门外汉，可以说一窍不通了。

按他的建议，我一试那 T 恤，果然很好，我很喜欢。也就没脱下来，在镜子前照了照，感觉这件衣服把我衬得年轻、儒雅，还透了几分英气。

没想到，他是作为礼物送给我的，我很感动。这在我人生中还是第一次，而且价格还挺贵的，我很不好意思。本来我在这里都够让他破费的了。我知道，如果硬给他钱，可能会伤他，但是我又不喜欢平白接受别人这么昂贵的礼物。想来想去，我只能以后找个大家都能接受的方式回馈他了。

那天，他还带我到另一家店又试了一件衣服，价钱不贵，更主要的是他的情谊。这次没多说，我毅然就拿上了。

那一天，我很感动。

每当我想到汀州，或穿上这极富特色的衣服，都会想起我的朋友。因为，我很看重衣服背后的无价友谊。

第二次到他家做客，傍晚临走他又带我进了一个男装品牌店，我明白他的心，这一次我接受他的礼物了。因为，两次的相处，我已了解了他的为人，我喜欢交这样的朋友。实际上，我在心里已把他当作兄弟了。他让我一件一件地试他看上的款式，说明我也被他接纳了。他很快乐，坐在那里跟店主聊天，不用说店主也很快乐。

他的确是寻找快乐并营造快乐的人。他认真地说：“宋老师，慢慢试，你一定要喜欢，我们不要勉强，更不要委屈。”他这话说得很打动我的心。

他耐心地等着，看我没中意，就毫不犹豫地说：“走，我们再到别的店看看。”

“不要勉强，更不要委屈”，这句话一直萦绕在我脑海，我忽然有种神圣的感觉，内心有股强大的力量。

我忽而领悟到：不管别人怎样，在我们现有的条件下，要关爱自己。他说的话极对：贵的衣服会提高我们的自信，让我们心情快乐。

想到这，我真的昂起了头，一脸自豪地进了另一家店，再一次选衣服……

有自己的嗜好

你有嗜好吗？如果你摇头或支支吾吾作答，那你就应该尽快培养了！嗜好是我们人生中除了血缘亲情外最亲密的伴侣，因为在你的一生中，唯有嗜好相伴终生。嗜好是我们生活的标志，是个体自我意志的体现。人生无论遭遇多大的困难，我们都可以从嗜好里获得慰藉与庇护。

我的这个朋友很喜欢喝茶，他说：“茶可浇心。”

我与他喝过几次才体会到，品茗可以洗掉我们心中的污浊，让我们的心静若止水。人生难得心静，内心的宁静太重要了，做任何事，心不静如何成？心静才能神定，我们的生命才能从万般诱惑、万种浮躁中回到当下的活动中。

我问：“你喝茶的境界是什么？”

他笑笑说：“古人认为，茶能达到和、敬、孤、清与寂。”

这是极高的境界，是很多文人、大儒商、大武士或宗教家所追求的，这种境界也是关注生命本身的人苦苦寻觅的。我认为喝茶的目的不在于品尝茶本身，而在于感受品茶的气氛、情感、文化和精神。茶只不过是一个人强大内心的唤醒者，也是消解人生苦难的陪伴者。其实我们都应寻找并养成自己的爱好，为内心立命也为天地安心。所以，嗜好是你终身的情人，是你精神的家园，是你永远可爱的牙牙学语的爱子。如果真是这样的话，我想，喝茶这种嗜好就是一种抚慰心灵的方式，能带来你不曾有的神圣感，也能让你体会到“你被接纳了”的伟大与自豪。我把这种感悟告诉了他，他点头肯定。

我的这个朋友接着说：“对我而言，喝茶是一种仪式，不是激动、欣喜，而是一种敬畏！”我很理解他的观点，我非常喜欢这样的精神交流，它让我的思想天马行空，还启迪我人生的种种感悟。

他是一个注重精神生活的人。从一开始泡茶，他整个人就处处生风，浑身透着神气。更重要的是喝到茶，他就开始说话，他的“茶话”似一首动听的歌，说口若悬河太俗，说妙语连珠太雅，那“茶话”真是难以形容的忘我与沉醉状态。我由喜欢、享受这种状态到喜欢他这个人——他是一个寻找快乐、营造快乐并享受快乐的人。

我要向他学习。因为喝完他的茶，听他说话，甚而与他进行心灵交流，我享受了快乐也发现了快乐，这可能就是“和”与“敬”的境界了。然而，我的快乐不止如此，我还不时在想，他是否就是上天派来唤醒我心底那沉睡着的寻找快乐的心的使者呢？

接纳自己

我们每个人并不完美，在生活中，你总能找到不如别人的地方，所以我们得不气馁，努力奋斗。这是一种传统与保守的观念。我们还可以这样想：天生我材必有用，我总有别人没有的优势与特点。这是现代人本主义的观念。不言而喻，后者是接纳自己的观点，它会让人自信、自强，进而达到自我实现。我的朋友在做个案咨询时，秉承一种赏识对方的观念。许多“有问题”的孩子被送到他那里，他都会仔细发掘对方身上的优点，然后大胆地表达出来。他有着极强的观察力，即使是一块丑石，他也能发掘出：原来它是天外飞来的陨石。而每每这样做时，奇迹很快就会出现：由于这个学生被肯定了，找到了自己存在的价值，尤其被自己所崇拜的老师接纳了，从此，变得自信了，放下了一切的逆反，也放下了痛苦。他们开始听从内心如何成为他自己的召唤，开始认真做事，践行成就自己的使命。要不了多久，就会发现这些孩子都是相当不错的人，有些还具有非凡的才能，开始创造自己人生的奇迹。我的这个朋友从帮助别人中也能获得快乐，显然这种拯救心灵让人迷途知返的快乐，是其他行业所不能企及的。

他说他是一个冷、孤、自我的人，也就是清高自我的人。这种人在单位是不受领导欢迎的，也是当不了人们羡慕的“官”的。但他并不为别人、为讨好谁，而是活出真实的自己。由于受家庭的影响，他有一颗助人的心，这让他早十年前就开始学习心理咨询。正是他听从自己内心的召唤，从业余摸索到校方认可，他一直都是在当地做心理咨询，如今做得已是风生水起。正是他这种接纳自己、发展自己的人生理念，让他寻找到了助人的快乐。据说，他还带动一批人也从事这助人的工作。我想他为此一定更快乐。

而且，接纳自己做回真我也让他受到领导的肯定和鼓励。不仅如此，他还由此认识了各个行业的人，在帮助他们的过程中，他也获得了人们羡慕的而并非他刻意去追求的声望与财富。他的经历告诉我：追求快乐的人，不要忘记接纳自己做回真我，这本身就是件很快乐的事。

这让我不由地想起我儿时的成长经历：小时候我比较木讷，很少得到父母的夸奖，受到的批评比较多。因为我不及姐姐会说，也不如弟弟聪明。我也总在寻找让父母喜欢我的办法，但都一一失败了。既然这样，我就不去着力讨好他们了，而是尽心做当下的事。从那时起，我埋头画画、学习，于是画画得好了，学习成绩也好了，我终于受到了关注和表扬。这是我成长中发现的自我超越的快乐之路：我接纳了自己，发展了自我，也使自己快乐了。从此，我开始认真学习，努力画画，最后做到了博士后。如今我的职业也是与写作有关的大学教师，成了大家羡慕的教授。

……

与这个朋友的两次旅行结束了，美好的回忆总萦绕在我的头脑中。他是一个寻找快乐的人，我与他的旅行也是寻找快乐之旅。

人生最大的目标是快乐，因为金钱、健康、官爵都不是我们所能把握的，也并非我们生命中的使命。正如我的这个朋友——他是寻找快乐的人，他能从生活的点滴抽取快乐的元素。比如分享心灵、活在当下、不勉强、不委屈、有自己的嗜好、接纳自己等，但我认为最重要的是要有一颗永远寻找快乐的心。因为有了这颗心，你就会寻找、发现并享受属于自己的快乐。当然，能主动营造并培育自己的快乐，那就更好了。

以前，我都是从书本上寻找快乐，这不够，今后我还要从生活中寻找快乐。我的这个朋友就是从人生行万里路中寻找并发现快乐之源的楷模。

他给了我诸多的人生启迪，那是我永恒的精神上的快乐。

他是寻找快乐的人，我们也都是在旅途寻找快乐的人。

感悟：人生是追求快乐的，快乐要靠自己寻找。获取快乐的方式很多，但是，最基本的方式则是活在当下，要表达真实的想法，不勉强，要有自己的嗜好，要学会与别人交流与分享。

不要委屈自己

委屈是我们经常会遭遇的负面情绪，许多来找我咨询的人，也都是受了很多委屈，进而内心充满抱怨。一个很适当地表现委屈的形象是弯着身子低下头行路。当一个人的正常想法和情感不能得到表达，或者一般的观念和情感被外界的某种威严所压制或诋毁时，常会觉得委屈。也就是说有两种情况：自我压制，那是内心恐惧而主动放弃我们应有的权利；外力压制，那是为避免更大的冲突而不得已选择服从。

人的天性是积极向上的，表现为处处体现自己的意志，通过对自然或社会实施目的性的行为，进而改变外界，获得自我实现。当表达了自己真实的意愿，做了自己喜欢做的事时，个体存在的价值就得到了体现，他的生命力也会得到自然的生长。无疑，此刻的个体身心是健康、快乐、自信的，充满积极情绪。所以，凡是顺应天性而发展的孩子，一定是自信、阳光、充满个性的，无论到哪里都能显示自己独特的价值。

如果不顺应天性，那一定是委屈自己，或为外界所压制了。我曾接待过一个父子关系十分紧张的个案。

他是家里的第一个男孩，比较受宠。自从有了弟弟后，他失宠了，而且处处得让着弟弟。如果两个人发生争执，父亲肯定训他，因为他是哥哥，弟弟小，不懂事，他应该谦让。他感觉十分委屈。他的父亲非常喜欢乖巧的弟弟，因为弟弟嘴巴甜，很会讨父亲开心，比如做一些能得到父亲夸奖的面子活。更为气人的是，他的弟弟经常利用父亲的宠爱，招惹哥哥，诱使其还手，还假装是受了欺负，向父亲告状。当他遭受父亲的责骂时，弟弟却在一旁幸灾乐祸。面对哥哥的痛苦，弟弟非但不内疚反而非常享受父亲的宠爱。不用说，当哥哥的很委屈，因为父亲从来不听他的申辩。没办法，父亲有权威，弟弟受父亲的呵护。无奈的他开始是气愤，之后就发展成了怨恨。他感觉孤单、凄苦，心情总是阴郁的，总是尽可能躲着弟弟。有时趁着父亲不在，他就会狠狠地揍弟弟，以解多日积累的怨恨。不过，事后也会遭到父亲的暴打，他则是一言不发，没有一滴眼泪。但他内心体验到了快乐，因为他做了喜欢做的事。同时，他也明白这是他要付出的代价，也就是理所应当。从此，他明白了一个道理：能屈能伸。他长大后，也理解了“哪里有压迫，哪里就有反抗”。当然，长大以后，

图 2.3　你可能什么都没有，但要有自尊。哀莫大于心死，无论如何，我们不能不喜欢自己

他和弟弟的关系好了，小时候的事甚至都记不得了，但是他也形成了坚毅、阴冷的性格。他很能忍，为了某个目标，他能忍下别人受不了的屈辱。

他说："父亲看我的眼神，是漠然的，我也不知道为什么与父亲亲近不起来。我和父亲总是没话说，会下意识走开。"他还若有所思，又十分平静、漠然道："父亲老了，早已没有了先前的威严，现在与我说话，则是谦卑的态度、征询的口气。有时，我很不习惯。"

儿时的事，虽然已经过去好久了，但他仍在意父亲的表情，一直到父亲离开人世。

……

这个故事让我更加理解了委屈。

委屈是对我们个性的压抑，是对精神的伤害；委屈会引发并积累一个人的愤怒，乃至怨恨。除此以外，委屈让人学会了忍让，但忍让却会招致进一步的委屈，极度的委屈会让人蓄机报复和疯狂地占有。这是下面另一个故事说明的道理：

有一次某省开一个重要的会议，组织部有个官员找到一个心理学专家，说："你们得好好研究近几年发生的几起大的腐败案，案犯都是很年轻、很能干也很有前途的官员。他们自小在农村长大，吃了很多苦好不容易才进了省城，又一步步做到这样的官位。然而，他们大都过不了'财''色'的关，有的贪污上千万，有的情人一大堆，结果都锒铛入狱。这是为什么？"

其实，贪官的人生逻辑很容易解读。少小生活在社会的底层，一定是受了很多委屈和歧视。因为社会底层的生活，汇聚了人世间的黑暗，是社会阴暗面的缩影，那里还遵循弱肉强食的丛林法则，法律道德、正义、公平的正向力量很难到达那里。他们在很小的年纪就经受了人生的苦难，虽然目睹的人性、社会黑暗面较多，但他们凭借自身的聪慧、决心和顽强，过五关斩六将，一直拼到省城，做了"大官"。自小的委屈、歧视促使他们发奋图强，一心想做"人上人"。他们的奋斗，本来是可以称道的，然而一旦他们有了权力，尤其是当有人向他们献媚时，他们心底那个曾受尽欺辱而发奋图强的"我"，也就是"真实的我"被唤醒，就把儿时的相应观念或情绪，拉回到意识层面。由于没有处理自己委屈的情绪，所以受极度自尊的驱使，他们扭曲的观念或情绪被无限地渲染并放大。换句话说，他们“现实的我”，顿时被这个心魔所左右了。显然，儿时委屈、报复的情结已成为他们生活的守望。结果他们掉入了一个漩涡，也就是权力越大，贪婪的欲望也随之成倍增加，以致无法无天而东窗事发。

其实，正是苦难生活中的委屈让他们忍受一切现实的苦，让他们一步步走到“人上人”的境地。同时，由于儿时的屈辱没有及时得到疏解，屈辱的情结又让他们疯狂地占有，进而获得心理上的暂时平衡，结果是，他们扭曲的心灵不可避免地招致了不可控制的犯罪。

我在一本书中看过一道选择题：如果选拔一个官员，一个是家境殷实出身的，另一个是穷苦出身的，你的选择可能是谁呢？多数人都是选家境殷实出身的。因为家境好的，往往有良好的家庭环境，由于从小衣食无忧，享受过了奢华的生活，即使做了官，也可能不会贪；如果选择一个穷苦出身的，尤其是受过歧视的，那他一旦做了官，用他心里话就是“总算逮住占有的机会了”，他极可能会是疯狂贪婪的。无疑，上面那个故事就是现实中的寓言。我们在现实中生活，不可能事事都顺心，所以，生活中遭受委屈是正常的。不过，要牢记不要委屈自己，应该寻找各种合理的渠道去表达自己的心声，也就是不要压制自己的愿望与个性。因为委屈自己，就会使我们的主观愿望受阻，这是一个挫折，它会导致我们负面情绪的积累。久而久之，要么形成自卑、懦弱的性格，要么可能形成错误的人生观。更可怕的是，自卑会招来更多让自己委屈的事，最终让我们心死，从而失去改变自我的进取精神，还有可能因报复而走上反社会的犯罪道路。

因此，为了人生更重要的目标，如果委屈了自己，我们要及时宣泄自己的负面情绪。记住了，千万不要让委屈、怨恨和报复主宰我们的心。也就是说，要时时关心自己的内心，及时处理因委屈而带来的各种负面情绪。

小的委屈可以让我们宽容与大度，在不影响人生发展和生活的情况下，我们由此积累获得更好的发展与成长的条件，这是走向成功的代价，是我们应该承受的人生磨难。记住古人的话：天将降大任于斯人也，必先苦其心志，劳其筋骨，饿其体肤，空乏其身，行拂乱其所为。你今天的一切成就，都是来自发奋，但是如果没有遭遇那些人生苦难是无法激发出你的顽强斗志的，你可能至今仍是一个平凡的人。正如西方谚语：上帝为你关闭一扇门，也会为你打开一扇窗。

接受这个道理吧：人生就是一个实实在在的存在，一切的不幸与委屈都与你此时此刻的成就是一个不可分割的整体。

记住这个道理吧：不是这个世界对不起你而让你经受苦难，是以往的苦难拯救了你，让你领悟了你的神圣使命，让你踏上超越自我的必由之路。

如果怀着这样感恩的心对待委屈，委屈就是我们的财富，而不是把我们送进监狱的恶魔。

为此，不管任何时候，人都要怀着感恩的心，这样任何痛苦都会成为我们走向辉煌的精神食粮。

感悟：要及时处理委屈的负面情绪，要学会从委屈中获得奋斗与超越的力量。要学会感恩，让感恩超越委屈的痛苦，激励我们蜕变，活出一个不平凡的、传奇的自我。

正能量

我的朋友说："不管到哪里都一定要把美好、积极的东西传播出去，这样和你接触的人一定会幸福和快乐。"我认为他说得很好。这和目前社会上所倡导的传播社会正能量非常契合，是值得大力弘扬的。

"一定不能让好人吃亏，所以好的行为一定要得到鼓励和强化"，他认真地说。“当然，这样正能量才会像接力赛跑一样，一个传一个，一个感染一个，不间断地传下去”，我说。没等他回话，我又接着说：“其实我们不仅是正能量的传播者，也是真正的受益者。”他猛然抬头看着我，我郑重其事地说：“你想想，如果你向别人传播了正能量，无疑，他也会回馈你正能量的。”他会心地笑了，点头表示认同。

心理学有个六度分隔的理论[①]，是说最多经过六个人就能找到你要找的人，所以，我们在传播正能量时，可能只要经过六个人，我们就可以得到一次正能量。

我的这个朋友讲述了他的一个经历：

他从学校的侧门出来时，总会与门卫打招呼。那个门卫老人非常高兴，说：“你是个好人，瞧得上我们。”“为什么这样说呢？虽然您是做门卫的，但也是保障我们师生的安全呢！”我的朋友这么一说，那个门卫感动得几乎要流眼泪。

他说：“你说得真好！”然后，他给我这个朋友讲了一件很窝火也很伤心的事：

原来这个侧门平时是不开的，只有早晨晨练、下午上体育课才会打开，因为这个门是通向运动场的，中间隔着一条居民区的土路，平时人员较多。有次，一个陌生人敲门，要求强行过去。那个人傲慢地说：“你是怎么看门的，连我都不认识，我是这个学校的老师。”

“我没认出来，学校老师多。”门卫一脸诚恳，无力地反抗说。

那个人极不耐烦地说：“好了好了，别说了。”然后，他气势汹汹、不屑一顾地吼：“走开，别挡我道。”

这个老人很委屈，也窝了一肚子火。他望着那个神气十足的老师的背影，唾了一口，然后摇摇头。

---

① 1967 年，哈佛大学的心理学教授斯坦利·米尔格兰姆（Stanley Milgram，1933-1984）描绘了一个联结人与社区的人际联系网，他做过一次连锁性实验，发现了“六度分隔”现象。简单地说：你和任何一个陌生人之间所间隔的人不会超过六个，也就是说，在人际关系脉络中，要结识任何一位陌生的朋友，这中间最多只要通过六个朋友就能达到目的。

图 2.4　星星之火可以燎原，爱可以传递，好的品德可以感染周围的人

我的朋友听完这个门卫的倾诉，十分理解地说："大哥，你做这份差事真是不容易，你没错，你这样严格也是为学校好！"门卫听到这话，立刻消了一脸的怒气，认同地点点头。

我的朋友走到他跟前握着他的手说："什么样的老师都有，但这样无礼的老师是少数。"

门卫老人终于露出了笑容回答："你说得对，我工作好多年了，这样的人真没几个。"然后他把头一甩："算了，犯不着与他生气。"

我的朋友说："那个老师，也许是那天受了什么气心情不好才那样的，想开些，原谅他吧，说不定他冷静下来会后悔那样对你的。"

门卫大笑起来了："你这么一说，我什么气也没有了，哈哈！"

这个朋友告诉我："门卫说的那个老师，是我们学校的刺头，人品很不好。"他扭过头，看我一眼，微笑道："这个老人受了委屈，希望有人听他诉苦，我就听他抱怨、唠叨一下，这样他的气愤情绪宣泄了，就不会再对其他人或自己造成伤害了。"

……

我的朋友是个好人，他尊重任何人，包括门卫。他进出门都会与门卫打招呼，这让门卫感到很高兴。今天，他帮助受委屈的门卫疏解了负面情绪，让那个一肚子怒气的人快乐了起来。这就是传播正能量，它不仅让别人快乐，也让自己快乐。毋庸置疑，快乐的门卫会把自己的好心情传播给其他人。这种情绪也会像滚雪球一样，蔓延到当事人周围。

如果我们都这样的话，我们也就会不断地接收到温暖的回馈，我们会由开始的施予者变为真正的受惠者。

这是一个非常好的事情，你只要迈出启动的那一步就行，它就会像有生命的水流一样，随着人的走动，向接触过的每个人传递，无边无际。心理学关于人际交往的“黄金法则”也告诉我们：你希望别人怎么对待你，那你就应该先那样对待别人。

这令我想到这么一句话：你怎样对待生活，生活就会怎样对待你。这和阐述的正能量流向的道理是一样的。我们知道，物理学上有作用力与反作用力，无疑，在我们的人际互动中也存在这种现象。如果明白了这个道理，我想我们就该知道如何在茫茫人海中生存了。

有一次，我去一个小店扫描几张图片，我希望他能便宜些，还没等他说话，我就先说扫描得多，如果能优惠以后还会经常来。我为什么要这样说呢？因为在那之前，我到另一家店去，要价很贵，大有皇帝的女儿不愁嫁之势。无奈要急用，我就当了一回挨宰的唐僧。

没想到这个店主只要六元而且态度较好，我给了他十元，让他不用找了。他有些不肯，说因为说好了六元。我说你做得好，又很有耐心，况且又多了两页，应该给的。还说：“你这样的好行为应该得到奖励啊。”他十分欣慰地笑了笑，我就是在传播正能量，我想他以后做事会更有耐心，尤其会守信而不欺诈。他服务态度很好，不像我前几天遇到的那个店主。说真的，我已经感受到他积极健康的正能量了。

我虽不能做什么拯救别人的事或成为救世主，但我能主导自己的行为，让自己保持美好的心，影响与我相识的人，进而影响更多的人。即使是一个平凡的人，也要做力所能及的善事，这样我会欣慰我的存在也是有价值的。

我们不可能都是道德楷模，我们都只是社会普通的一员，然而，我们却可以怀着这样的人生信念生活：

即使过着平凡的生活，但我拥有传播美好的心，仅为此，我的生命也是有意义的。

我可能只是一滴水，但也要努力成为有积极正能量的水，无论流到哪里都带去美好！

爱与被爱

爱是人与人之间最深厚的感情，有父母对子女的爱，有情同手足的爱，有朋友之间的爱，还有师生之间的爱。最炽热的爱莫过于恋人之间的情爱，只叫人神魂颠倒，仿佛顷刻间失去了自我。

爱一个人是幸福的，也是痛苦的。说幸福，是因为心情比较愉快，人会变得开朗、爱说话，内心有寄托，做事有朝气，期待天天相见。爱一个人时，会经常想起他／她，每次伴随着萦绕脑海的影像，内心都会涌起一种难以抑制的喜悦和甜蜜。这种美好的心境，淡淡的，不仅弥散在从事的任何活动中，而且仿佛戴着有色眼镜，使周围的一切都抹上了温馨的色彩。

但爱也是一种痛苦，爱得越深痛苦也越强烈。这是因为爱一个人，就会产生不由自主的牵挂，近乎强迫式地想对方，这叫思念。它会消耗人的精力，让人无心做其他事。即使做其他事，无论重要与否，都不能集中自己的意识，聚焦于当下从事的活动中。爱的情绪还会影响人正常的工作、学习和生活，甚至睡眠。摆脱不了这种焦虑情绪的困扰，就会体验到“甜蜜”的痛苦。

图 2.5　爱似一种禅，也是一部书。无论怎样的人都能从中找到自己，有爱就有被爱，但要记住不要溺爱

爱上别人是一种矛盾的情感，无论何时都是甜蜜和痛苦并存的，这两种情感交织在一个人身上，会让人内心产生冲突。爱是非理性的，不是说想放下就能放下，即使认识上否定对方但情感上仍然放不下，这往往

导致个体心理的纠结和强烈的冲突。如果一开始卷入较多情感，个体承受的痛苦也会更加严重。

所以有人在爱上别人的同时也失去了尊严，甚至是自我。为了获得所爱的人的青睐，个体可能会孤注一掷，丧失道德底线，弱化理性的约束和控制；也可能会忍气吞声，放弃平时不能放弃的做人原则。无论对方的情绪变化如何微弱，都能引起你情感的波动和猜测，还往往伴有内心的自责，真好似伴君如伴虎，活得很不轻松。痴心爱上别人，也等于让自己沦为奴仆，以往的平等和尊严也远离了自己。爱别人，会让人产生晕轮效应，爱对方的一切，从头到脚，即使常人视为缺点的，也会幻作魅力而挚爱有佳。

而被人所爱则是幸福的，能提升自尊，甚至膨胀自我。被人所爱后，就会成为有人关注、追逐的焦点。从此，个体不寂寞也不再孤独，身心处于一种难以言说的幸福和喜悦之中，能深刻体会到自己存在的价值。有那么一个痴狂的人关心、呵护自己，个体往往会感到爱与保护，自我价值骤升，飘飘然，甚至会忘记自己的真实身份。随着爱上别人的人产生惧怕丧失的心理，他们就会对所爱的人产生狂热之爱，结果不仅自己沦为奴隶，也会唤醒所爱的人的人性弱点，助长了所爱之人的自我膨胀。比如被爱追逐的人，往往像个被宠坏的孩子，很容易轻视别人的尊严，往往在不经意间表现出缺乏道德，伤害对方的感情，更有甚者会随意役使，恣意玩弄情感，以满足被爱的人膨胀的自我需要。极端严重的会走向近乎病态的施虐，这不是危言耸听的。心理学对受虐狂的研究指出，他们小时候由于爱的缺失，受到忽视而无人关注，易造成受虐的倾向。为了获得爱与关注，可以忍受鞭笞、肌肤的折磨等虐待。同时，由于小时候缺乏爱或遭受歧视，他们也容易走向另一个极端，产生施虐的倾向，对面临的对象施虐，发泄心中无名的报复。当他们目睹这些场景、听到受虐者的哀鸣声时，内心就会兴奋，进而会体验到一种快感。然后，恣意施威，从而宣泄早年的压抑，体会自我的强大，体验从未有过的主人感，扭曲的心灵会获得暂时的舒张。不言而喻，受虐与施虐是爱与被爱两种情感的极端表现，它们都是唤起人性的本我需要，激发个体非理性的满足。这里之所以把爱与被爱推向极端的描述，是为了更深刻地说明问题。在任何文化中，这种倾向都有存在，即使我们平常人涉足爱的领域，无论是爱与被爱，也都是处在受虐与施虐的角色上，只不过我们没有走得更极端而已。

爱与被爱，是人类永恒的主题，在个体的生命经历中我们都会遇到。为了获得健康幸福的人生，我们应在爱的路上把握好自己：该放手则放手，奉行的爱应该是以不丧失自我为底线，让我们的爱健康、有尊严，使我们的自我有恰当的位置。

施舍与乞求都是人与人之间不平等的体现。对于爱，如果得到与给予都不是来自内心的，那就是没有尊重、缺乏平等的人际互动，结果是不能得到也不能真正体会到爱的甜蜜，这种乞求式的爱不具有可持续的永恒性。它不仅亵渎了我们内心美好的情感，还有可能促使自我走向毁灭。

山里人的希望

我生活在平原，那里的人多恋家。陕西关中道的人因土地肥沃，生活富足，一般都不愿意外出。他们只求风调雨顺、五谷丰登，一家人在一起，其乐融融。陕西有首民谣描绘了乡下人生活的美好图景：十亩地来一头牛，老婆娃娃热炕头。

逢年过节，亲友团聚，会祝愿好收成，祈求人丁兴旺，期待再相见。平原遵循日出而作日落而息的生活节奏，这就使那里的人们相对比较容易知足、保守、缺乏创新与变迁的意识。

平原交通便捷，土地肥沃。在农业社会，由于人们依靠这样的自然条件就能生活殷实，所以他们奉行天不变道亦不变，有乐天知命、求安求稳的心理。

然而，在山区生活的人们，由于受地理环境的影响，对山那边总充满好奇，那里似乎有“山外有山楼外楼”的无穷魅力。由于不同山坳的生活状况不同，人们就期望翻越群山，迁徙到视野更为开阔的地带或平原，去繁衍生息。由于山区交通不便，人员或货物流通成本高，贩运式经商容易获得钱财，这刺激了商贸的发展。同时，从事商贸，游走在不同的文化地区，既能扩大视野，增长见识，又能获得钱财，享有富足的生活，还能选择更适宜的地方谋生与发展。所以，山里的人喜欢外出，喜欢从事贩运生意。

翻越一座座山，对他们来说，不仅是战胜自然的挑战，而且生意上的逐步成功无形中也激发了他们潜在的成就欲望，让他们树立更远大的抱负。这是平原人所没有但又亟须发展的、年轻人应该具有的情商，即能接受不同的宽容，顽强的意志力，敢于挑战未知领域的勇气，以及追求变化、不拘泥于传统的创新意识。

大山阻隔了他们的视野，也激发了他们外出谋生获取发展的强烈好奇心与勇气，从事商贸成为他们首选的发财手段。于是，马帮出现了，流动的货栈出现了，货物集散地形成了。商贩终于使山里人开辟道路，让天堑变通途；商贸终于使大山活了起来，让一队队商旅成为大山的生命之血，在山与山之间流动，不仅滋养生命而且传承文明。不仅如此，对大山里的人而言，商贸活动还改变了他们以往的处境，实现了他们的梦想，让他们变得自信和更有影响力。在这样的生存方式下，形成了山里人的人生观，比如看重钱财。久而久之，期望发财也沉淀为他们的风俗和内心的信仰。于是乎，朋友相见彼此祝愿“祝你发财”。

图 2.6　不同的环境中生长着不同的树，有着不同的生活观念。这就是，十里不同天百里不同俗

我到过龙岩的一个小山村，半山腰有一座庙，挖煤的老板选矿、

开矿、挖煤都要进香占卜，还要布施，为的是保佑发财。传说这座庙很灵验，方圆百里来这里供奉的香客很多，每年节假日香火最旺。寺庙的发展还有一道风景：以庙养庙也异常火爆。据说，农历的开春或秋收，人丁兴旺的后生会抬着菩萨走街，经过各家门口，主人都要供奉钱财，以期家宅平安、兴旺。这是山乡里的一件大事，经过的家户都要放炮、布施。连着几天，村庄都沉浸在欢腾中，弥散着神秘的气氛。有些家族，为了争得脸面，显示自己的富有，或希望菩萨保佑自己发财，那些出手阔绰的往往名扬四方。

除了发财外，山区的人们还希望获得官爵，荣耀祖先。他们认为做官既有钱又有名，能泽庇后代，威名一方。因此，喜获官职或晋升官职，远比发财更重要。自古以来，为官都是学而优则仕。为求功名，他们很重视教育，想通过读书求学走出大山，获得人生的发达。不过社会历史的发展，已打破了学校培养官吏的局面，读书并不能都当官。况且，他们也知道读书也有等第和声望的区别，知道专业技术人员也有职称高低之别，比如学历有硕士、博士之分。一句话，他们追逐的是不断地上升、出人头地，有优势的社会地位。为此，他们期待亲朋好友高升，对人的祝愿也是高升或发财。换句话说，他们内心普遍认为，只有高升、发财，才能走出大山，定居平原，过上富足、体面的生活。

人的本性是追求幸福美好的生活，福、禄、寿是中国百姓内心的向往。然而，有些自然环境阻碍了人们实现梦想，为冲破各种自然的天堑，形成了不同的人生价值观和不同的文化。所以，不同地域的文化，其实质是反映了人们祈求福祉的不同心理。满足人生存的需要，然后满足人发展的需要，这是亘古不变的道。

山里人希望迁徙、高升与发财。

平原人期望平安、人丁兴旺、长寿。

不管哪里的人都希望明天比今天好，不管我们生活在哪里，只要有梦想，我们就有改变自己命运的能力。别人能走的幸福之路，我们也能追寻和达到，别人不能走的路，我们也能创造。无论如何，我们都能超越我们的困境，因为我们的生命具有无限的生长力。

第三章　追梦的出征

///

外在的目标很强大，以至于它会成为我们内心的中心。因为我们每天听到、想到它们，可能还会受面子和尊严的驱使，让我们不得不踏上实现目标的旅途。这类似英雄们的出征，让我们以“有条件要上没有条件也要上”的气概，咬定目标不放松。

我们就这样开始追逐天边的朝阳，因为初升的太阳是最美好的。

然而，过不了多久，我们就会发现自己已失去个性，和其他人一样，挤进滚滚红尘中。我们似乎有明确的目标，但是又好像不是自己内心的目标。

我们有热情，也有迷茫，更主要的是我们还会邂逅让我们成长的人。追梦是一条漫长的路，无论结果如何，我们要不忘初心。

旅行日志

写一本书，既是表达一种思想，也是标志一段人生。我在大学教书，注定这辈子要与读写为伴了，这是一种职业，也是一种人生。我喜欢这种生活，它使我徜徉在书的海洋里。虽然独处的时间多，但不孤寂。因为，在内心深处，我可以像鸟儿一样在天空飞翔，也可以在方寸之间走笔行文，诉说自己对人生的感悟。

每次在一篇文章尤其一本书的结尾画上句号时，无论是一吐为快，还是收获了意想不到的惊奇，我都会从忘我的写作境界里走出来，感到异常轻松，仿佛经受了洗礼，一种神圣感油然而生，这种体验很像一位心理学家描绘的“高峰体验”。这种快乐如心境[①]一样会持续好久。更重要的是，我走过了一段人生，那是一段如歌的岁月，是非常有感悟的人生，也就是说，我的心灵获得了成长。所以，我非常认同写作具有心理治疗、提升心灵境界的作用。因为，不管你写什么，写作都是人生的一项活动，完成它要经历自觉确定目标、克服困难，以及动

图 3.1　人在旅途，似树的生长一样，不同的阶段有不同的形态

① 心境，心理学词汇，表示短暂、弥散的微弱的情绪状态。

机斗争等，是一项意志活动。其间，一定会经历各种意想不到的困难，然后你需要逐个克服。当你聚沙成塔写完一篇文章或一部书时，可能会完成心灵的蜕变。这些真真切切的体悟，会让你更加理解生活、认识人生，也更加能让你领悟到自己人生存在的意义。

人生如节，一节一节的竹子仿佛就是我们走过的漫长人生阶段。回首往昔，细数你走过的路，你一定会认同人生有不同的阶段。商人是以每笔大生意划分他的人生，官员则是以官位的升迁彰显他的辉煌。对于读书的人，我想是用著书立说界定他不同的人生阶段。

如果人生大抵如此的话，那么这两三年，我关注“绘画心理治疗”这个主题可以称得上是我人生的一个新阶段。以往的写作，更多的是为了获得职业的成长，写作是一种工作所需，其中也不乏一些功利目的。如果说，做自己喜欢的事是人生的幸福，那我先后写了《绘画与心理治疗》《绘画心理分析》，可谓是幸福。从思想、结构及表述方式，全是自己意愿的体现。许多观念，以及书写的文字都是在旅途中完成的。

人在旅途免不了孤独与寂寞。我先后两次走进西藏，一次是坐火车，另一次是与朋友自驾。2013 年进藏，在火车上，我与邂逅的旅人聊天，虽然他们来自不同的地域，职业各异，但都有一个永远感兴趣的话题——认识自我。我试着与他们一起，解读自画像。他们很欣慰，不仅发现了潜在的自己，而且还试着用自己的直觉与知识解读自己的画。我们完全沉浸在心灵的交流中，忘记了旅途的疲劳和寂寞。不多时，很多旅人围过来，也加入探索绘画与自我的话题。了解自我的魅力如此大，以至于他们都忘了欣赏窗外奇异的风光。这种动人的场面深刻地告诉我：绘画能透露人内心的隐秘；人人都对绘画心理感兴趣；每个人都可以学习解读绘画。同时，这次经历激励我写一本关于绘画心理的书。

三年之后，我应“驴友”之邀驾车进藏。沿途的天堑和奇异的风光，让我进一步思考文化对人心理的影响。同行的五个人，来自不同的省份，虽然都怀着一个共同的心愿——朝圣，但饮食习惯和行事风格的差异让我们产生不少冲突，也经历了很长时间的适应。于是，我在新出的《绘画心理分析》中，渗透了大量的原创研究，突出了文化元素的作用。绘画的心理分析源于西方，要想在国内生根，必须结合中国文化进行本土化。这是西藏之行给我最大的领悟。

当然，在旅途中我也与他们进行绘画分析，他们也饶有兴趣地学。

值得一提的是，学会绘画分析与治疗是既难又易的事。难，是说成为绘画治疗的专业人员较难，它除了需要掌握相应的知识及必要的沟通技能外，还需要对自己积累的大量案例进行反思和总结；易，是说每个人稍微学习就能对着所画的作品进行一番解读。最好的绘画分析与治疗师，不仅知识丰富，更重要的是能激发来访者解读自己的作品，讲述出自己意识深处的故事。无论如何，都不要忘了作画者出身的文化背景。

绘画分析与治疗的核心是让来访者通过自己的作品发现自我或自我的问题，以及如何一层层走进内心，这些并非掌握知识、学会某种技能，或有爱心就能达到，而需要吸纳各方面文化知识，再加上较强的思考能力以及治疗师自我的成长经历，才能促使治疗师综合素质的提高。

每一次成功解读绘画，我写的每一个绘画分析与治疗的案例，也都是对人生、对自己的一个新的认识与领悟。

有一句话说得好："路漫漫其修远兮，吾将上下而求索。"

绘画分析与治疗永无止境又充满无穷的魅力，值得探索和追寻！

感悟：写作具有心理治疗的作用[①]。无论是感兴趣的阅读，还是钟情于某类影视剧，甚而是某种主题写作，这些都是个体内心的投射，也是自我的心灵疗愈。

---

① 写作应用于心理治疗与辅导可以追溯到作家的创作。早在19世纪，尼采就说过："生命通过艺术而自救"，克尔凯郭尔也指出，写作是最好的自我治疗方式。有许多写作大师由于人格的冲突、分裂，或自己人生的苦难遭遇而创作出了不朽之作。每个有文化的人都有不同形式的写作活动，尽管不以发表出版为目的，但他同样可以在写作中建构起关于自己和世界的故事，用以诠释自己和世界，获得某种情感的宣泄和寄托。引自施铁如《学校叙事心理辅导中的写作治疗》，中国心理卫生协会青少年心理卫生专业委员会全国学术年会，2005。

四十而惑

印象 1：从走仕途来说，民间流传有“七上八下”之说。四十七岁能晋升的也都升了，没升的也很难上去了，尤其在当今充满竞争的年代，各种人才都不缺。

印象 2：四十多岁的人可能会有外遇，但绝不可能离婚。这个年龄的人对待情感生活比较谨慎，不愿滋生事端。因为离婚的代价太大，怕为情而失信于孩子，更怕坏了名声，一生的打拼都将付之东流。

印象 3：四十五岁是个分水岭，人生成功与否、成就高低全压在这个“红色警戒线”上。过去的都过去了，未来还可能再有一拼。人们都很重视这生死攸关的最后选择。这是最后的机会，往往决定了他们整个人生是否圆满。

印象 4：四十多岁，人们求稳、求真，开始回归、放下，也学会宽容，开始注重亲情、友情……

四十多岁是人生最美好的年华，是身体、智慧、经济实力与创造力的综合巅峰期，是生命焕发光彩的时期。四十岁以前，社会阅历不够，不成熟，还处于事业、家庭的爬坡期，想做大事但缺乏积累。这个年龄的人不了解社会，不认识自我，正在遭遇挫折，处于努力奋斗的成长期。五十多岁后，身心开始进入暮年，身体各器官逐步衰老，精力也感到不济，不愿尝试学习新的东西。更有甚者，他们可能身患疾病，危及生命。不仅如此，他们的社会关系也出现明显的变化，如父母已去世，好友重病缠身，甚至不幸离开人世。这些人生变故，促使这个年龄阶段的人身心开始衰老。“已老了”的感觉使他们寻求保守、稳定。如果儿女已成家立业，那还好，否

图 3.2　四十多岁的我们可能过着不用牵挂孩子的二人世界，可能达到了人生的巅峰，也可能面临人生的重新选择……

则他们便心事重重，烦躁不安。更为严峻的现实是，他们将面对退休、空巢以及死亡的恐惧。

根据人类生命成长的周期，四十岁，应该是人生最美好的时期，这个年龄段的人是社会的中流砥柱，肩负着承上启下的社会责任，许多成功人士都聚集在这个年龄段。

有关研究指出，四十五岁左右是人生的“第二个青春期”，他们面临着将如何过好后半生这个重大的人生问题。把握不好，他们将迈进人生的高原期，生活平淡无奇，缺乏激情。

除非是政治家和科学家，一般而言，四十多岁的人就会达到事业的顶峰，人生拼搏的劲头开始减弱，轰轰烈烈发展事业的大势已去。大有“人生能做到的已做到、不能做的也就这样了”的感觉。对待孩子，也逐渐接受了儿孙自有儿孙福的观点，也不插手孩子的事。经历多年的父子矛盾、母女争吵，他们也放下了对孩子的期望，撒手让他们走自己的路。

无论是技艺精湛的专业人才，还是家财万贯者，抑或是追求仕途晋升的人，都会陷入前所未有的发展困惑期。他们奋斗到这个年龄，事业已小有成就，感觉走过的路很艰辛，也想喘口气，不想再像三十多岁那样为生活所迫，为事业拼命打拼。身体也渐渐开始出现问题：眼花、记忆力不好、头发花白，这让他们感到害怕，感叹人生苦短，想留住青春的脚步，进而越来越关爱自己。然而，又没有到退休的年龄，若歇下来，又面临长江后浪推前浪的紧迫感。由于自我感觉已到人生事业的顶头，而又不愿挑灯夜战，所以他们经常会问自己，“还要去干什么？”“成功的可能性有多大？”这些纠结的问题常使他们缩手缩脚，陷入保守。无疑，他们害怕失败，不愿冒风险，他们已没有三十多岁时的激情和冒险精神，生活的磨难已让他们改变了思维方式。也就是说，他们考虑问题时，多从不好的方面思考；做任何事时，总是深思熟虑。他们不敢孤注一掷，不愿越雷池半步，往往浅尝辄止。一个“怕”字，让他们没有了生活的新目标。

有些男的因空虚，无所事事，沾染酗酒、赌博的恶习；有的与旧情人有染，惶惶不可终日，或闹出情变；有的唉声叹气，抱怨社会，抑郁，甚而遁入佛门；有的过分关注身体，老是疑病而东补西补，反而补出毛病；还有的网络成瘾……

四十多岁的人真的就只能这样困惑，而无法走出人生的高原期吗？我不这样认为，因为人能自我决定自己的生活。

人是有意识、有理性的动物，他们有独立的意志，总是要做事的。心理学把这叫“自觉控制力”，它受意志的支配。人的自觉控制力，会通过改变周围的环境，让自己获得自信，意识到自己存在的价值和意义。当这种力量丧失时，人易患习得性无助。这样的人自卑、抑郁、情感冷漠，对自己失望，对外界事物也缺乏兴趣，最后可能感觉人生无意义，严重时会轻生。

四十多岁的人，如果丧失这种自觉控制力，后果会很可怕。不过，这种人很少，除非遭遇一连串的挫折、失败，或丧失生命中重要的东西。实际上，这个年龄段的大部分人，害怕的往往是找不到人生的方向，静不下心来做事而已。

为了让四十多岁的人摆脱心理的衰老，重新焕发人生的活力，有一个圆满的人生，我认为应该做好以下工作：

要读书，不是工作专业方面的书，而是人文方面的书。人文方面的书能帮助我们认识人生，感悟人生的意义，明白什么是生活。这是最重要的一点。不过，不能像阅读八卦新闻一样，而要专心去读，否则会一无所获。读书是为了拯救自己的心灵，要明白这是自己的责任和义务。如果书读进去了，你会感觉到像与许多人进行了交流，它会激发你的思考力，让你在书上寻找触动你的“那个人”或“那个观念”。读书充实你的心灵，让你想到过去，体验不同的人生，感触“真、善、美”的力量，会让你回味无穷。

要学会凝神入静，类似坐禅，倾听你内心的呼唤和感悟。入静时，你会放下现实中的自我，毫无杂念地体验另一个我，也就是内心的自我，这是你生命的本源，它藏着你来到世上的使命和责任。入静能帮助人开启一种神圣的潜能，它能让你平和、宽容，感受真正的快乐，感悟生命的意义。在这种入神的状态阅读，你能进到作者的内心，捕捉他语言背后的启示和玄机，体会到真正的美，享受心灵不可多得的洗礼。无疑，与其他人的内心的对话交流能打开你所有的困惑，消解你的烦恼，带给你吉祥和美好的人生。

用好你的眼睛和耳朵，还有思考力。任何动物都具有造物主赋予的能力，作为万物之灵的人类，造物主赋予我们眼睛和耳朵，是让我们获取信息；赋予我们舌头和牙齿，是让我们摄取外界营养，维持生命的延续。最重要的，造物主还赋予了我们思维能力，思考力可谓是心灵的无价之宝，你善待它的最好方式是思考。人的大脑越用越灵活，它遵循“用尽废退”的规律。要经常记住问自己这几个问题：

儿时有什么愿望还没有实现？那就去实现吧，否则带着未了的夙愿走向暮年是人生最大的遗憾，是至死也不能瞑目的后悔。人常说“老小孩”，越到晚年，童年时的事记得越清楚，人们经常生活在过去的记忆中，这为洞察自己的夙愿，也为践行自己的梦想提供了条件。此刻不去实现心底的梦想，以后就会后悔。如果到了不能走动的暮年再后悔，那肠子都悔青了。

人生还有哪些没实现的愿望？写出来，综合考虑每个愿望实现的可能性，能做的打对勾，马上去做。不能做的要想明白为什么不能做，然后毅然圈掉，扔到垃圾桶。有些模棱两可的，那就斗胆试一试，因为试了就不后悔，要知道世上不是任何事都能做成，重要的是你已尽力了。

身体好是本钱，保养好身体，做力所能及的事。保持健康的身体，不仅为家里省下一笔医疗费，还不拖累儿女，让他们把精力用在未来人生的打拼上。面对即将进入的老年生活，要努力做力所能及的事，不倚老卖老，这是人生的一种境界。毕竟，能自食其力的老人不多，这样的老人是个宝。老人自食其力，不仅自己快乐儿女也幸福，重病在身不仅自己痛苦，儿女也被拖累，尤其在他们事业打拼的节骨眼儿上更是如此。虽然，尽孝是义务、美德，但是久病床前无孝子。把自己的身体照料好了，为儿女做些力所能及的事，为他们的学习工作提供更多的时间和精力，他们会感恩，心中不禁道："多好的父母啊！"待奠定了事业的基础，他们才会更加关照你。

人格的成长和成熟是终生的事。四十多岁的人应花一定的时间，反思自己走过的路，有哪些人在人生的紧要关头帮助过你，别忘了要表达你对他的感激。你可以打个电话、寄份礼物或亲自探望，这些都是你发自真心的感恩。如果曾经发生过争执，找个机会与他和解，这会化解你尘封的心结，让你的人生轻松、快乐，更能彰显你人格的魅力。因为任何矛盾的产生，双方都有原因，要先放下自我，从自己找原因，这是一种为人处世的态度。

四十多岁的人还可以做些公益，不仅播撒爱心，陶冶自己的性情，还能惠及爱你的人，提升自己的精神境界。

如果这样活的话，四十多岁，我们才懂得生活；四十多岁，我们的人生才刚开始；四十多岁，我们的人生正走向辉煌。

走近西藏

世界可以划分为东方文明和西方文明，分别表现为农业文明和海洋文明，它们的生存方式是农业和工商业。如果从物质世界与精神世界来说，人类掌握世界的方式可以划为科学文明与信仰文明，西藏正是与征服世界的科技文明迥乎不同的征服人类精神的宗教文明。正如一句西藏旅游的宣传语：这里有世界上最虔诚的精神信仰。西藏[①]，一个对于中国乃至世界来说圣洁的、神秘的地方。

西藏位于世界屋脊，被称为“距天最近的地方”。藏族同胞世代生息在高原、雪山上，他们有着完全不同于现代文明的人生观、世界观和幸福观。他们快乐、祥和、顺其自然，他们崇拜自然，信奉活佛。除了满足最起码的生活起居需求外，他们几乎不积累任何财富，也不给后代留什么家产。他们注重来世，多余的财物都捐给寺院，供奉活佛，在他们心目中，人的一生如同天空飘洒的雪花，由

图 3.3　西藏，这里有最虔诚的精神信仰

① 西藏自治区，位于中国西南边陲，平均海拔在 4000 米以上，素有“世界屋脊”之称，首府拉萨，是中国五个少数民族自治区之一。它地域辽阔，地貌壮观、资源丰富。自古以来，这片土地上的人们创造了丰富灿烂的民族文化。

水汽凝结而成，它晶莹而美丽，在辽远天空飞舞，飘落到大地融化，然后毫无生息地消失。最后，又聚在高空开始新的轮回。这可以说就是藏族的生死观。

他们认同万物有灵观，认为活佛是人间神的代表，具有至高无上的权力。人们只有顺从自然、膜拜活佛，才能祈福消灾，来世获得好的造化。他们身佩佛珠，走到哪里带到哪里，甚至睡觉也不离身。他们手摇转经，拨弄佛珠，就这样生生不息。真是心中有佛，佛就陪伴在他们的身边。

他们敬拜自然、感恩自然，对世界的欲望极少，使得他们很知足、很幸福。他们从不为囤聚财富而征服自然，奉行与自然和谐相融的观念。所以，西藏很自然、很纯净，瓦蓝的天、洁白的云会让人沉醉。如果再踏进大草原，看到沐浴着阳光悠闲吃草的牛羊，听着牧人豪放的歌声，就会让人触摸到香格里拉的神韵，如醉如痴，流连忘返。那里没有污染，满目洁净，雪山、草原、寺院和朝圣，是映入观光者眼帘的西藏的伟大符号。这圣洁的地方，使藏族人的心纯洁透明，眼睛天真无邪，如出生的孩子。他们每个人脸上都挂着笑意，它不同于"茄子"式的假笑，这是发自内心的笑，有浑然天成的声音和姿势。那笑声，爽朗、开怀，浑身每个毛孔仿佛都绽开了，如水中的涟漪向周围扩散，被搅动的空气也笑向远方，甚而感染得草木鸟虫都笑弯了腰。他们是用心来笑，用生命来笑，笑是他们对自然的回报。

他们认为一切都是佛赐予的，都是过眼云烟。他们既珍惜赖以生存的食物，又慷慨好客，把自己最好的东西与相遇的人分享。只要你有豪情，他们都会分享给你吃不完的肉、喝不完的酒。佛说：欲望是人烦恼的原因。因为他们欲望少，内心淡泊、宁静，所以没有烦恼，过着与世无争的生活，高兴也成为写在脸上的永久的表情。他们内心的一切都是质朴和自然的，不压抑自己的爱的情感。死，对我们来说是恐惧和逃避的，然而对他们来说，人自然的死亡是一种超脱，是在另一个世界的降生，这叫转世。因此，他们的内心始终是快乐的，表达的最好方式是载歌载舞。激发和放大这种情感的方式是喝酒，于是，喝酒、唱歌和跳舞成为他们日常生活娱乐的基本方式。从小生活在这样的氛围中，他们都是天生的歌唱家和舞蹈家，而男人是爱喝酒的豪爽之人。

他们有人生目标。信奉活佛是他们的终极目标，由此派生出一系列相关的生活信条。对这些观念，他们坚信不疑努力追寻，这是他们内心不动摇的态度。于是，对于未来，他们不茫然，有信心。他们全然没有我们对未来的不确定感，也没有那么多对既有规则、信条的担忧和怀疑，以及由此而表现出的不安与焦躁。我们总担心会失去自己的利益，为此，有的人违背规则，甚至丧失了道德的底线。由于我们没有坚守的良知，内心经常会混乱，于是整体社会就没有了诚信，人人开始疯狂欺诈、占有。显然，由于没有了内心的守望我们也就没有了信仰，混乱就成为我们内心抹不去的伤痛。心理学研究指出：有明确生活目标的人生活满意度更高。

藏族把信仰视为他们内心至高无上的人生追求。无论身居何方，信仰是他们心中圣洁的殿堂，这无形的力量似流动的生命，充盈在他们生命中，弥散在他们生活中，使他们慎独、敬畏神圣、坚守信念。他们内心的守望、虔诚，提升了他们的精神境界，他们过着一般人无法企及的精神生活，把平凡的人生演绎成智慧超然的一生，把意识层面的活动推向天人合一的极致。敬拜神灵、崇拜喇嘛，是他们特殊的宗教生活，不离手的转经和佛珠，是他们滋养心中佛祖的方式。念经是他们心中的呼唤也是祈盼。祈盼是一种涌动的情感，祈盼从远古到现在，祈盼从出生走到登天，祈盼是他们行走在朝圣路上永恒的雕像。

……

西藏，一个让人神往的地方。西藏有雪山、寺院、虔诚的朝拜人，有经幡、无垠的草原、成群的牛羊，也有蓝天里的白云、开心的笑脸，以及跳舞的人群。西藏的一切都是那样的自然、祥和，到处都生机盎然、欣欣向荣。西藏是一个有人活动却没有喧闹与惊扰的地方，因为自然太博大了，人隐退在自然中，与它们融为一体。西藏到处有生机勃勃的生命却又是一幅幅静止的画面，你放眼望去，那辽远、广阔的大草原，那雄壮、巍峨的群山，那洁白、飘动的云，还有那深邃的蓝天……西藏啊，静谧的原野上到处都有生命的潜生。

我们怀着一颗虔诚的心，走近西藏。迎面而来的是空气、阳光、水、草木和人，一切都那样的不一样，无论你看到的、听到的，还是身体感触到的，都让你心醉，冲击着你麻木的心，让你的心激动得想歌唱。

然而，走进西藏最大的收获是，内心不停地听到来自远方的声音：

走进西藏，可能到达人间的天堂，可能听到天籁，可能看到心中的梦想，可能领悟到人生的真谛，可能跨越前生与后世。

走进西藏，可能抚平所有的伤痛，忘却人间的所有烦恼，找回迷失的自己，寻找到为什么有百思不解的困扰的原因。

走进西藏，满眼都是虔诚、真爱和信念的符号，让人们寻找心在何方，重新体验心的力量……

啊，走进西藏，敞开怀抱，拥有一切，在这里种下一生的梦想……

感悟：有信仰的人，人生有明确的目标，他们不迷茫、困惑，他们的生活充满激情。一句话，有信仰的人会幸福。在都市待久了的人、被物质欲望冲昏的人，或人生失意的人，抽个机会到西藏走走，一定会有新的领悟和启迪。

大美之行

在网上看到老同学去西藏拍的照片，标题是“大美西藏”。这个标题令我心动，吸引我探究、欣赏这些照片，认识何谓“大美”。我曾在去青海的路上，从机场的广告招贴中，以及进入青海的高速路上也看到类似的向游客宣传的话：大美青海。

似曾相识的感觉促使我站在局外去领略大美的风采。青海和西藏连在

图 3.4　人在西藏，也回到了内心的故乡。大家在一起没有了往日的矜持与身份

一起，生活在青藏高原的人、植物乃至山川，都蕴涵哪些大美的神奇之物？

我没有先入为主抽取图片中的微言大义，而是以一个不懂美学、原生态的眼光，去审视这组激情洋溢的原始照片。

青藏高原的美，首先是大。青藏高原是世界屋脊，有世界最高的山峰——珠穆朗玛峰，有中国最大的高原淡水湖泊，还有辽远的高原草场。因此，任何地貌在这里都以大美著称，如果走进青藏高原，走进青海，锁定西藏，那么大美的体验将油然而生。不过，大美体验的滋味还得等离开西藏后慢慢咀嚼，它如久藏的青稞酒——绵厚悠长，会让你升华有“大”的一番领悟。

那么屏住气，让我们一同走近这组照片，捕捉大美、体验大美的心动吧。

走进高原，走进西藏，映入我们眼帘的是大山、天空、草原以及朝圣的人。它让我们放慢脚步，睁大双眸，一步步走近：

山是青藏高原的生命，抬头见山，云彩经常在山头飘荡或在山与山之间流动。这里是离天最近的地方，死后升天是藏族人最大的希望，他们认为活佛也是从天上走下来的。所以，在盘山的公路上、崖壁上时不时会看到画着天梯，连接着大地与天，让灵魂扶梯而上。这里的山是没有草的，裸露着最真实的颜色，山顶往往是雪线，所以也是雪山。它洁白，被阳光一照，晶莹剔透，时不时云蒸雾绕，更增添几分神秘。西藏的山，绵延数公里，远远望去如横卧的巨龙或藏獒，在广袤的大地上显得很雄壮。由于大山没有象征生命的绿色，所以显得极为苍凉与悲壮。如果你有幸登上山顶，极目远眺，视野里都是山，真可谓山似海。面对造化的神奇，对山生出几许敬畏：爬不上入云的雪山，走不出高山的海洋。面对山你会感觉它有生命，只是在沉睡，你会惧怕，感觉到压力或渺小，你会放下你尘世的所有执着和欲望，认为只要活着就好，除了生命是自己的，其他的一切都是不能带走的，也是不属于自己的。大山的生命是永恒的，而我们的生命如脚下的草会衰败，像山一样绵延和永恒，是我们心底若隐若现的渴望。这就是大山的美，它雄壮、博大、永恒、沉静。

图 3.5　西藏的天很蓝，西藏的云很白，西藏的水很清

由于是世界屋脊，再没有比它高的地方，因此，西藏的天空最大；由于没有工厂排出的烟雾，所以洁净的天空看起来更远，直到天边。不管怎样，西藏的天空高远辽阔，深蓝的颜色是那么清纯，有时天边会飘过一团洁白的祥云，让人沉醉。

就说这么一片瓦蓝瓦蓝的天空，静谧而纯净，它这般博大，让我们悦目惊叹。在人际稠密的城市，看惯了楼房、街道、人群与车流，置身于这么辽远的天空下，我们的胸怀也受到感染而宽广起来。我们如它身下的一枚卵石，它随时都能融化洗涤我们，洁净我们的身心，圣化我们的灵魂。这里人烟稀少，能见到人是有幸。所以，在这天幕下，人与人和谐相处，彼此见面都抑制不住内心的喜悦，会想着怎样帮助对方，如何把自己的酒和肉拿出来分享。洁白的云挂在天幕，深邃的天蓝得一尘不染，于是白云和蓝天相融在一起，那么纯净，那么分明，争奇斗艳又相互映衬，把每一份美丽都让给对方，又引出另一份娇羞。这番景象会让人震撼，这是一部人生的书，它告诉我们：每个生命与你相遇，都是为彰显彼此的价值。同时，得到的多也会失去自我。有时，主动放弃也是另一种收获。大美是和谐的，正如花红需要绿叶配一样，与大家和美与共，才是自我最美的境界。受到这样的美景陶冶，你会对得失有新的理解，根本不会有个人的私心与贪欲。

西藏有些草原很大，一望无际，连着天边，羊群像天上撒下的珍珠。远远看去，河流像白色的玉带镶嵌在草原上莹莹发光。微风过处，传来牧民嘹亮的歌声。如果天空和大山是静的，引人遐想，留几许敬畏，觉得深不可测，那么绿得让人沉醉的大草原则是动的，处处充满生机，整个人的心情将会为之活跃起来。茫茫的大草原，铺天盖地的绿，尤其是有股青草味道的风，会让人的心沉醉，如饮满一杯让人欲仙的青稞酒。如果说，天空的湛蓝太辽远，我们无法融入其中沐浴它的深邃、纯净，那么脚下的草原，则让我们难以抵挡它的诱惑，你可以纵情扑进它的怀抱，享受一下它的博大，你可以四脚朝天，躺在它的身体上，感受它的心跳，亲吻它散发的幽香。草原是有生命的，它会撩拨你的心弦，让你不由自主地放歌，你仿佛回到一个充满温暖的家，坦诚、信任得可以让你宽衣解带躺在大地上，让自己的心灵赤裸地放在任何一方广袤的草地上。大美的草原也是我们的家，它温暖，有生命跳动，是我们疲惫的身体可以安放的港湾，是我们不管走到哪里都渴望回归的地方。在这里你有说不出的激动，有似曾相识的感受，抑制不住想说话、唱歌，想与动物为伴，想与任何有生命的东西交流，愿意关心、呵护它们，想付出一些爱心。无疑，大美的草原唤醒人们美好的心灵，让人们感受到家的重要，认识到和谐、责任。

西藏宗教盛行，据吴忠信《西藏纪要》记载：西藏全境有寺院一千七百余所，喇嘛人数约五十万。布达拉宫是西藏宗教、文化的重要代表，宗教在西藏具有至高无上的地位。大昭寺、哲蚌寺、甘丹寺、色拉寺、扎什伦布寺……这些都是西藏久负盛名的寺院。寺院是人流聚居的地方，也是政治文化的中心，从生到死宗教信仰是人生活的核心或终极目标。他们重视来生，奉行生命不死，死就是来世的轮回。他们有信仰，生活具有明确的寄托和目的，所以他们不为物质诱惑所动，心中充满虔诚。不管路途多么遥远，他们都要到寺院，到大寺院，到心目中最大的活佛居住的地方朝圣，谋求顶礼拜膜。他们淡泊以明志，宁静以致远。由于心中有守望，所以他们一天忙忙碌碌，除了满足温饱外，不积聚钱财，不滥伐周围的自然资源，在他们心目中，这些东西都是有灵性、有生命的。他们认为现世的一切都是前世修行的结果，所以他们绝不会有抱怨，他们恪守佛法，一心向佛，虔心朝圣。

图 3.6　西藏的寺院在人们心中是神圣的符号，也是人们每天的守望

人们看到的大美西藏更多是自然风光，我认为也不应该忽视人们的大美精神追寻。因为人活在一定的时空中，如果没有了纯粹的精神信仰和内心的寄托，那么所有今天大美的山川河流和草原将不复存在，碧蓝的天空也会因污染而没有这般深邃和纯净。因为有了信仰，笃信万物有灵，才敬畏自然，相信神灵，进而萌发对自然神灵的感恩，让滋生愧疚的心呵护自然，与周围的环境和谐相处。无疑，由于有了信仰，才会敬畏自然。这启发我们人生得有个精神信仰，人的生活才会有寄托而少有浮躁。因为有了信仰，人就会有自然生态观，在欲望面前法道自然，学会放下，合理追逐自己的欲望。不言而喻，精神信仰是人谋求幸福的一种手段，所以活着的人，虽不能绝对地存天理灭人欲，但一定要有点守

望的精神。

大美西藏，并非只是我们从广告宣传的招贴画，而是我们的的确确走过西藏，有经历和感动，离开西藏之时有由衷的感慨。仔细看这些照片，除了西藏的天空、大山、寺院外，就是他们置身于这大美风景的照片。这些照片合影的多，单人的少。每张照片都是高兴的，浑身每个毛孔都绽放着微笑。最让我感动的是他们抓拍的照片，大美景色里的人物不经意流露着稚气和孩子般的举止，他们或张开手臂或做出调皮、滑稽的姿势，尤其是一些男同学一改往日矜持的模样，顽皮的劲儿仿佛处在孩提时代。另一个重要发现是男女同学可能是因为远在世界屋脊，没有了男女授受不亲的忌讳，在一起拉手拥抱，情同手足。有些也是夫妻出行，但他们各自与另外的同学也能相处得自然、亲密无间，大有友情胜过夫妻之情之势。尤其是年过四十的女性，在昔日的同学间，仿佛找回了失去的少女时代，各个依然是风情万种，娇态争奇斗艳。

快乐是这组照片的主要元素，我能想象从远离家乡、踏上西藏之行开始，快乐就充溢在他们的心间，到达西藏之后，则更是把他们的快乐推向极致。旅行能给大家带来愉悦，西藏之行带给大家的快乐是难以忘怀的：一个人的快乐不是快乐，大家共同的快乐，才是真正的快乐。这快乐的感觉感染了相伴而行的其他人，流露的真情连同这些照片，都已融入他们生命的记忆中。

难以忘怀，去西藏的同学！

大美西藏确实很美，大美的天空、大美的山、大美的草原、大美的精神，还有曾经朝夕相处的同学。西藏之行，让他们在千里迢迢之外领略了高原奇异的风光，也让十多年的同窗之情拉近。这美好的经历让他们激起生活沸腾的热情。歌声、青稞面、笑语陪伴着他们，让他们忘不掉这段生命的感动，让他们一路欢歌，带着几分虔诚走进雪山、走进梦中的天堂。欢笑是他们一开口的表情，也是每一天睁开眼睛的第一个问候。然而我想，更让他们内心激动的是，大美西藏这个神奇的地方让他们读懂人生的秘密。这里的一切，这山这水、这草原以及这朝圣的人，都让他们这些进入不惑之年的人，对生命、对人生有了另一番感悟：

人生要追求快乐，人生要学会放弃；

人生要学会宽容，更重要的是，人生还要有精神守望；

只有大家快乐了你才真正快乐……

大美西藏，山好，水好，天好，人好……

大美西藏，更美的是亲历大美西藏之行，拨动了并不年轻的心，感动了我们的生命，让沉睡麻木的心，经受大美的洗礼。这组大美西藏的经历及照片馈赠给我们的，是让我们知道该如何更好地走好明天的人生。

大美西藏，西藏之美！

朝圣的故事

在天津工作时，有个朋友向我讲述了他的一段刻骨铭心的经历，让我感觉神乎其神。这个故事让我回味好久，也让我悟出一些人生道理：西藏神奇却不神奇；生命不神奇却神奇。

这个朋友姓吴，天津人，祖上是天津的资本家，他头脑灵活，风趣，喜欢说俏皮话，常引得众人开怀大笑。他很胖，从小到大经历过很多事，我很喜欢与他交流。因为，每次聊天都让我了解了很多社会上的事，他还多次说我很理解他。我们的交流也都会进入心灵层面的探讨，进而激起更深一层的自我认识，因此我们成为无话不谈的朋友。

有天中午吃过饭，闲来无事，我就找他唠嗑。

他说：“老师，西藏很值得一去！”

我愕然道：“是吗？”

他继续道：“我以前患糖尿病，很重，卧床不说还头眼昏花。医生也曾诊断我活不了多久。我当时心情抑郁，情绪很低落，整天躺在床上，脑子

图 3.7　吴老师的故事吸引我踏上西藏之旅

尽乱想。回想整个人生，我感觉没白过，做了许多想做的事。不过，有件一直想做却没做的事，那就是去西藏。因为，那是一个神秘的地方，据说是离神灵最近的地方。”

说完，他冲我一笑，喘了口气，又继续说：“家里人开始死活都不同意，他们担心我会客死他乡，或者命丧路途。但是我执意要去，甚至绝食反抗。无奈，家里想着我一个临死的人，哄着他开心吧。父亲终于发话了，‘算了，随他吧！只要他高兴就成，我们不让他受委屈，我们也不亏欠他！反正从小就这么宠他，再宠他一次吧！’。”

我来了兴致，身体前倾，靠近他，仔细听他说。

“就这样，我听从了内心的召唤——去西藏。我不想结伴，想在这寂寞的旅途中想想问题。因为憋在家里难以呼吸，我也想远离别人的关照，享受一段轻松的时光，也许邂逅神灵，也许会孤独离去。”听到这，我心里有种莫名的伤感，对他有了几分关切。

他长吁一口气说：“带着这自私的想法，我开着车上路了。”

他见我这般认真，也凑近我，很神秘地说：“沿途有三件事，我记忆很深。”

树上睡

我很喜欢车，也曾下海卖过汽车配件。去西藏不能说旅游，更不能说朝圣，坦率说：我是想了解一种人生，也想去领悟一下人生的意义。所以，我西藏之行怀揣的奢望既单一也复杂，我知道也许会客死他乡，所以上路的那一刻，我有一丝悲悯与感伤，眼泪禁不住在眼眶里打转。

这些暂且不说，说些令人难忘的事吧！

有天傍晚，就在进藏的高原公路上，距离下个补给点很远的地方，汽车的左前轮胎爆了。我停下车，稍微修了一下，就又上路了。像我这般年龄的人，从小经历的事太多了，年轻时我曾参加过野外生存训练，否则是不敢只身一人进藏的。那儿的路不好走，加上修车，我没能及时赶到下个补给点。过会儿太阳就落山，看来晚上要在野外露宿了。

我把车开到一个有树的地方，先生了一堆火，烧了水，然后简单煮了些方便食品。吃了晚饭，我把车里的重要东西收拾好，熄灭火，并在附近攀上一棵树歇息。开了一下午车也累极了，我把自己固定在树枝上，一边看着天上的星星，一边和衣迷迷糊糊睡着了。后半夜里，忽然一阵杂乱声吵醒了我，我立刻警觉起来，发现一群身上有毛、个头高大的人围着车叽叽哇哇叫。我害怕起来，一动不动，他们想搜车，由于打不开门，他们很生气，就把轮胎扎爆了。我看呆了，恐惧得屏住呼吸，全身阵阵地冒冷汗。

当东方的天空泛起鱼肚白时，他们走了。

我估计他们是野人，还好他们没有想到到我这边的树林搜索，否则我就没命了。

想想刚才发生的事，真有些后怕，幸亏没待在车里。所以，在野外露宿，待在车里也许暖和，但很容易遭到人袭击；篝火能避免动物的袭击，也能引来心怀歹意之人的觊觎，可能招致杀身之祸。知道吗？这些都是野外生存的常识。

不一会儿，太阳出来了。当确认安全后，我才从树上下来。昨晚的事，让我心有余悸，他们是不是传说中的野人？恐惧已让我没有了好奇的探究欲望。我没空松弛一下紧张的神经，因为这是一个是非之地，昨晚没得到东西的人，极有可能返回来。

此刻，我内心听到一种急切的命令：得赶快离开那里！

我取下车后的备胎，把它换到已被扎破的前车胎，这个裂痕太大。我赶快简单补了一下其他两个轮胎。由于前轮负重，我把右边后轮换到前轮。

受伤的车胎，经不起负重，我扔掉了一些东西。

我来不及抽支烟，就赶紧启动车，头也不回地离开了那里。

修车店

在通过西藏地广人稀的地方时，常常是百里见不到人烟，在万里的高原公路上行车，我有一些害怕，如果遭遇抢劫之类的事，我可是手无缚鸡之力。这辆受伤的车，在公路上吱吱嘎嘎地行走。由于车上缺乏食物和水，如果不及时补给，我极有可能因饥渴而命丧黄泉。不用说，我得赶快找个地方修车。

就这样，我头顶烈日，开车在高原的公路上踽踽而行。

眼看快没油了，不远处山口的一个修车加油的店赫然映入我的眼帘。我不由得激动、高兴起来。我先停下车，把身上剩下的现金放在一样颜色的两个碗间，然后用力一拍，它们严实无缝地合在了一起。这是出门前我专门加工的碗。为什么这样，以后你就会知道了。接着，我把仅有的一盒压缩饼干和一瓶水藏匿在工具箱的底层，最后把墨绿色的盖子一盖，上面再压一些修车的小工具。无疑，这些伪装都与工具箱浑然一体，根本看不出丝毫的破绽。人在野外，必须具有能存活下去等待救援的三天饮食。这是赖以生存的底线，完成这些任务后，我驱车前往那个修车店。

我一到门口，就停下了车，往屋内喊话：“有人吗？”

两声之后，门口站立一个彪形大汉，他警惕地看着我，冷冷道：“修车吗？”

我听出是个山东人，高兴叫道：“大哥，可碰到你了，车胎坏了，帮忙补补。”

说完，我转手拿起手机拨了个电话，用山东话说：“五哥，我的车坏了，在靠近昆仑山口一家山东口音大哥开的修车店，估计晚上也住在这里了，明天你们快过来吧。”我说的嗓门极大，故意让那个修车的人听见我把我的行踪告诉给了我的弟兄。其实，我的手机早没电了，我这样打，是想暗示这个修车的，可不要对我动歹心哦，否则我的朋友是决不会放过他的。你知道，在这前不着村后不着店的地方，我不知道它是否是一个黑店，不知这大哥是否故意以修车为掩护而专门做些杀人打劫的事。这些我必须考虑到，为了生命的安全我们不得不做些宁信其有的防范。人常说穷山恶水出刁民，况且开这个门面，仅凭修车万万是赚不上钱的。说到这，你也明白我为什么身上不带钱而藏匿在饭碗底层的缘故了。因为人为财死鸟为食亡，许多人见钱就会起贪欲之心，要知道钱、色往往都会给人带来厄运与灾难。

打完电话，我脱下上衣，光着上身，一边喊热一边用山东话与他打招呼。为什么脱光衣服呢？为了让他对我放松警惕，因为我没带什么凶器，我不会伤害他。说实话，一开始他也用惊恐的眼神对我充满警惕。我想打破这紧张的气氛，笑着说：“大哥，你这店真是我的及时雨啊！”我指指车，恳求地说“除了补补胎，顺便住一晚。我口袋里就剩二百多元了，全给你。”他表情依旧严肃，没吭声，仔细打量着我。

我坦言道：“明天我的朋友就会赶到，我和他们再一同翻山往西藏去。”

由于我去过山东，会说山东话，与他一聊，很快就熟了。

他不说话，开始给我修车。由于我也会修车，也懂得车，我很快与他找到共同的话题，聊得很投机。他技术好，很快帮我补好了胎。他抬头看看天色，满脸严肃地说：“兄弟，这三个轮胎50块就够了，用不了这么多钱，天还早你可以上路啦。”我知道他不想攀亲拉故，更不想与陌生人多事。我和颜悦色，拍拍他的肩膀，看看他说：“大哥，我今晚不是要在你这住一宿嘛，等明天兄弟来，电话都说了，剩下的钱是住店的费啊！”

他笑道：“真要住啊！”我点点头，说：“休息一下，再翻山吧！”

“那好，80 块就够了，还是要退你钱的！”他认真道。

“算了，赶明我的朋友一到，我什么都有了。”我笑道。

“这个地方开店，很辛苦，赚不到多少钱。碰到你是缘分，要不我又挨饿挨冻了。你拿上吧！”我很友好，执意让他收下这钱。

晚上，我与他一同吃了饭，还喝了酒。看他热情我也很放得开，畅饮了不少酒。这不是说我喜欢喝，而是只要我尽情喝他才放心我，否则会认为我留了一手。如果他有那样的看法，那么所有我和他的谈话，他都会觉得其中有诈。

为了让他放心，我几乎是光着身子入睡，那是告诉他我手无寸铁。

入夜，草原上很静，只有远处偶尔飘来的几声犬吠。

经过晚饭间的聊天，我知道他除了修车，主要是做些收购羊皮、药材等的生意。

第二天一早，我早早起来，没想到他比我更早。还执意要找钱给我，我说那就给我换成油吧，他同意了。

吃完早饭，我假装到公路望望，又打了几个电话。回头走过去，告诉他说我朋友叫我在山那边等他们。

他眉头皱了一下，我没等他多想，握着他的手，顺口说了几句感谢他的话，转身很快开车上路了。

走了几里地后，我绷紧的心才松弛下来。昨天的一幕，我既是惊心又是欣喜，现在想起来真有些后怕。人在野外生存，你要学会保护好自己，遇到的任何人都可能是敌人。

在拉萨

汽车终于开到拉萨，我非常高兴。对于这个喜讯，家里人开始都不相信，他们已经为我做好了死在野外的准备。我能到拉萨，大家都认为这是一个奇迹。

我去了布达拉宫和大昭寺。

西藏的文化是典型的宗教文化，藏民对宗教的虔诚我以前闻所未闻，他们除了有衣遮体、有食果腹外，所有的精力和财富都奉献给了他们心目中的神灵。他们生活得简单和纯粹，由于没有物质的贪欲，他们活得都很快乐，每个人的脸上都挂满笑意，眼睛里蓄满一汪清澈的童真。

路上，我曾和一个喇嘛交流。他九岁被送到寺里，至今已四十多岁。他的生活很简单，除了吃饭睡觉外，就是礼佛、读经和云游。他说他和家里人的往来也少了，他已适应不了尘世的生活，对尘世的生活观念和价值观也接受不了。

“我是寺里的人了，身心都交给了佛”，说到这，他眼神很坚毅，没一丝迷茫。

他冲我笑笑，一脸淡然说：“我这辈子的生死全供奉给佛了。”

说完他双手合十，嘴里念了几句经，扬长而去。

我望着他的背影，他身披红色袍子，消失在人群中。他与其他的影影绰绰的喇嘛一起走向他们心目中的圣殿。这既是今天，也是新的一天，他们的日子就这样周而复始。我认为他们不是活在世俗中，而是活在也许我们认为的虚幻世界中。他们一心向佛，内心没有纠结，人与人之间也没有冲突，他们之间只存在修行的高低和距离成佛的远近。他们不注重现世的享受，能忍受现世的一切痛苦，以期来世的好运。我不知道他们的观念是否正确，但看到他们那祥和的脸、单纯的眼，我突然彻悟：观念的不同会让人纠结、痛苦；简单、一心地追寻，专注做事，人就会忘掉一切烦恼。

离开这个喇嘛，我看到西藏的天空很辽阔，山也很高大，使人不得不产生对自然的敬畏，惊叹大自然的神奇造化。这里山多连绵不断，地大百里不见人烟，博大的山地淡化了人在世界中的作用，以至于任何一种自然景观或气候变化都对人的生活产生绝对的至高无上的影响。据说，冬天大雪封山，许多牛羊会饿死，人会被困死。由此，他们敬畏自然，相信万物有灵，对自然万物也爱护有加，所以西藏的自然环境保护得很好。他们很感谢他们现在的生活，认为都是佛赐予的，也是上辈子的修行而为，所以他们喜欢唱歌与跳舞，无论走在哪里都能看到他们跳舞的身影，听到他们嘹亮的歌声或远处传来的吆喝。

从西藏回来后，我整个人变了，我已没有对死亡的恐惧，因为人的生死由命。我认为恐惧、害怕是一种负面情绪，不仅无助于身体的康复反而会加重人身体疾病的恶化，最终遭遇死神。从我进藏到回来，前后两个多月，周围亲人很担心，实际上我已接纳未在我身上发生的死亡。也就是，包括医生在内的都认为不能活着从西藏回来的我，竟然奇迹般活着回来了，我的壮举颠覆了科学的诊断。那段时间，熟悉我的人都认为我很神奇，更认为西藏之行以及西藏这个地方神奇，这再一次强化了他们的观念：西藏神奇，一心向佛就有好运；生命神奇，人的生死难以确定。

还有更神奇的是，检查身体的结果显示我没有了糖尿病的迹象，就连血压的指标也恢复正常了。家里人很吃惊，我更吃惊，他们都说西藏离神近，是活佛显灵了吧，看你虔诚，历经千辛万苦一路朝圣吧！

多年以后，我一直思考这个问题，那不是什么显灵，而是心情好，又亲历了人生这么一次壮举，它不仅增加了我对生的自信，更激活了我生命的潜力，才得以换来我整个人身心的变化罢了。我认为人只要心情愉快，一切向善，心怀感恩，就会吃饭有味睡觉能香。

……

说到这里，老吴整个人都高兴起来，眼神像个孩子。他的表情亲切、纯真，旁若无人，笑得很爽朗，他完全沉浸在一种忘我的境界中。我知道他此时的思绪已经飞回到天边的西藏，醉倒在遥远的梦中。

这是我印象极深的故事，也种下了去西藏的希冀，更让我重新开始审视宗教、生命、科学的话题——

人之所以信教一定有他独特的原因，可能人的内心就有宗教的情怀，那就是：人期望过美好的生活，而生活又有许多让人无法超越的痛苦；人很孤独，期望有人能帮助，有人能忠心相伴、不离不弃；人期望有个现实生活达不到的精神家园，能满足人所有的永恒的需要。

生命是神奇的，影响人生死的因素太多了。人是有灵性的，人的认识会影响人的情绪，进而影响人的健康。快乐是万能的良药，不过这种快乐一定得是真实的、从心底发出的，从而整个身体都会快活起来。当然快乐不是我们对物质的占有与追寻，不是对荣华富贵的享有，快乐是每个人的主观体验，对世界要求得越少就会越快乐。对世界的过分占有，只会增加我们对欲求的不满，从而减少我们的快乐。

科学是我们的力量，科学是人类智慧的体现。虽然科学改变了我们的生活方式，让我们拥有更方便、舒适的生活，但科学不能带给我们真正的快乐。因为科学解决不了人心灵的许多问题，科学在拓展人征服自然的能力时，却严重地忽视了我们对自身的了解与认识，结果我们成了科学的奴隶。在后现代的社会里，我们应该改变对科学的态度：那就是科学应该帮助人幸福，不应该成为人征服自然的工具。

……

我和那位朋友好久没联系了，他的故事一直珍藏在我心底，每次回味这个故事我都会感激他，祈祷他身体好。终于有机会在今天讲述完他的故事，我情不自禁想写下问候他的话：

吴老师，你是一个神奇的人。

又是一年的春季，你好吗？

希望你身体健康，长寿！

感悟：人的生命是神奇的，好奇是人的天性。快乐的心有益于我们身体的健康。解决我们精神的痛苦仅靠科学是不行的。做自己想做的事会有奇迹发生。生命中相遇的任何人都是来拯救我们的贵人，要学会感恩。

生活是一首律动的歌

变化是世界永恒的歌，从山川变化到人世间的万象更新，一种贯穿其中的最强音就是运动与变化。有道是：人间正道是沧桑。

既然变化是世界存在的魂，那我们就应该大胆讴歌生命的成长。既然，生命渴望成长，那我们就手执“变化”的魔杖，翻越人生的千山万水。

变化的力量是如此巨大，如升起的太阳，令万物敬仰。岁月如歌，我们一天天走过。

昨天就真的成为过去，明天已向我们发出挑战的邀请。坦然接受，与时代一同高歌成为我们向明天出发的铿锵誓言。这就是变化的恒久魅力，我们不仅应顺应它，还要积极召唤并践行它。

听我讲几则故事，你就会发现变化的神奇，理解变化，并感恩变化的馈赠。

故事一：别人不理解我的幸福

我现在是城里人，是个不错的大学教授。许多人问我为何讨得一个乡下的老婆，言外之意就是说我们不般配。其实我是师范毕业，经过自考由大专、本科升到研究生，毕业之后进入大学，而我的妻子是我在乡下当小学老师时认识并结婚的。那时，没能留在县城的小学是我人生的大挫折。我既落魄又伤心，爱情无疑是一剂慰藉我心灵的良药，它让我获得生命的力量。婚姻还让我憋着一股做城里人的梦想，每日闻鸡起舞，与时光赛跑，才一步步铸就我今天的辉煌。如果我当年留在县城的小学教书，我可能就满足于浅尝辄止的现实，重复着单调而安逸的日子，也可能始终只是个平庸的县城小学教员而已，可能至死也到不了省城的大学。我的生命潜力和价值也会白白沉睡，世界也将少了一个由乡村小学教师到大学教授的传奇故事。

我和我老婆的感情很好。在那段痛苦的日子，有爱情的甘霖滋养的感觉真是彻骨的好呀。不能说刻骨的深刻，也能说切肤的美妙，我敢说那种忘我的沉醉、相濡以沫的体验你们只能在文学家描绘的文字里想象，嘿嘿，你们只有羡慕向往的份了。我们这一路走来，在平淡的生活中，总有相拥的温暖和嘤嘤的情话，还有对美好未来期待的浪花。就这样，由乡村走到省城，我有太多的故事和太多的回忆。要知道十八九岁的落难小伙子在寂静小山村结婚，那种人生的快乐体验是你们二十八九才结婚的人，无论如何也无法想象的，更甭说比拟了。人只有过了四十多岁，才能悟出真正的人生道理，那就是面子是给别人看的，穿在自己脚上的鞋子是否舒服只有自己知道。

图 3.8　我们不了解别人的幸福

在家里妻子对我很好，什么家务她都不让我做。我是她的唯一，她很爱我、呵护我，我体会到了情爱。我真的很幸福、很满足。难道你们能用般配这话去妄议我是否幸福？哈哈，理智地说，如果没有乡村教师的生活也就没有我的今天，这是由不好到最好吧！

这段人生经历，让我相信辩证法，相信“人生是变化的”这伟大真理。人的命运都是在变化的，只要我们心不死，乘势而上，坚持好好做事，有梦想，就会自助天助。

说到这儿，你们能理解我的幸福，更认同我人生的变化观了吧？

故事二：学动物，求长寿

外出开会学习，邂逅同一房间的他——黄某。他是某省中学的特级教师，我们一同聊人生、教育，相处得很开心。他喜欢小酒，偶有晚归，一定醉意盈盈，通红的脸映着几分顽皮的笑。我喜欢他这种兴奋的状态，因为他天真的神态会让我想到童年，更主要的是他能讲他领悟的人生道理。这些心底藏的智慧平时是很难分享到的。每每这个时候，我都会引导他“放歌”，那是从内心流淌出来的、富有激情与节奏的人生故事。

他说在家里，他喜欢跪在床上或趴在床上看书，我说那不就像一个撅着屁股、前腿跪着的小狗吗？他笑道：“应该说像跪着觅乳的羊啦。”“为什么这样？”我问。他说这种动物式的看书方式，有助于腰椎和颈椎的反向活动，特别适用于我们这些长时伏案工作的人。可以缓解颈椎、腰椎的肌肉紧张，预防或矫治我们的颈椎和腰椎疾病。我认真琢磨，似乎也有道理，反问道：“那我怎么没发现你那样呢？那样舒服吗？”乘着兴头，他给我示范了一下。我说：“以后你在房间这样看书，我不会奇怪了。”从此，他经常这样跪趴在床上看书。如他所说，他头仰起，腰下垂，着意锻炼颈椎、放松腰椎。

他还说：“有个动物学家，颈椎不好，高血压，还伴有其他病。这些病很难根治，他突发奇想，每日工作之余便在家里匍匐爬行。就这样坚持，时间一长，这些困扰他的疾病神奇般治愈了。”他说的这个故事，我相信，因为我几年前也曾经在一个朋友家听说过。我的那位朋友肥胖、高血压，也是坚持每天爬行。他讲完这个故事后，又从理论上向我阐述其中的道理：人类从四肢行走的动物变成直立行走的人，颈椎、腰椎支撑着人身体的重要部位。如果真是行走或直立活动，这两个部位还可以交替休息，然而现代人类的各种活动方式，尤其是伏案工作，严重地影响了人的颈椎和腰椎。如果在适当的条件下反其道而行之，恢复到曾经的动物阶段，那一定能让人彻底休息放松劳累的神经。他说的话有一定道理，这些病是工作造成的，适当改变致病的工作方式，不也就缓解或矫治我们的病情了吗？这种改变方式的思路不也就是“变化”的思想吗？

说真的，科技改变了人的生活，使人越来越脱离人的动物性甚至人性，如果人适当地回归，向动物学习，也许能返璞归真，会使我们狭隘的发展观更加符合和谐、相互依存的生态观，我们的寿命真的会更长。

故事三：生命在于运动

有一次在温泉泡澡，遇到一个名叫小林的人，他曾是我们团队的一员。他很认真地揉脚，告诉我他以前经常爬山，然而这几年忙，活动得少了，以前骑自行车上班，现在也改为电动车了，更甭说登山了。他面露难色继续说，有次天气好，兴致也高，遂结伴登山。不幸回来就脚脖子痛，直到今日一年有余，仍时不时隐痛。

他十分肯定地告诉我，是活动少又猛一活动造成的损伤。

“哎”，他叹息道，“有时走路也会痛，没办法，每天晚上睡觉前都要揉揉。人啊，要经常运动。”

“那你每天揉脚，似乎在弥补缺失的运动。”我笑道。

小林嘿嘿笑着，一脸的无奈。

说到此，我想到自己的一段经历。四年前我上班来回都乘公交车，每趟需步行四站地，自从我买了车，虽然生活、工作方便了，却少了徒步的走动。结果不足半年，体重增加了十斤，身体的各项指标也不及从前，虽然也有打羽毛球等运动，但是我的体重也并未恢复到以往。

我想小林的脚、我的体重都只有通过运动，准确说弥补缺失的运动或更多的运动才能得到真正的治愈。这说明生命在于运动，当我们缺乏必要的运动时，我们的健康就有可能受到损害。这就是流水不腐、户枢不蠹。

这几则故事以小见大，把万事万物永恒的“变化”观念运用到实际中，故事中的主人公的人生或生活也都产生神奇的变化，生命价值焕发出平凡的伟大。我想生活中类似的事和人还有很多，也许还有些人刚刚领悟出变化这人生伟大的观念。

为此，不要抱怨你失去的东西，騫翁失马焉知祸福，得到了就意味着失去。人生就是一场旅行，生活则是一条流动的河，我们都在不断变化。难道不是这样吗？由好到不好，再由不好到好，世间三十年河东，三十年河西，风水轮流转。只有变化才是永恒的。

我很想写下关于“变化”的领悟，这是我的思考，我也很想让它成为我身体的血肉，影响并指导我未来的人生。我认为只有写下来的东西才是经过我头脑思考的。我不仅能牢牢记在心底，还能灵活运用到我的生活中。我很想告诉自己：

变化不仅是表达在哲学书上的思想；

变化应该是我们人生的伴侣；

变化是我们心中的太阳；

变化是我们心底天天要唱的歌。

感悟：变化是大千世界的规律，不以物喜，不以己悲。学会用发展变化的眼光看待周围，学会放下与超越，这样对未来也会充满明天比今天好的激情与信念。

第四章 行在旅途

我们追求人生目标，实际上是踏上了一条自我实现的“不归路”，我们会经常遇到阻碍，有时是外界条件所限，有时是因为内心的冲突，最终都把我们推向人生磨难的漩涡。与其说我们人在旅途，不如说我们在长征。

尽管如此，我们仍背着先贤的古训：只要功夫深，铁杵磨成针。我们在往前走，我们走在实现目标的旅行中。虽然，遭遇了艰难和困苦，我们却毅然地把这些踩在脚下，一次次激励自己努力努力再努力，超越超越再超越。

有时为了目标，我们牺牲了家庭与真爱；有时为了满足疯狂的贪欲，我们可能忽视了人伦与法律，甚至铤而走险。严重时，我们甚至已异化，偏离了珍爱生命的初心。

然而无论如何，我们行在旅途。

独善其身

小华是我小学、中学的同学，也是儿时的玩伴。他比我小一岁，因为小华比较机灵，我比较木讷，无论在学校还是院子里，从小到大他得到的夸奖总是比我多。小华读书时虽然比较贪玩，但每次考试只要突击一下，就能取得不错的分数。我虽然学习很认真，但成绩远不如小华。老师表扬小华时，我有时心里会不快，因为小华的作业经常不写，甚至让我代劳。我妒忌他，有时很不情愿，但拗不过小华的甜言蜜语。

转眼到了高中，小华的“聪明”就派不上用场了。我的成绩开始比他好，也比他稳定。不过，他若下苦功用心学某门课，成绩一定会比我好。正因为如此，我总是告诫自己，“笨鸟先飞”，只有刻苦、努力才能弥补自己的不足。高考那年，我考上了省重点大学，小华却落榜了。一年后，小华也考上了大学。大学毕业后，我继续考取了研究生，小华则在家乡的一个小县城当了一名中学老师。后来，我博士毕业后到了南方工作。虽然每年春节也会回家乡，但总是来去匆匆，即使去了小华父母家，也很难见到他，于是我渐渐跟小华失去了联系。只是听父母说，小华在中学当了几年老师，努力考取了记者证，当上了省报驻家乡记者站的站长。在家乡这种小城市里，省报站长也算是很风光的“官”了，所以找他办事的人很多，他也经常带着妻儿出入高档宾馆。

去年夏天，因为家乡的老院子要拆迁，我回家探亲。由于几十年的邻居们要各自分开，想起十多年没见过小华，我就去了小华的父母家。

那天，小华的父母和兄弟姐妹都回家来了，唯独小华不在。小华的家人见到我，一阵寒暄后，我们谈起了小华。他们各个都无比感慨，唏嘘不已。

我急切地问“小华最近好吧？！”

屋内没人回应，气氛有几分压抑。我满腹狐疑，看看他们，只见大家一脸的漠然。

“好啥好！你是自己人，也不瞒你，他是在家乡混不下去了。”小华的父亲叹气地说。“他到处吹牛，说他认识省里的谁谁，很多人找他办事，收了钱，办不了事情，人家把他给告了，报社就把他给辞退了。”

“他是咎由自取，”小华的妹妹愤愤地说，“原以为兄弟姐妹可以沾他的光，没想到反而被他坑了。他刚当上站长没多久，说是报社能安装便宜的电话，便打着给我父母装电话的旗号，说是跟我大哥一人出一半钱，硬是让我在工厂当工人的大哥掏了 400 元安装费。其实，给父母安装的那部电话是他以工作为借口安装的，根本不花钱。他心太黑了！。他还骗我说帮我安排工作，其实是让我帮他收发文件、洗衣服、打扫卫生，甚至还带孩子。说是每月工资 300 元，后来我听说社里每个月给临时工的工资是 500 元。”一提起旧事，小华的妹妹情绪难平，一口气说了那么多。

“他风光的时候每个月给俺爸俺妈 100 块钱，但是从家里拿米拿油拿面，早就把 100 块拿回去了。现在混得不好了，更是想着法子从爸妈那里抠钱。我从不指望沾他的光，还有他跟我借的 1000 元钱，不还也就算了。只希望他有点良心，别连爸妈也坑。”小华的姐姐生气地说。

屋内人一阵沉默，我想调节一下压抑的气氛。

“那现在呢？”我问。

“后来，他就到省城应聘记者。当了几年记者后，由于各报社都在裁员，他又不是正式编制，所以就被裁掉了。后来又到深圳待了两年，他待不下去，又回来了。唉”。他大哥长叹一口气，继续说，“之后，他又跑到湖南一家民办高校当了三年的老师，由于没职称，他嫌工资低，又回来，现在在省城一所偏僻的民办中专当老师。老婆嫌他挣钱少，吵着闹离婚，这影响了儿子的学习。由于学习不好，大学也没考上。”他大哥有些激愤，语调有些抖，摇了摇头说：“他啊，啥都耽搁了。”说完，深深地叹了口气。

……

跟小华的家人聊了很久，直到吃晚饭，我也没见到小华。我一直以为小华凭借自己的聪明过得很好，但是听了他家人的叙述，我的心情也沉重起来。我没有接受小华家人吃晚饭的挽留。

“有机会劝劝他，找份合适的工作安定下来，不要这山望着那山高，毕竟年龄不小了，经不起这样的折腾了。”临别前，小华的大哥对我说。

我满腹惆怅回到了家里。夜里躺在床上睡不着，心情久久不能平静，眼前总是浮现少年时那个机灵的小华，那双滴溜溜的眼珠子一转就是一个主意。虽然我长他一岁，但一块儿活动总是他拿主意。

日后的几次同学聚会，小华也没参加。席间同学谈起小华，各个只摇头，说他风光的时候，连同学也没少坑。前几年，他说要在省城买房子，到处跟同学借钱，没有一个人愿意借给他。从此，可能自惭形秽吧，同学聚会他也很少参加。

临行前，我又去了一次小华家，我希望能好好跟他聊聊，希望那个聪明机灵的少年在中年时能找到自己的人生目标，从此过上安稳的生活。遗憾的是，我依然没有见到他，我把我的电话号码留给了他的父母，让他们转交给小华。

临走那天，我正在埋头往汽车后备厢装行李，突然看见一个似曾相识的身影从我身边走过。他花白的头发，消瘦的身躯，背有点驼，衣着有点邋遢，他就是小华。我正想喊“小华”，但是话到嘴边又开不了口。

我就这样呆呆望着他，一直目送到他的背影消失。

我不知道那双镜片后的眼睛是否依然滴溜溜地转，但是从外表上看，那个顽皮的少年已荡然无存。

在返程的路上，回想起小华的经历，我不由得联想到三个寓言故事：驴子驼盐、猴子掰玉米和龟兔赛跑。

……

小华，祝福你未来的人生越来越好！

感悟：人生有时看似偶然的成败，其实是一种必然的结果。因此面对成功，要保持一份清醒，努力做到洁身自好，独善其身；在失意时，不怨天尤人，要不忘初心。如果心存侥幸，投机取巧，往往是害人害己。在人生的赛场上，最后的赢家往往不是那些跑得快的人，而是那些一直坚持到最后的人。多提高自己的修养，守住做人的操守，成功的路才能走得更远。

优雅地活着

外出旅行，在火车上遇见一个旅人，车内的嘈杂于他毫无影响，他静静坐在过道临窗的位子上品茶。他随身携带的茶具和他的穿戴一样，精致而考究。只见他旁若无人，边冲边喝，既专注又优雅，这是我多年来旅行未见过的情景。这和周围那些喝酒的、嗑瓜子的、大快朵颐的，还有大喊大叫的，形成了鲜明的对比。躺在卧铺上看杂志的我，禁不住为这场景所震撼，心里说："风景这边独好。"

我看完一篇美文，伸了个懒腰，就扭过头，好奇地打量起这个人来。他，中等个，面孔有几分冷，衣着不俗。尤其他喝茶的神态，那么沉醉，吸引了我，准确说应该是感染了我。一种想和他交流的冲动便在心头涌起。然而，由于我天生木讷，不知道如何与人搭讪。

人的心灵会说话，他可能感觉到了我的内心，注意到我这边的举动，跟我笑着打招呼："朋友，下来喝茶吧！"我心里一喜，随口说："你喝的一定是好茶，香味都把我弄醒了。"

"哈哈"，他笑出了声，点头招呼我下来。

我从上铺爬下，与他友好地握了手，坐在他对面，与他一起品茗。

经过交流，我惊讶地发现喝茶不仅是他心灵的陪伴，品茶的背后还有他对人生诸多问题的思索。

随着话题的深入，我了解到：他喜欢交各样的朋友，但最看重心灵相

图 4.1 每个人相貌不一样，生活情趣也不同

通的。他的许多人生观点都很独特，让我耳目一新。他说，人要想富，身边一定要有做生意的富人。他自诩从不委屈自己，比较自我。他认为，人要有尊严地活着。他看着我说，人要有自己的生活风格，比如爱好。

……

他喜欢帮助人，认为帮助人才能人人助我。

他真是一个很特别的人，有思想有个性。我认为他是一个有范有型的人，也就是一个有自己坚守的人。正因此，让他表现出“优雅生活”的姿态。由于我学心理学，认识人是我的天性。于是，我开始走近他——一个优雅生活的人。

他喜欢喝茶，这是他生活的坚守，无论走到哪里茶是一定要喝的。有了这种坚守，他就有了关注自己内心的需求，这让他知道人生最需要的是什么，以及他是一个什么样的人。有了这种坚守，他无论在何种场合都会慎独，既克己复礼，也会活出自己的尊严。他坚守的是喝茶，然而，他喝进内心的却是一种大地的灵气，这让他心若止水，喝出心底的信念；他品出的是水中茶的苦涩，这让他体验生活的复杂，悟出人生的逍遥。

这是坚守沉到灵魂的深邃，这也是外表彰显优雅生活的姿态。

……

我把这次火车上的奇遇讲给了妻子，她并未表现出惊讶，而是给我讲了她小时候的一个难忘的经历：

小时候，在我们聚居的公房，有一个山东人家。丈夫是个老实的工人，几个孩子都穿得很干净。孩子的妈妈会踩缝纫机，孩子的衣服即使破了，也缝补得很平整。尤其年龄小的，衣服上经常缝些小图案，让人感觉活泼和喜庆。

我妈妈说：“前院的刘嫂是个很好的女人，很会过，哪个男的找到了她，是他一生的福气！”

妈妈的话，引起了我对那个刘嫂的注意，她究竟是一个啥样的女人，让我妈妈那么敬重。有一次到她家，我发现她家收拾得很干净，家人很和睦，家里总不时发出愉快的笑声。我怯生生叫她婶子。她一脸和善，但眼神很坚毅。她对我很热情，让我吃她刚烙出的煎饼。她的手真的很巧啊，那时大家生活很清苦，白面特别少，她是用杂面烙的饼。我很好奇她是如何烙出这样劲道的薄饼的。

很巧，不久后的一个周末，我到她家玩，正赶上她要做煎饼。只见她在一个盛杂粮的瓦盆中掺些白面，再加入一些凉开水，接着不停地用勺子搅拌。然后，她在门前的小院支个圆圆的铁片，下面燃着捡来的树枝、碎木板。

她进了屋，很熟练地系上围裙，笑着说：“海云，等着吃婶子家的煎饼啊！”

不一会儿，煎饼的香味就从刘婶变戏法的铁板上飘了进来。

那时粮食少，白面更少。刘婶家白面也不够吃，做成煎饼可以搭配着多吃粗粮，况且用煎饼卷着菜吃，也可以弥补口粮不足的问题。我看了她家的煎饼，卷的菜很多，明白了这样可以少吃主食。当时，各家门前都开有菜园子，煎饼卷

图 4.2　刘婶很有个性，很喜欢有文化的人。有一副年轻时戴眼镜的照片

的菜都是自家地里的，所以，这样地想着法子做饭，孩子既爱吃，日子又细水长流。

到了月末，其他人家可能断顿了或根本没有白面了，她家仍然有饭吃。难怪，我妈妈羡慕她，经常夸她。她的丈夫来我家找我爸说事，我妈妈也常常夸他娶了这么能顾家的好媳妇。

我妈妈是很好强的，很少夸别人或羡慕别人，但“刘婶好”可是她经常念叨的，妈妈也去过她家几次，主动学习烧菜或聊家常。

不久，厂里的人都知道了“刘婶”。在那个艰苦的年代，她勤俭持家的生活品格被人们口口相传。

之后，我外出读书了，然后我们搬家了，关于她家的事也知道得少了。不过，据说她家的几个孩子行为品行都很好。

……

从这个“刘婶”的故事，我感觉一个平凡的人，如果有了坚守，那他就会创造生命的奇迹，让他的生活有滋有味，成为人们眼里的“伟大”的人。更重要的是，他带给身边人一种有尊严的姿态，有精、气、神的生存活力。我不知道“刘婶”是否依然在世，但正如我妻子和很多认识刘婶的人，也都会念叨或学习她那份坚守与执着的精神。刘婶的坚守，让她的生活透露出“优雅”。平淡的生活经过经营，也会有型，更会出彩。

在我回味“刘婶”的故事时，我想起了中学的数学任老师。据说，他是任弼时家族的人，曾经由于有政治污点而被下放劳动。他曾向听课的学生说：“你们现在学习苦，但比我儿子学习的条件好多了。”那时，我们在高考复习班，他是为了鼓励我们下苦功学习而讲他和他儿子在农场的故事的。他的儿子在恢复高考第一年，就以优异的成绩考上了北京大学数学系，虽然其他科目成绩不好，但因为数学几乎满分而被破格录取了。

他说：“我是接受劳动时教育他的。我总觉得以后国家要发展大学肯定要招生的。知道吗？我们是在工地上学习的！”

“什么，在工地学习？”我们虽然有些疑惑，但还是饶有兴趣地听他讲。

任老师一脸的儒雅，有些长沙口音，由于过度劳累，腰和腿容易酸痛，站一会儿就要坐下休息。他是当时我们子弟学校为数不多的大学生，而且不歧视家境贫困的学生，我们都很敬仰他。

他咳了几声，坐下说："工地劳动休息时，我和孩子就在地下演算数学题，有时还会争论。"

听到这里，我们顿时没有了疑惑，非常敬佩他们刻苦学习的精神。当时，教室静极了，大家屏住呼吸出神地听着。

任老师喘了一口气，说："我们是劳动改造，工地上是不允许看书的，所以我和孩子的行为，引来了许多人围观，他们很奇怪这父子俩在地上写、画什么？其中，最警觉的，是看管我们的主任，他高声吆喝其他人走开，然后低下头认真看了看，由于不是什么反动言论，都是些数字，他也就放心走开了。"

任老师微微笑了笑，说："那时候是没有书籍、本子的，我是凭记忆教他的。屋里除了一本毛选外，没有其他书。至于语文的学习，那就是看每天的报纸，写写思想汇报了。"

他说着有些伤心，揉了揉眼睛，继续说："孩子的身体很重要，每天早晨我都要带他跑步。我们父子俩每天都会坚持学习。很多人感觉奇怪，久而久之，他们觉得我是好人，因为我曾把某些几何学的知识应用到工地的测量上。他们感觉知识是有用的，渐渐对我很尊重。尤其那个主任，也放松了对我们的检查和盯梢。"

任老师放缓了语气，有几分喜悦，说："随着'四人帮'的粉碎，国家恢复了高考，我心里可高兴了。当然，我们许多人的政治问题都被取消了。更高兴的是，就在我得到平反快离开时，有个劳动的同事帮我找到几本过去的教材，真让我高兴！没说的，我和孩子彻夜学习，如饥似渴。"

……

故事的结果是任老师的孩子考上了大学，父子俩在劳动改造连肚子都吃不饱时还努力学习，大家都印象很深。

不久，"文化大革命"结束，任老师回到了学校教书。当周围的人送走这父子俩的时候，很多人都很感动。在这平凡的劳动中，父子俩坚持学习的情景，让我们看到生活中还有另一种有坚守的人、有追求的人，他们“优雅地生活”，让大家知道了什么是有精神的人，以及作为人应该怎样有尊严、有信念地生活。试想一下，如果父子俩没有坚守多年来内心的信念，任老师的孩子绝不会在没有学校系统学习的情况下，仅凭一个月就破格考取大学。正是由于这种坚守，让他激发出自己生命的潜力，一步步学习初高中的知识。有了这些长年累月的坚守，才让他在周围平凡的人群中创造出不平凡的奇迹。

你喝茶吗？你认识“刘婶”吗？你身边有“任老师”吗？……

你可能认识，不过那是在故事中；你可能不认识，因为那是在现实中。然而，只要你想优雅地生活，你就会在生活中寻觅和发现“那些坚守的人”，他们和周围的人不一样，他们可能会吸引周围人的好奇与关注，他们更会引发你思考，进而践行一种属于你的坚守，以及在你生命中永远定格的优雅生活的写照。

你准备好了吗？我要为你优雅的生活照相，让岁月告诉别人，你曾在这里优雅地生活过。

优雅地生活是有精神追寻的人的现实写照。他们不为生存，他们只为实现生命的价值。在我们满足了生存的需要后，活着已不是我们心中的太阳，而如何享受生命的存在以及实现我们人生的使命，则是我们至高无上的目标。人与动物的区别在于人有精神，人生最大的快乐不是感官的暂时满足而是精神世界的永恒快乐。物质世界的满足是有限的，也会让人感到厌恶、无聊和颓废。只有精神需求的满足才是无限的，更会让人获得无与伦比的伟大愉悦。

不管我们身处何种人生境地，我们都可以用精神装饰、美化我们的人生，用一个信念、一个坚守而让我们平淡或困难的生活变得有希望、有激情、有色彩。你什么都可以没有，但绝对不能没有活下去的精神寄托。有了精神上的追求，你的人生就没有了困惑与迷茫，你的人生也就会铸就属于你生命存在价值的、不断绽放的里程碑。

优雅的生活谁都可以有，只要有信念的坚守。

想主宰自己的命运吗？那你就要认识自己，接纳自己，坚守自己的信念。

平凡中有优雅，优雅中是坚守。

从平凡到优雅有多远，坚守就是最短的距离。

感悟：活出自己的风采，践行自己的使命。生命的魅力在于坚守一种标准、操守，怀有一种不变的守望。一个平凡的人，因为有了坚守而能成为一个有魅力的人。

亲　情

彩芹是我的高中同学，她坐在我前排，我们却很少讲话。20 世纪 80 年代，男女生之间很少交往。

彩芹是班上比较活跃的女生，她是团支部书记，很会说话，又喜欢帮助人，所以大家都很喜欢她。她的人缘极好，好朋友都亲切叫她芹姐。

如果不是我跟彩芹的弟弟是好朋友，也许彩芹只是我记忆中的高中同学，我永远也不可能听到关于彩芹的故事。

我和彩芹的弟弟军虎是在学校的绘画兴趣小组认识的，他比我小两岁。我们俩都属于那种比较木讷但做事专注的人。虽然绘画兴趣小组成员换了一茬又一茬，但我和军虎是自始至终坚持到最后的，所以我们俩成了好朋友。由于与彩芹的同学关系，所以我和军虎又多了几分亲密，除了一起画画外，我俩还经常爬山、下河捉鱼，甚而成为无话不说的朋友。

高考那年，我考上了省重点大学，彩芹差几分落榜了。我经常给军虎写信，鼓励他好好学习。我大三时，军虎也考到了我就读的大学。虽然我俩不在同一专业，但经常一起吃饭、聊天。军虎学习依旧很勤奋，生活也很节俭。从聊天中我了解到彩芹的情况。

彩芹落榜后，由于家里姊妹多，母亲又没工作，所以家庭经济比较拮据，军虎父亲也就没同意彩芹复读的请求。高中毕业后，虽然好强的彩芹有些无奈，但迫于现实，就一直在父亲的单位做临时工贴补家里。军虎在与我的聊天中，流露出对他姐姐的感激。不久，军虎的父亲退休了，他的姐姐接了班。

在军虎的描述中，彩芹是个能干的姐姐、孝顺的女儿，他言谈中的骄傲和感激之情甚至超过他对母亲的感情："我妈妈不能干，脾气又不好，如今我家里里外外全靠我姐操持。我姐姐每个月的工资一分不少地都交给我爸养家和供我读书。"我在军虎口中最常听到的就是"我姐"这个词，远远多过"我爸""我妈"。

军虎大二就开始在外打工，经常寒暑假也不回家。我劝他不要太拼，要注意身体。他说，他弟弟也考上了大学，家里的负担更重了，他姐姐彩芹工作两三年连件像样的衣服都没有。

我和军虎大学毕业后都先后考上硕士研究生，军虎硕士毕业后留在了省城一家高校当老师，我继续考取了博士。其实军虎完全有能力继续考博士，但他说想早点工作贴补家里："我姐姐为了供我和弟弟读书，一直没谈对象，如今年龄也不小了，不能再耽搁了。"

探亲回家，去军虎家里，偶尔也能遇见彩芹，这位漂亮能干的女同学，跟学生时期相比，不仅更加能说会道，还多了一份圆滑和泼辣。虽然出嫁了，但从言行举止中不难看出彩芹在娘家的地位依然很高，甚至超过她的父母。

"我姐人长得漂亮却嫁给了一个其貌不扬的男人，我姐不图别的，一是我姐夫的父母是做小生意的，家里富裕，二是我姐夫对我姐言听计从。结婚这么多年，工资一直贴补娘家了，供我和两个弟弟读完大学。我父母都很依赖她，我们兄弟三个都不在身边，父母全靠我姐照顾。"军虎语气中既有感激也有愧疚。

随着我和军虎先后成了家，各自忙于打拼，联系渐渐少了。直到两年前，军虎到我所在的城市开会，我们才又见面了。十几年不见，自然有说不完的话题，两人边吃边聊，不知不觉几个小时过去了。然而，令我疑惑的是，军虎自始至终没有提到他的姐姐彩芹。

“彩芹过得怎么样？”我忍不住问。

“唉！”军虎深深地叹了口气。“你是知道的，作为长子，我一直都很感激我姐为家里所付出的一切，希望有机会报答她。我知道我姐最大的愿望就是把唯一的儿子培养成人，我费尽心思，花了很大的力气把她儿子的户口落到我的户口上，并联系到重点小学读书。我的住房不大，为了她儿子，我不顾我爱人的反对，把不到一岁的儿子送到老家让父母照看。没想到，她那个儿子被他爷爷惯得一身的毛病，不爱学习，挑吃挑喝也就算了，调皮得不得了，今天头上碰破一块皮，明天胳膊腿上摔个口子，大冬天掉进学校的鱼池里。我姐夫家就这么一个宝贝孙子，所以弄得我整天提心吊胆的。这也就算了，当初我们说好，她儿子送我这儿，我养，我儿子在父母家，她有空回家帮父母带孩子并且负责买奶粉、鸡蛋，没想到第二个月，我大弟就打电话说，每个月我父母给我儿子买牛奶和鸡蛋要花一大笔钱，我父亲身体不好常年吃药，我姐很少回家，我母亲一个人带不了孩子，让我每月把孩子的生活费寄回去，再给家里雇个保姆。你最清楚，我刚工作那几年工资都贴补给家里了，结婚也没花家里一分钱。而且我姐那孩子啥好吃吃啥，我又不忍心拒绝，花费比养我儿子大多了。我爱人不图别的，就是图我人好，我怎么好意思跟我爱人开口。”

“在我印象中，你姐不是这样的人。”

“人是会变的。我姐的婆家一直瞧不起我们家，嫌我父母没本事，家里穷，直到我们三兄弟考上大学，有了体面的工作，她婆家才开始跟我们家来往。我姐为了讨好公婆才主动提出来把儿子送到省城让我培养。”

“我知道你一直期望能报答你姐。”我十分理解地说。

“是啊，谁知事与愿违。不到半年，一个周日晚上，我和我爱人到处找不到她儿子，我们正着急，有一小孩跑到我家说，我姐的儿子从一个废弃建筑的楼梯上摔了下来，摔晕了。我和爱人跑过去，人已经醒了，半张脸都摔破了，鼻子在流血。我们赶紧把他送到医院做各种检查，折腾到半夜，第二天一早又赶到医院取结果，还好只是皮外伤。我和我爱人觉得责任重大，还是跟我姐通个气，商量一下看能否先将孩子送回去，等上了初中，懂事了再接到省城。我一直觉得我姐能理解我，毕竟是他们家的宝贝孙子，我担不起这个责任。没曾想我姐在电话里就开始责备我、抱怨我，说她自己为家里付出了这么多，我却不能帮助她。那孩子本来就嫌我们管教严、受约束，借着这件事在电话里又哭又闹。我姐就让我们周末把孩子送回去。”说到这，军虎一仰头，喝了大口酒。

“事情就这么结束了？”我问。

“如果就这么结束就好了，让人痛心的事还在后头。我家居住环境不好，所以从谈恋爱到结婚我就没带我爱人回过家。那次送我姐的儿子回家是我爱人第一次上门。没想到，我跟我爱人把那孩子送到我姐家，一进门迎接我们的不是问候，而是劈头盖脸的谩骂。我姐指着我，边哭边左一个没良心、右一个忘恩负义地指责我。她公公更是毫不留情，指着我，把对我父母的蔑视、对我们家的不满从头到尾数落了一遍，丝毫不顾及我爱人第一次回家的情面。她婆婆在一旁帮腔、抱怨，还添油加醋地数落。我爱人完全惊呆了，茫然不知所措站在那里。”

“你姐夫呢？我印象中他是个老实人，他总该劝劝吧？”我急切地问。

“那天他正好加班，不在家，如果在家，他也是个没头脑、看我姐脸色行事的人。在那种情绪激动的场合下，我估计他肯定会对我动手。”军虎抹了一下眼泪，喝了一口酒。他夹了几口菜，缓和了一下激动的情绪，瞪着血红的眼睛反问我“你猜那场谩骂是怎么结束的？”

“怎么结束的？”我好奇地问。

“我给他们跪下了。”军虎的语气中有几分屈辱也有几分痛心。

我情不自禁地“啊”了一声。

……

无论是在中学还是在大学，从我认识军虎，他都一直是个勤奋读书的人。在大学里，别人谈恋爱、看电影、逛商场，他却只埋头读书。他一直渴望通过自身的努力改变自己、改变家庭的命运。在困难面前从不低头的他，给人下跪需要多么大的勇气啊！更何况“男儿膝下有黄金”。

“我看他们情绪越来越激愤，怕他们控制不住对我动手，更主要的是，害怕伤到我爱人，我也怕他们到我家里闹，惹我父母生气。我就想所有的一切都由我一人承担下来算了。”

“那后来呢？”我问道。

“也许，我的下跪让我姐和她的公婆意识到他们的言行太过分了，也许我的妥协让他们达到了目的。我姐的公公扶起我，这才招呼我和我爱人坐下，然后立刻换了一副面孔，说他们也知道那孩子很淘气，只要能成才，磕磕碰碰吃点苦没啥，还是希望我们把他再带到省城读书。”

“那你姐跟你谈生活费的问题了吗？”我很气愤，很想了解彩芹的态度。

“没有。我觉得没必要谈了，我打算把自己的孩子接回去，自己苦一点，把我自己和我姐的孩子养大，也算是还了我姐的情。本来说好，第二天一早回省城，可是我姐家的人一直也没出现。到了临走的时候，我姐打个电话说孩子不去了，也没说什么原因。”

“这样的结局不是正好？帮别人培养孩子责任太大了，你一开始就不该答应。回报你姐的方式有很多种嘛。”我拍拍军虎的肩膀，顺便给他添满酒杯。

“是啊！通过这件事我自己也意识到这个问题，所以一开始我心里还庆幸我姐一家人想通了。没想到事情的发展越来越荒唐。我回到省城的第二天就接到我大弟的电话，在电话里才知道那孩子为了不跟我们走，竟然撒谎说我们虐待他：不给吃饭，不让睡觉，跪钉子板，用鞭子抽，还关黑屋子。荒唐的是，我姐家的人居然全信了。我们走的当天下午我姐的公公婆婆就跑到我家里大闹我父母，还扬言要告到我们单位和法院，一定让我们身败名裂。我爸一气之下生病住进了医院，我姐从此没再回过家。那段时间气得我经常彻夜难眠。”说到这，军虎一仰脖子将杯中的酒一饮而尽。

“太不可思议了！”军虎一向老实本分，我打心里同情他。“你姐应该是了解你的为人才对啊！”

“人在自私的时候，会被利益蒙蔽双眼的。我姐夫家三个孩子，他最小，上面一个哥哥和一个姐姐。他嫂子生了个女儿，不受待见，所以他哥嫂平时几乎不跟家里来往，她姐姐一直帮着我姐的公婆打理小卖店的生意。那个小卖店，位置好，十几年生意一直不错。我姐希望公婆去世后，能把门面留给她，她退休后，可以直接经营，所以对公婆一直百依百顺。”

“记忆中的彩芹是个很要强的女人，怎么能为自己的利益牺牲自己娘家的尊严？”我心里疑惑道。

“连我也没想到啊！”

“那他们还当真告你们？”我有些不信地问。

“到底告没告我并不知情，我没收到传票。不过凭我姐公公为人做事强势的秉性，估计是会告到法院，但是法院是讲证据的，何况稍有头脑的人都不会相信那孩子的话。”

“这种事也算是闻所未闻啊！你爱人真是不错，对你不离不弃。”我安慰军虎。

“差点妻离子散。有一天我姐打电话，我不在家，我爱人接的。在电话里，我姐把我爱人骂得狗血淋头。我爱人哪里受得了这种委屈，带着孩子要回娘家，说要跟我离婚。后来，看在孩子的面上总算保住了婚姻。”

“彩芹这样做实在是太过分了！当年在班级里，彩芹是团支书，能干、热情，又很善良。没想到竟然变成这样的人。”我不由得感慨万分。

“我姐夫家除了我姐夫，其他人都精于算计。长期在这种环境下难免不受影响。”

“现在你们姐弟关系咋样？”我怀着美好的期待问。

“我姐的孩子是我父母一手带大的，对我们家还是有感情的。自从那件事发生以后，我姐好几年都不跟家里来往，也不让他去。那孩子长大后意识到事情的严重性，就跟自己的父母讲了实情，我姐才开始回家看我父母。”

“你能原谅你姐吗？”我舒缓了一下心情问。

“谈不上原谅与不原谅，毕竟血浓于水，过去的事就让它过去吧！何况她为我们家付出过那么多。凡事都是有得有失。说真的，那件事情过后，我对生活有了很多新的认识，我考了博士，这几年也算是小有成就。就是我爱人一直不能释怀，她觉得我姐一直欠我们一个道歉。这些年，她允许我带着孩子回家看父母，但她自己从来不回去。”

“你姐至今都没有向你们表示过歉意？”

“没有。她始终认为她为家里的付出是任何事都无法补偿的。如果事情是真的，她永远都不会原谅我们。即使不是真的，与她为我们家的付出相比，她可能认为这件事算不了什么。”

“她把亲情之间的付出当作可以等价交换的筹码了。”我说。

“唉！”军虎长叹一口气。“这些年这件事像一块石头一直压在我的胸口，每每想起都会觉得心痛。这么多年我第一次跟别人讲这件事，讲出来，心里就舒畅多了。”说到这，军虎心情好多了，我也放松了，说：“来，事情过去了，甭想了，干一杯。”他露出一丝笑，我俩一饮而尽。

“彩芹应该退休了吧？小卖店的生意还那么好吗？”我一边倒酒一边问。

“厂里效益不好，早就内退了。她公公答应把小卖店留给她，不幸她公公先她婆婆而亡。她公公去世没多久，她大姑姐撺掇她婆婆把我姐赶出了小卖店。”

“她付出了这么多，心甘情愿接受这种结局？”我反问道。

“打了好几年官司，还是输了。她现在跟她婆婆和大姑姐也断绝了往来，也不准我姐夫和孩子去看老人。”

“到头来一场空，成了孤家寡人！这让我想起了王熙凤。”为了调节军虎伤感的情绪，我调侃道。

“嗯，还真有点这个意思。”军虎大笑着点点头。

不过，很快军虎又一脸愁云，慢慢说：“其实这几年她过得并不太顺。她公婆到我们家大闹一场，我父亲大病一场，我们兄弟三人对她的感情再也不如从前了。为了店面跟婆家也闹翻了。儿子勉强考上一所民办高校，上学期间因倒卖英语四级证差点毕不了业，毕业后在省城一家公司打工，勉强糊口。由于喜欢上一个农村姑娘，虽然老两口看不上，却拗不过儿子，还是倾其所有在省城买了一套小房子。结了婚，婆媳关系也不好，现在孙女都两岁了，都不太欢迎他们去省城看孙女。人啊，一辈子要强，结果……唉！说句真话，我打心里同情她。”

听了军虎的述说，我怎么也无法把现在的彩芹和记忆中那个热情、自信、能干、孝顺的彩芹联系在一起。

去年夏天，我回家探亲。在路上偶遇彩芹，她略有点发福，但衣着依旧鲜亮，头发明显染过，眼神不再那么自信，而是多了几分落寞，也不似过去那么神采奕奕、侃侃而谈。我与她匆匆几句寒暄就告辞了。

看着彩芹的背影，那个记忆中的彩芹变得越来越模糊……

感悟：在物欲横流的当今社会，亲情经常面临着金钱的考验。当我们做出选择的时候，必须保持清醒：亲情高于一切。亲情之间的付出也许永远得不到回报，但精于算计，把经济利益看得高于一切时，往往会伤害到亲情。亲情是我们生命的根，是无价的，当我们拥有的时候一定要好好珍惜，“上善若水，厚德载物”。

最好的人生教育

古人说：读万卷书，行万里路。这是告诫我们，读书是学习，外出游历也是学习。对于学习社会经验和规范，我认为经历是最好的学习形式，也就是所谓的亲历学习。因为书本知识是死的，社会经历却是鲜活的。有个教育家曾说过：经历是比读书更重要的教育。因为读书仅满足了理解和记忆，经历则有内心的感触，有体悟和反思，让人更刻骨铭心。

从社会中学习，主要是学习怎么做人、怎样生活，这是解决个人如何生存，如何与周围环境相适应的问题。人只有解决好了生存，才能最大限度地发挥潜力，去发明和创造。社会心理学非常重视社会规范及技能的学习，称这一过程为社会化。经历了社会化过程，才能成为社会所需要的人，从而参与社会生活，适应社会环境。

图 4.3　亲历，伴随着认知、情感和行为，尤其情感的体验是直击心灵的，让我们有所领悟，难以忘怀

跨文化心理学告诉我们：不同的地方、种族有不同的文化，文化影响人的生活价值取向和行为方式。无论置身于什么环境，为了更好地生存我们必须接受现实文化的影响。只有与时俱进，才能与环境保持和谐一致。为此，我们都要从社会中进行亲历的学习，而且最好是进入现实生活，亲自参与一些人生的活动。因为无论从活动的计划、实施，还是目标的达成，都涉及做事的技能、为人处世的原则，以及各种风俗规范。所以，无论我们从中获得了什么经验和教训，都会丰富我们的智慧，增长我们的才干。当然，为了学习，我们要主动做事，要有一颗感恩的心，把任何一种经历都视为上天赐给我们锻炼、学习的机会。由于我们遇到的每一件事都是独特的，都是面对新问题和挑战，所以，即使失败了，也不要气馁，而是努力去攻克它。要知道，每一次超越都能增长信心、力量和智慧。

我们还应从接触到的任何人那里学习。我们生命中邂逅的人，都是我们的贵人，都是来帮助我们成长的。俗语说：三人行必有吾师。如果你是个有心人，就会从相遇的人中发现许多值得自己汲取的东西。如果怀着这样的心态，就说明你努力学习了。善于学习的人，往往能放下自己的身份和固有的观念，耐心倾听对方的故事、经历，从一定的思想高度提升这些“生活琐事”的价值，分析这些让人心动的事，然后建构某种观念和思想。这种亲历学习具有丰富性，因为你不知道何时、何地会遇见什么人，碰上什么事，这些经历丰富得如“人间的宇宙”。如果置身其中，你可能会有意想不到的惊奇发现和收获。由于每个生命都是独特的、不能复制的，他们会不断激活你的神经，让你体会生命与生命交流的活力与快乐，从而让你获得心灵与心灵启迪的馈赠与满足。你不会孤独与寂寞，你会真正体验到你的存在以及你们之间的互动，你还会感受到生命时间的流动和变化，体验到你身心真正地活着，更能感受到你存在的价值和意义。

心理学的建构理论告诉我们，每个人对世界的建构都是不同的。如果你获得了许多人对世界、人生的理解，这无形中就扩展了你对世界、对整个人生的客观理解。由此你会深刻地解读人生的意义，而这种理解不是来自书本，而是从自己的亲历中获得。不用说，这对你确立自我的人生追求具有不可低估的作用。

从生活中学习，就必须学会独立地生活，这是人生命活动的基本方式。要独立生活，我们首先要学会做事，学会做人。其中，最重要的是学会如何做人。怎么做人的问题，一句话很难说清。记得一个心理学家说过：一幅画包含的信息是所有语言都不能描述清楚的。而亲历生活的学习，超过一幅画负载的教育信息，甚至超过一本书的价值。我们最好置身社会中，从接触到的活生生的人当中去学，心理学家班杜拉把这种社会学习表述为观察学习。观察学习是指通过注意、模仿、动作再现，以及强化过程的社会行为学习。班杜拉特别强调模仿和替代对强化个体学习社会经验的作用。从社会行为的观察学习中，我们认为：只有广泛地向优秀的人学习，才能提高我们做人的境界，这是我们的人生有价值、有意义、获得生活幸福的根本。我们不仅要“见贤思齐”，学习他们做人的境界，以及如何克服困难，如何遵循社会规范；我们还要学习他们如何按照科学的方法发现问题、解决问题，以及如何赢得外界的帮助和支持，如何将成功惠及社会及他人；等等。努力学习的过程，能激发我们的潜能，让我们实现人生的价值。在获得成功的满足感之后，我们会考虑如何把自己的成败与社会乃至国家和人类的利益关联起来，把自我融入人类的大我之中，进而以人类的发展和繁荣为使命，这无形之中延长了我们的生命，提高了我们生命的价值。

从社会中学习，我们不仅会有深刻的人生感悟，更重要的是，我们可以意识到小我变大我的使命感，从而深入社会各阶层，走进人们的内心，倾听他们的呼声，这不仅能让我们感受到生命成长的不易，还能让我们重新认识生命、爱、战争、自由、尊严、平等、民族等，进而领悟生命的真正价值。尤其关于对人类文明发展的思考，让我们产生爱护生命、呵护生命的悲悯感，以至于为人类明天的发展方向萌发忧患的意识。社会中有很多优秀的人，正不断拯救生命，努力护佑地球上的芸芸众生。正是由于亲历而让我们内心震撼，毅然与他们一道携手捍卫生命的神圣，谋求人类发展的美好未来。如果不走进广阔的社会，就很难有这样的感悟和使命感，很难碰到心目中的楷模与榜样，那么我们沉睡的生命将很难被激活，更不能绽放应有的异彩了。

社会是我们学习的课堂，亲历是我们人生最好的教育。

感悟：多深入社会，多接触朋友，常回家看看。社会始终是我们生命的源泉，如果条件允许，我们可以放下自我，到穷乡僻壤，到发达的都市，到文化不同的异域。人在旅途，每一次生命的旅行，我们都能体验到活生生的历史，领悟到我们从哪里来、又将到哪里去……

盛气凌人

人都要展现自己存在的意义，这主要是通过表现其自尊或尊严的不可侵犯反映出来的。人为了维持自尊，彰显其存在的价值，会极力在各种场合维护自我的领地、身份。

但若为了突出自己的价值，处处显示自我的优越，以致忽视了对方的存在，不把对方放在眼里，那就是盛气凌人的行为表现。盛气凌人，往往居高临下，夸大地显示了自己身份的优势，无形之中，忽视了别人的人格和尊严，极易激起对方强烈的不满。其结果往往产生激烈的对抗、内讧，甚至是暗地里的报复。不管如何，这些都有损双方和谐融洽的关系，引发弱势一方的负性情绪。殊不知，盛气凌人往往会导致祸从口出，招致意想不到的苦果。我有次乘火车听到一个故事：有一个青年问路，直呼对方“喂！往 ××× 怎么走？”听者是个年过半百的老人。他很气，感觉对方没教养，随手指了一个相反的方向。旁边一位路人有些生气，禁不住问大叔：“为何指相反的方向？”这位大叔叹气说：“让这个不知高低、盛气凌人的青年，走走弯路受点教训……”

不知这位年轻人是否会幡然悔悟，从此获得成长。我想弯路走得多了，总有一天他会醒悟的。

这则小故事说明：尊重别人，会得到别人的关爱和帮助，让自己的人生充满坦途。否则，人生道路会失道寡助，遭遇许多不该有的障碍。

盛气凌人往往意味着对人没有礼貌，喜欢吆喝别人、指使别人。他们说话口气生硬，多用命令的而不是商量的语气。做事时，他们无视对方的存在和价值，随意改变计划，剥夺对方的知晓权和参与决策的权利。

图 4.4　我们喜欢尊重，反对歧视；盛气凌人，就是无视别人的存在

要避免盛气凌人就要学会放下自己，尊重别人。也就是说，能在内心深处充分认识到人与人之间是平等的，身份、角色的不同是社会分工造成的。为此，在沟通时要尽可能使用礼貌用语，在决策时要充分吸纳或征询别人的建议。要始终把别人放在与自己一样的

位置，这不仅是因为人与人之间是平等的，更主要的是，人非圣贤，尺有所短，寸有所长。当我们重视了别人，就等于客观上承认存在的不足，也就是放下了自己，接纳了其他人的支持和帮助。

尊重别人，对方才会回报以尊严，也才有可能给我们提供支持和帮助，这有助于促成我们事业的成功。自我价值定向理论认为：人的一切行为在于维持和提高自我的价值，尊重别人其实是满足人的自尊，提升自我的核心价值。在现实生活中，经常会遇到要给别人一个理由，以激发他的帮助行为的情况。这种社会行为不一定需要付出多大的物力，它只需要能够放下自己，给别人提供一个展现自尊，表现存在价值和优势的机会。可能就这么一个姿态和几句让别人感到尊重的话，就会化解人生的尴尬，熄灭一触即发的冲突，获得对方的友好接纳和及时的帮助。无疑，满足自尊是人内心的渴求，获得尊重的人也会以他的助人行为回馈社会。

尊重别人是一种沟通技巧，是一种人格魅力，是一种大彻大悟的人生智慧。好人缘是我们一生的财富和资源，谦虚是我们的美德，让人一步也会海阔天空。良好的沟通和融洽的人际关系是我们幸福人生的重要条件，人人都有肯定自我的需要，显示优势是我们获得存在的价值之一。为了获得良好的沟通，建立融洽的人际关系，我们一定要学会放下自己，隐藏自我的锋芒，最大限度地满足人们显示优势、肯定自我的需要，以期客观上提高对方的价值，满足对方自尊的需求。在现实生活里，那些成就大事业的人也莫非不如此，他们在人际交往中从不标榜身份、显山露水，而是以淳厚、谦和的姿态，突出对方的存在价值，以获得对方真正的信赖。正如，人长得漂亮不如话说得漂亮一样，只有采用别人喜欢、受尊重的姿态沟通，使用人们接纳的方式表达我们的思想，才能赢得对方的悦纳，从而达到影响对方改变态度的目的。诚然，做事的方法技巧有很多，但是最重要、最基本的却是尊重别人，避免盛气凌人的态度。如果缺乏尊重别人的态度，那么所有的方法和技巧都将是无用的。

用尊重别人的方式说出的话，最容易打动别人，别人也爱听、爱用。发自内心的漂亮话，听者不仅感到温暖、自我满足，还会主动地悦纳说话的人，毫无保留地吸纳说话人的思想和观念。人常说：先学会做人，才能学会做事。学会做人最重要的一条是学会尊重别人。

只有尊重了别人，才能避免盛气凌人，因为尊重别人是在铺就自己人生大路上的坦途，盛气凌人则是为自己人为地树立障碍。

毕　业①

明天，就要远行
唱一首毕业歌
把今天和明天永远分隔
放下，昨天的一切
无论是成功还是失败
都珍藏在大学记忆的长河
澎湃心底的激情
要在黎明迸射的霞光里
第一个引吭高歌

明天，就要远行
喝一碗酒
把生死的抉择永远镌刻在心头
背起老师和同学的嘱托
毅然踏上属于自己的人生旅途
有大学的精神家园

① 某师范大学2013届心理系心理学专业毕业班学生的赠言。

无论山高与路远
都能以殉道者的情怀
追赶天边升起的阳光

感悟：人生有许多阶段，会经历许多次毕业。告别过去与迎接未来，始终是我们人生的轨迹。用心走好人生的每一步，既活在当下，又努力设计好明天的人生。

人生要做事

人来到世上是要做事的，是为了体现生命存在的价值，履行生命成长的责任。随着岁月的更迭，我们的生命就这样一年又一年，一个阶段接着一个阶段，一个任务接着一个任务，走过我们不同于别人的一生，最后在生命终结的某一刻，坦然面对死亡。如果不做事，我们生命孕育的无尽能量，不会主动消耗和宣泄，非得让身体憋出病来。可能会积郁成疾，更有可能会失去人的理性约束，而由着本能的肆虐，诱导我们走向毁灭。

实际上，不做正事就容易去做那些不为社会所推崇的坏事。因为我们的生命要运动，手中干的事正是表明我们活着。在心理危机干预中，只要受害者有事干，痛苦就会得到自然治愈。人们常说：无事生非。如果不做事，尤其是有益的事，个体就会惹起是非，危及他人乃至社会。

心理学认为人有自主性①，表现为出生时的自觉控制力，它驱使我们操

---

① 马衍明：《自主性：一个概念的哲学考察》，《长沙理工大学学报》（社会科学版），2009，24(2):84。自主性是行为主体按自己意愿行事的动机、能力或特性。包括：自由表达意志，独立做出决定，自行推进行动的进程等。自主性是人的品格特性，是人的素质的基本内核。在个体自身特性方面有主体性、主动性、上进心、判断力、独创性、自信心等。

纵外界的事物，使之按照意志变化，以表现我们意志的力量。诸如随意运动、意志力、做自己的主人等这些用语，都强调了主体的力量。这些力量的发挥，既体现个人的价值，又让我们获得维持自信与自尊的成就感。

也许，我们会做错事，但那是生命的成长，并非我们的错。由于社会结构中存在社会分工，每个人都承担着一定的社会角色，做着社会期待的事情。推而广之，每个人履行着彼此的责任，人人都贡献自己主体的力量，共同维持着社会这个庞大机器的运转。在满足社会和谐、国家安定的前提下，每个人各取所需、各得其所，这是人类生存的文明方式。对个体而言，就是在实现自己的价值，完成时代赋予我们的责任。无疑，生命发展是有使命的，每个人都有自己的任务，不能不做事就走过生命的历程。

生命阶段不同，所处的社会历史条件有差异，我们的历史使命也不同，我们要面对它，不能逃避生命意志的召唤和责任。即使走过这段历史，事后发觉错了，但是当时我们只能那样做，这可能就是历史的错误。为此，我们只能接受和承担，不能抱怨，不能因噎废食，跌倒了要再爬起来，继续生命的旅程——生存。生命的冲动和历史的特殊环境，往往就这么交织在一起，我们很难超越时代的局限。只要我们一直努力好好做事，那就无愧于那个时代，也无悔于自己所做的事。当然这个社会，乃至时代都会记载你的功过，客观地留于青史。

图 4.5　做事是我们存在价值的体现，不做正事就会无事生非

历史尚且如此，我们个人的生命成长也莫不如此，充满艰辛和坎坷。我们寄居在社会大时代的某个具体位置，做自己的一

份工作，比如工人、农民、警察、教师或医生。我们从属于某个群体、某个单位，都做着不同的分内事。这是我们赖以生存的经济来源和基础。我们只有好好做事，努力做事，才会赢得声望和荣誉，获得尊重与认可，享受人生的幸福。当然，做多大的事，为大家或单位做多大贡献，就会获得多大的回报。

好好做事，在做事情中体现你的价值，这是你的精神家园，从中能寻求到无穷无尽的快乐。你极有可能做出一些成就而在社会上产生一定的影响，可以走进社会的不同人群，展示你的思想、交流你的成果。你的境界因此而得以拓展，认识更多的人，参与更多的事。你的心界将逐步打开，容纳更多的活动主题，生活也由此而日益丰富。你的“小我”渐渐发展，蜕变成“大我”，这个变化使你走出身边的团体，社会遂成为你施展才能的舞台。当你再回首昔日的团体，它仅仅是你人生的一个小小部分，可有可无。以前团体内的恩怨情仇，丝毫不影响你的生活和发展。更重要的是，你的精神境界发生了转变：由小我到大我，由自爱产生大爱。在实现自我造福社会的活动中，你也会获得社会的关爱和尊重。

也许你的人生依然平凡，但是你是自己生活的主人，做着喜欢做的事情。

好好做事，无论对社会还是个人都是有价值的。

历史不会埋没我们曾在那个激情的时代的呐喊与留下的脚印！

职场的最佳定位

职业在我们人生中占有重要的地位，有道是：职业影响性格，职业决定人生。中华民族是重视家的民族，中国的职业往往受“家”观念的影响，如果工作的单位没有“家”的感觉，那我们就没有归属感，也不愿在这个单位待下去。

每个职业、每个单位都存在“家”的关系，人际关系的差序格局易形成家人与外人之分。家里是要做事的，成为家人才有真正的归属感。获得归属感很重要，但好好做事更重要。因为无论依仗什么关系，即使亲属关系都会变，只有让自己强大，活得有尊严、有价值，才能成为各种“家”里真正的一员。

在这种职业生存环境中，我们一定要问自己：你的立世之本是什么？我们一定要有个洞悉人情经纬的清醒头脑，还要在职场中有明确坚定的人生定位。

朋友，什么样的职业人生定位应该是我们的立身之本呢？我认为无论何种职场都应该好好做事，进而成为核心成员，这无愧于天无愧于地。虽然这样生存得很辛苦，需忍受寂寞和孤独，甚至达到一定的成绩还需付出多一倍的时间和精力，但是这是最稳定、最有尊严的生存方式。要记住：无论在哪里工作，人们最终关注的是你的工作业绩，毕竟大家的眼睛是雪亮的。任何事业都需要有人做事来推动发展，也就是说有突出贡献的人一定会得到大家的认可和称道。因为任何人工作带来的业绩，一方面推动了事业的发展；另一方面也显示了他存在的价值，历史的机缘无疑也将把他推到前台，承担事业发展赋予他的责任并享有应有的地位。依靠这些成就赢得的地位和声誉，在大家心目中树立起一座丰碑，任何势力也动摇不了它。如果不靠这些扎扎实实苦干的成绩，而是去寻找所谓的“靠山”，那你一定很难受，因为你没有能力和意志把握自己的命运，一切的喜好和利益完全指望“靠山”的施舍。世界上最难了解的是人的内心，你不可能控

图 4.6　我们喜欢自己的房屋造型考究，因为这是自己的家。但也要记住，在职场也要好好做事，因为这是你立身的根

制和了解他人的情绪。处在他的周围，你时刻都会提心吊胆，因为未来生活的不确定已将你置身于不安与焦虑之中。无疑，他总在孰轻孰重的权衡中寻觅、拉拢，充实自己的势力，如果你缺乏使用价值，他会毅然把你踢开。此时，你一无所有，伤痕累累。与此同时，所谓的昔日“靠山”在内心也很瞧不起你，你在他面前根本没有尊严。

我们只有在工作中努力做自己的事情，你的上司才会很重视你，才更有可能会由衷地培养和使用你。古往今来任何时代都是强者的天下，弱者是强者同情的对象。既然是同情，那就是强者偶尔挤出一点眼泪，是依强者的情绪而决定对待你的方式，你根本没有选择的权利和余地。有首歌唱得好：从来就没有什么救世主，也不靠神仙皇帝，要创造人类的幸福全靠我们自己。这个道理明白得越早越受益。生活中少抱些幻想，多做些实事，你就多一份充实、稳定和意义。做的事情越多，在团体中就越有价值，这个团体的发展也就越离不开你。否则，挑肥拣瘦、逃避付出和算计做事，其结果是能做的事越来越少，最后落得你处于可有可无的境地。如果沦落到这般处境，那真是一种难言的悲哀。

要活得有尊严，首先要自己看得起自己，但是仅有这种态度是不够的。你要扎实地做事情。由于你实实在在地做事，这个团体会因你的存在而有价值，你就会获得团体成员甚至社会给予的认可和尊重。即使团体中有拉帮派的人，也都会对你敬慕三分，他们都期望你的加入而增加他们的影响力。此时的你，最好保持中立，别加入，更别议论别人，无论靠近谁，你都有对立面。民间俗语：三十年河东三十年河西，风水轮流转。这说明未来是不确定的。人间正道是沧桑，世事是变化的。我们只有靠自己努力做事，社会或他人才离不开你，你的生命价值才不断增加。淬火的刀，因为水火交融，才更加坚韧、锋利。生命也因做事而受到锤炼，有了这般磨砺，生命也越坚强，越能走在风浪尖头，任何外力都压不垮。

如果在职业生涯中努力做事，生活就能够达到难得的淡泊，我们的心态也会气宇轩昂，会无视任何帮派的亲近。只有内心定位是好好做事，我们的身心才是快乐健康的。心理学认为不良的情绪容易让人产生心理疾患，这应了流行于职业白领间的一句话："做事累不死，只有不满的积怨和矛盾才将人气死。"

只有这样，当你老去回首平凡的一生，你一定欣慰自己是在有尊严地活着，有价值地做事。因为做事，助推了团体事业的发展，你不仅实现了自我的价值，还会赢得很多人的厚爱。这是人生最大的幸福，也是人生的一种超然境界：有事做、有尊严、有梦想。这种超然让你逍遥、美好，忘记年龄，无欲无求。

记住，为了以后超然地生活，从今天开始，把自己的人生定位于"好好做事"。

感悟：子曰："君子欲讷于言而敏于行""巧言令色，鲜矣仁"。好好做事是自己生存和立身的根本，是我们的生命之本。不管在任何位置，事业的发展都需要好好做事的人。

第五章 经受苦难

由于人既要征服自然，又要征服自己，所以从一开始，斗争就深入我们的骨髓。我们每一次实现目标，也都会与天斗、与地斗，甚而与人斗。其核心是自我自由地释放，也即生命的成长，正所谓“万类霜天竞自由”。所以与其说我们人在旅途，不如说我们人在斗争、人在竞争。显然，斗争哲学在我们的各种追求中被发挥得淋漓尽致。

当然，虽然我们怀着人定胜天的信念，但斗争总是残酷的。世界的运行往往不以人的主观意志为转移，所以我们实现目标获取成功的过程，也是斗争与经受苦难的过程。如果退却、逃避，那我们将一无所有，还会被贴上懦夫、失败者的标签。

为了尊严活着

在外漂泊多年，我一直特别想看望我的一位小学语文教师，她曾在一次运动会上表扬我："宋兴川同学最好，一直在写报道……"这句话对我既是认同也是激励，从此我更加喜欢写作了，认为把自己内心的感受写出来是一种幸福。为了更好地表达内心的思想与情感，我养成了勤于思考、喜欢看书的习惯；为了获得更多的认同和表扬，我还要求自己认真、不骄傲、坚持不懈。坦率地说，今天我能站在大学的讲台上，能写文章、写书，与她的表扬、鼓励不能说没有关系，所以，我非常感谢这位老师。我叫她胡老师，她是陕北人，对学生要求很严格，追求完美。还令我感动的是，她非常注重学生的品格，从不歧视家境困难的学生。进入不惑之年后，尤其四十五六岁，人就会开始怀旧，我经常梦见这位老师，想告诉她我内心对她的感激。

图 5.1　胡老师和刘老师是一对恩爱夫妻

有一年回故乡，我专程去看这位胡老师。多年在外奔波，故乡变化真大，胡老师过去的房子早已拆迁，几番周折，我才打听到胡老师的新住处。很巧，就在她家楼下我遇到了她的丈夫——刘老师，他也是我小学的一名老师。刘老师一头齐刷刷的白发，眉毛也白了，但还很精神。一番寒暄，他明白了我的来意，但没直接回答我的问题，而是介绍起胡老师的病情："几年前得了帕金森，现在喉咙咽不下东西，呼吸靠呼吸机，我每天守候她至少八个小时，大小便也难以自理。”他轻叹一口气，继续说：“医院不接收她，现在待在家里熬天数。”

听着刘老师的诉说，现在的胡老师和我记忆中那个举手投足间都透露出一股英气的胡老师真是判若两人啊。

我咽回了想探望的请求，脚步也偏向另一个方向。刘老师的话中透露出几分无奈与抱怨。我泛起一股心酸，鼓足勇气艰难地说：“刘老师，您要保重身体！好好休息哟。”他嘴角咧出一丝笑意，说要休息去，就转身走了。我望着他远去的背影，呆立了一会。许久才回过神，我抑制住内心的悲哀，扭头望着胡老师的窗户，静默了几分钟，然后怀着一份愧疚与怅惘，挪动脚步，离开了那里。

不是为了避免见面的尴尬，而是为了胡老师有尊严地活着，我毅然打消了去看她的念头。因为那么好强、追求完美的胡老师肯定是不希望自己以目前的窘境与任何人见面。胡老师自尊心很强，很重视自己在别人心中留下的印象。在我印象中以及后来同熟人了解的情况看，她从不求人，从不愿带给别人麻烦与负担。她目前因为病魔缠身，自己不能决定自己的命运，我想她一定有很多无奈，也很痛苦。据刘老师讲，她目前神志不清，他也不希望外人接触。我想，这种不方便的背后是刘老师难言的内心的隐痛，这也是刘老师的无声请求。“留给对方一点隐私，尊重对方的心声，放下自己想相见的想法，也许是正确的做法！”我这样想。因为当别人不希望被打搅平静的生活时，我们纵有莫大的关爱也应搁置，我们的热心探望或慷慨帮助，也许会被对方认为是对自己的怜悯或炫耀，这会让对方没有一丝尊严。无疑，你的到来可能会给对方带来巨大的痛苦，会让对方的自尊心受到严重的伤害。我们自己想有尊严、体面地活着，其他人也是这样想的。我们要有推己及人的修养，只有己所不欲勿施于人，才能化解我们人生的许多困惑与纠葛，提升我们做人的人生境界与幸福感。所以，尊重别人，让别人有尊严地生活，是我们做人的道德底线。试想一下，假如我不顾刘老师的不方便，也就是尊严，贸然造访，目睹胡老师在病床上邋遢的样子，不仅会破坏刘老师在我头脑中的美好印象，而且更有可能的是会让刘老师尴尬并让胡老师的尊严扫地。

社会心理学认为：人有自尊的需要，自我价值保护是人的核心价值。因此，我们要像对待自己一样对待别人，凡是要求别人做到的，我们应该首先做到。在人生交往中，不论地位、身份，我们都应尊重别人，重视别人的存在和价值，倾听对方的心声。无论在任何场合，都要保护对方的自尊。这样善待对方，我们同样也会收获对方的善待，我们也才能真正享受到有尊严地活着。

想到此，刘老师、胡老师的影子又萦绕在我脑海里。小学时的一幕幕情景在我头脑中飞旋，胡老师的笑容、讲课的情形甚至是发脾气的样子，还有她干练的衣着，都清晰地浮现在我眼前。我呆想着，仿佛看到满头白发的刘老师也焕发了青春，回到了小学的校园……

刘老师，您不仅在讲台上是个好老师，也是一个好丈夫，胡老师有您这样的人生伴侣肯定会感到自豪。您远去的身影渐渐缩小，可您在我心目中却是那样的高大。您是一个平凡的人，如同街道上熙熙攘攘人流中的一个让人记不起名字和模样的人，但您却是一个有尊严的人，活得那样真实而有自尊。

有尊严地活着——这是刘老师和胡老师给我的一次人生教育。

……

不去看昔日的恋人；

不会欣喜地去叫躲避我眼神的那个友人的名字；

不会在同学间炫耀我风光的历史。

……

感悟：人人都有尊严，每个人都需要得到尊重，自我价值保护是人内心的需要。无论我们做什么事，都要懂得尊重别人，尊重别人也就是尊重我们自己。尊重是我们人生交往中要学会的第一门课。

敬畏生命

我有次外出旅行，有位监狱的干警给我讲述了一个关于他“血晕”的故事。他说他从未向别人提及这件事，知道我是学心理学的，就想通过这次交流增加对自己的了解。因为隐瞒这件事多年，他感觉有一块石头压在心上，非常害怕，既耿耿于怀又不愿触及。

我俩坐在一辆商务轿车后排临窗的一角，远离其他人。他凑近我，拉下车窗，一边吸着烟一边若有所思，满脸严肃地说：“我曾经打死过人，你想不到吧！”我先是一怔，倒吸了一口凉气，身体下意识退后，但好奇心驱使我特别想知道这离奇的事。

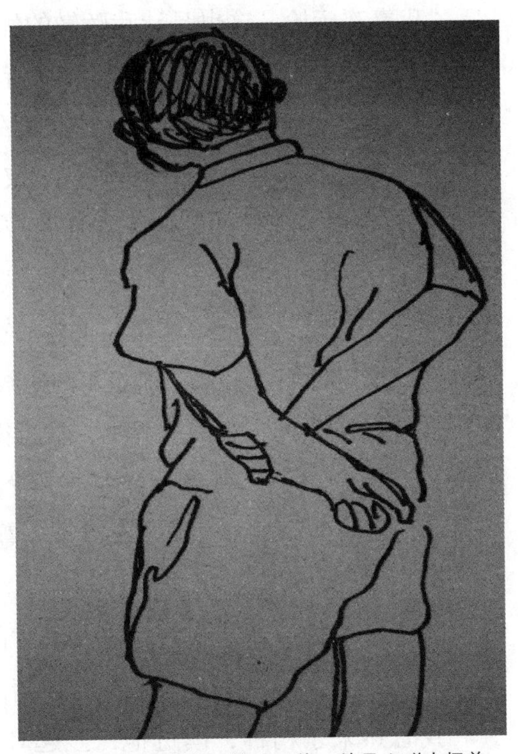

图 5.2　如今的那位干警已退休，他是人群中极普通的人。他的血晕症还没痊愈

“哦”，我支吾道。我说得很勉强，想掩饰自己的不安，待心绪静下来，我认真道：“有这样的事发生，当然是迫不得已，一定是在非常的情况下发生的。”

我说的话让他很受用，他感觉我很理解他，也很关心他的惊人举动。他嘴角先露出一丝笑意，然后猛地吸了一口纸烟，用力地吐出。他并未看我的眼，自言自语开始讲他的故事。

原来，他的父亲也是监狱的

干警。不过，他爸是军人出身，脾气暴躁，对孩子比较严厉。他是家里五个孩子中的老小，由于比较顽皮、淘气，经常挨父亲的打，严重时会被父亲捆到树上，甚而吊起来。这位干警小时候出奇的“坏”，邻居家经常上门告状。

听到他的描述，我打趣道：“你不当警察说不定就是罪犯了！”

他笑道：“你说得对，教授！为此，我父亲决心，高中一毕业就把我送到部队上，说让我好好接受教育。从部队转业后，我回到了父亲所在的单位，成了一名干警。”

“然后呢？我特别想听血晕的事。”我有些急迫，心一直悬着。他挤出两声干笑，吸了一口烟，然后向空中吐出长长的烟雾，最后扔掉燃到烟屁股的烟蒂。他认真看着我说：“正是由于上面的经历，我特别想证明自己，很喜欢在父亲、在单位同事面前好好表现自己。”

“我喜欢玩枪，这也是让我骄傲的优势了。每年的射击比赛，我的成绩都非常优异”，他自豪地说，“那时我待的监狱是新建的，对犯人的改造都是劳动教育。除了采矿、修路、造机器外，就是在农场种地了。”他咽了一口唾液，继续说：“由于劳动强度大，又在野外，犯人逃跑的较多，为了工作和自身安全，我们外勤的干警都佩带手枪。”说到这里，他眼睛亮亮的，满脸笑意扭头看着我，十分得意地说：“我那时爱枪，爱得枪不离身，一有空就拿出来擦拭，我记得还曾经把枪放在枕头下睡，我真是爱不释手啊！”说到此，只见他眉飞色舞，脸上每条皱纹都笑开了。

他沉浸在一种忘我的境界中，我听得专心，不由自主被他的情绪感染。他的神态像个孩子，浑身透着快乐，我也很激动，投出几分羡慕。我仿佛不是急切要听他讲故事，而是在欣赏一尊充满灵性的雕像。

顷刻间，时间凝固了。

随着车子的抖动，我俩猛然从刚才的状态中醒来，他愣了一下神，一脸严肃地说：“就在那时候的某天，事情发生了。”

我忽然来了精神，凑近他，竖起耳朵，屏住呼吸，盯住他翕动的嘴，想急切地从他嘴里把惊心动魄的故事一股脑拉出来。

他慢慢说："那时我接到命令说有个犯人逃跑了，因为我年轻就让我在通往南平的路口堵截。我很兴奋，早早就沿路搜寻，一直走到路口。虽然很细心，但也未发现蛛丝马迹。终于天色向晚时，我发现路边的灌木丛在窸窸窣窣地摇动。我蹲下身子，不由自主紧张起来，浑身也惊出一身汗，眼睛直直地望着那团灌木丛。不出所料，那里果然藏了个人。我仔细一看，没错，就是那个越狱的犯人——一米八的个子，二十八岁，据说还有三个月就出狱了。我有点兴奋，心想立功的机会到了，我喘了口粗气，抑制住喜悦，很快恢复了平静。我拿出枪，严厉喊话，示意他站住。"

"他先是一紧张，有些喘息，定睛看清只有我一人，扭头就跑。我虽然个子矮但反应较快，几步就蹿到他面前。"

"他推开我，夺路而逃。说时迟那时快，我不由自主扣动了扳机，一种想显摆枪法的念头闪过头脑。霎时，只见他胸口爆开了花，一头倒下。我急忙过去，他十分痛苦地看着我，胸部的血往外喷。我有些害怕，也清醒过来，后悔开了枪。我应该先搏击，或开枪明示、打残他。我马上弯下腰去堵那喷出的血，我的手上都是血，热的，可能脸上也溅了血。他眼巴巴盯着我说：'我不想死，我还没结婚，救救我……'"

"慢慢地，他不扭动了，嘴巴不动了。我吓蒙了，眼前一片红，也瘫软在地上。他睁着眼一动不动，胸部的血还在慢慢渗出血沫。他死了，几分钟前还活蹦乱跳的，现在却像一块石雕，悄无声息躺在那儿……"

"接下来的事，我什么也不知道了。我真记不得警车和其他干警是怎么来的，以及我是怎样回到了单位。

此后，我胆子小了，上交了枪，对任何枪都敬畏、害怕。对枪一改往日的痴狂，没有欣喜的冲动只有躲开的想法，更没有赏玩的想法。更严重的是我不喜欢红色，大块的红，尤其是血，会对一摊血产生晕眩。"

"噢"，我不住点头，十分理解他的变化。

"还有什么变化呢？"我关切地问。

他没有马上回答我，舒缓了一下语气，说："当然，由于父亲的人脉，单位迫于舆论只是给了我批评和一个可以将功补过的处分，父母和家人也是一律地都指责、抱怨我。毕竟那是一条生命，遇到那种危机，我明明有更好的处理方式。那段时间我经常做噩梦，经常想起当时的场景，尤其那双犀利的眼睛、哀求的眼神，还有慢慢翕动的嘴巴。”

“非常感谢你对我的信任，把你生命中最重要的事告诉我。”我握住他的手，语重心长地说。他没言语，礼貌似地咧开嘴。他的手很热，汗津津的。我想这件埋藏在心底的事，似一个魔咒，让他平凡的生活有所顾忌，也平添了一丝悲悯的殉道情怀。

“后来呢？”我问：“你的生活，还有什么变化？”

“不久，我就离开了入监队，担任教育犯人的工作。每一次面对一群犯人，齐刷刷的光头、囚服和眼神，我眼前就会浮现那个人的形象，一种顽固的观念袭上心头，那个人一定隐藏在这群人中。我的后背就会激起一阵凉意，然后是心烦意乱。我曾经试图调整这种状态，都以失败告终。领导知道后，同意我调到行政楼上做内勤。”

“这是工作上的，那家庭生活呢？”我想了解更多，继续追问。

他有些犹豫，我说：“老张，我很想知道，如果为难，那就不说了。因为，我总觉得事情并非这么简单。”

他诡异地看了我一眼，说：“你真厉害。”

他似乎有几分尴尬，苦笑一下，叹息道：“唉，其实话也到嘴边了，说了也许痛快些，我也很想有个知心人聊聊，反正都已经告诉你这么多了。”

我没说什么，拍拍他的肩膀。他似乎在思考怎样说，我耐心等着。他沉默着。“老张”，我叫他，本能地伸出手。他愣了一下，不安地伸出手，我又握住他的手，轻轻抖了几下。他开口说：“不久，我爱人怀孕了，我不敢动她。孩子出生时我不敢碰，看着孩子滚动的双眼，我就会控制不住地紧张，心跳会加快，孩子那双眼会幻化为那犯人的双眼，或者那双眼就隐藏在我孩子双眼的背后，在偷偷注视着我。”

我明白，他是担心自己手上沾染的犯人的血会像瘟疫一样，把晦气带给这个稚嫩的生命。他越是爱这个孩子，这种想法就越是强烈，不用说，他更不敢抱孩子了。

“那你也不敢抱孩子了？！”我试探性地问，想验证一下自己的想法。

“是，你说得对”，他一边说一边扭过头，抓起我的手，眼里带着一丝惊恐望着我。我知道他的软肋，他一定很怕我说“因果报应”之类的词。因为未来还有一段漫长的路啊，他所有的人生经历，也恰恰说明冥冥之中有种神秘的力量在胁迫着他。无论如何从小到大我们都相信因果报应的观念，这种观念在我们的潜意识中根深蒂固。

我没说什么，一脸的平静。

“那以后呢？”我说，“其实人的命运是不确定的，影响的因素太多了。人的命运又是变化的，塞翁失马焉知非福！”

我想打破这可怕的沉寂，既想继续了解他，又不想让他有压力，顺口说了这几句话。我真不知道这话是否合适，反正句句都是真心话。这会儿，我已不是用头脑在说话，而是用心随性而发了。

他点点头，回应认同我说的话。他说：“就在几年前我爱人患了妇科病，原因在我。当时她很抑郁，我无怨无悔照料她，陪着她走了出来。当时，家里的做饭、洗衣、收拾房间等一切活我都包了，邻居都夸我是难找的模范丈夫。”

他脸上舒展开了，有了笑容，说：“我真的能烧几道拿手的饭菜。我虽是福州人，但北方人的蒸馍、擀饺子皮我也都做得不错。”

我认真听，也随他笑了，并伸出大拇指夸奖他。

他嘿嘿笑了。

我心里有些疑惑，他谈及爱人有病，怎么还笑。我来不及思忖并弄清楚这个原委，也怕打破这祥和的气氛。

“如果哪个女人嫁给你，那一定特别得幸福。”我顺着他的话，夸奖他。

他自豪地笑出了声，先前一直凝固的气氛也欢快起来，他直起了腰，敞开了怀，点上一支烟，满足地吸了一口。

“你现在还有什么打算？”我换了个话题，还是想问那件事对他的影响。

“我现在特别想做好事，帮助人。我们社区左邻右舍，不管谁家有事，只要我知道了都会主动去帮助他们。”

“你孩子成家了吧？”我换了个话题问。

“没呢，我对他的个人问题很宽容，随他吧！”

“真是爱家、爱儿子也爱其他人，你真是我们要学习的榜样。”我感觉想了解的东西他都说了，心里和他一样的高兴，情不自禁用这样皆大欢喜的话来结束我们的交流。

刚才的谈话很累，我伸了下懒腰，趁机闭目养神了一会儿。前后回顾了一下他说的话，脑子豁然开朗，明白了刚才的疑惑。他之所以笑着谈他妻子的病，是由于他已经遭受了“惩罚”，他此后可以安然生活，心里再没有遭受不测的压力了。至于后来的乐于助人，全然是一种珍爱生命，期望未来人生更美好的一种积德行善吧。

他是一个军人、干警，政治觉悟高，然而因为工作疏忽而害了一条生命，此后他一直生活在恐惧中。他说，他经常想起那犯人哀求活下去的眼神。“二战”期间，美国很多参战人员一年后都产生了各种各样的心理障碍，他们经常失眠、头痛、做噩梦，常用酗酒、吸毒，甚至自残而获得心理上的解脱。这些也都与参与战争或目睹屠杀生命有关。生活中类似的事不胜枚举，我想说生命是上亿年进化的结果，它的神秘我们至今无法全部了解。对生命，我们真的应该再多一些认识，重新审视它的价值和我们对它的态度。

稍微有些生活阅历和积淀的人都会明白：生命是很神奇的，人的命运是难以预测和把控的。既然如此，我们就敬畏生命吧，好好善待自己和他人。

我们应该做到尊重他人，不歧视任何一个有灵性的生命。

我们应该有这样的信念：凡是有生命的东西，无论人、动物还是植物，我们都要小心善待。

我们应该记住：怎么对待别的生命，我们的生命也会遭遇同样的命运。

敬畏生命，就从现在开始吧！

感悟：人为万物之灵，对于生命我们有许多未知的地方，为此我们要敬畏生命，善待生命。对于许多有关生命的传说，在没有充分证据否认它之前，我们还是要把它搁置在内心的神龛，不要轻易否认，更不要绝对肯定对与错。留一点空间，等待以后科学的探索。

婶　子

在安静的时候，尤其是专注做完一件事神经松弛下来，心若止水、无欲无求的时候，平时不曾有的念头往往就会从心底浮升至心头。此刻，最好的方式是将一切的一切都交付于内心的涌动。这段时光很美好、很平和，我能触到自己的呼吸、丹田的起伏。

时间在这会儿也凝固了，大脑对周围是木木的，全然没有反应，似乎是身在神不在，如同心身分离。我仅仅能感觉到神的飘动，在我浩渺的精神世界，心在翱翔，不知道会遇到什么，也很难预知怎样的想法会掠过我的头脑。有个词汇叫纯粹的意识经验，它能贴切地描述我当下的体验。

图 5.3　婶子很能干，很勤劳，也特别会说，更主要的是不歧视别人

一个老邻居不在了，却意外出现在我的心底，她微笑向我走来，从遥远的地方，我仿佛能听到她的笑声。有关与她相处的生活片段，忽

明忽暗飞旋在我眼前。

她人很好，经常会在母亲说我傻笨之时，一边责怪她，一边夸我。她对我们家的孩子很真诚，确切说是尊重。当时我家穷，我们的衣衫多不齐整，她却不歧视我们。她虽住在山里，母亲却经常带着我们几个孩子到她家走动，打发生活的单调，排遣生活的孤独。她家在半山腰的窑洞里，有个院子，养有鸡、羊，还种些菜，这是我们孩子可以展开想象的乐园。与这些动物真心恣意地交流，给我们带来许多快乐，能让我们体会到生命的生动与乐趣，也陪伴我们走过苦难的岁月。

她去世时我应该送她一程，但由于在外地工作，只能默默祈祷她走好。

我管她叫婶，她开朗、热情、乐观。无论生活遭遇什么样的坎坷，她都会积极处理，笑着应对。她家有四个孩子，本来是六个的，有一个不幸一岁夭折。当时我们去她住的山腰窑洞的家看过她，她伤心痛苦，号啕大哭，过了一会儿揩干眼泪，露出笑脸接待我们，与我母亲唠家常，谈些生活中快乐的事。我紧张的心也放下了，融入平淡、快乐的生活中。我知道，她不想让自己的悲伤感染我们。她还有一个上了小学的女儿，这女儿长得漂亮，嘴巴也特别会说，但不幸得了不治的痨病，多方求医没效果，不到半年就病死了。这对她的打击很大，因为她特别喜欢这个女儿，据说小女孩学习还特别好。这事没过几年，她的丈夫不到 50 岁就死于脑溢血。一般家庭遭遇这样的变故，都会让人崩溃，家庭会充满衰败的阴影。当时很多人都认为她会垮掉，或者会改嫁，找个挣钱的男人，来支撑飘摇不定的家。许多周围的人，也都为她的命运哀叹，暗地里祈求她能挺下来。因为家里最大的孩子才 20 出头，还没有正式工作。她当时也只是在家，丈夫在时，她偶尔干些零活儿，补贴家用。后来听说，她并没改嫁，而是和几个人开始做生意，卖过一阵菜，最后游走全国，卖药材。为了生存，她真豁出去了，这些药材，其实是并不治病的“假药”。有一次我从外地探亲回家，在街头遇见过她。她和几个人在做拉拥，她就是“托”，在谈论这药如何有效，想招引过往的行人。她似乎瞟见了我，向我投来神秘一笑，说：“海川，有空到家里坐。”还有一次，他们卖的药被人识破，正吵着，数落他们“欺骗”，要退货。人围得多，她装着没看见我，我也悄悄躲起来。据说，广州、深圳她都去过。

那几年她的确挣到了钱，帮儿子买了工作和房，还娶了儿媳妇。她已从家里最困难的境遇中走了过来，也再没有外出了。她精明能干是人们后来才发现的，生活的困境反而让她成了女强人。她很懂社会，通晓人情世故，之后生活中遇到的任何事都是由她一人处理。

这些都是以后的事，让我怀念的，还是婶带给我的美好的童年记忆：

在婶家窑洞不远的并排，也有一孔窑，据说，我父母早先在那儿住，我姐姐是在那出生的，生我时我们家已搬到山下的居民区了。她家是我们最好的邻居，我们时不时往她家走动。她家总有许多供孩子们玩的东西，最惬意的是放羊。我跟她家的两个孩子，有时一人牵着两三只到山沟里或半山坡上放。随着羊走动，我们在山里捉蚂蚱、捕蟋蟀，还摘野果吃。她家的两个孩子一个叫金山，另一个叫金虎，之所以取这样的名，是希望孩子命里有钱，生活不受穷。他俩虽然比我小，但对山里的各种花草、昆虫，都比我懂得多，不管哪一个，都头头是道，比如哪些草好，哪个地方不安全，还有哪个地方有酸枣，哪个地方有新埋的死人。每次说到这里，我就会害怕。

他们还教我采山果，辨别哪些是可以生食的野菜。他们真是山里的孩子，身子轻巧，眼神也好，总能采到很多酸甜的果。如果挖出甜津津的草根，他们总是先给我品尝，笑嘻嘻问我味道如何，然后自豪地说：“没吃过吧！”

……

待天色向晚，我们驱赶羊群下山，没进家门就望见婶家烟囱里的青烟，我也想吃野味了。婶子人很好，对我家很热情，每次到她家都一定会留我们吃饭。那时大家生活都很清苦，尤其城里的居民，豆腐、肉都是凭票供应，每人每月三两。她家远居街道，周围的荒山腰都成了她家的土地，围圈栅栏，就可以在里面种菜，养鸡、羊、猪、兔子，所以她家的日子还算好过。孩子们隔三岔五就可以打一次牙祭。每逢杀鸡、杀猪、宰羊，要么是婶子，要么是金山就会到山下找我们，邀我们到她家。

每次看到婶子和她家的人，我都会很兴奋，真像过大年，那是令人期待的美食啊。我们跟着熟悉的人，踏着轻快的甚至小跑的步子走在熟悉的路上，扣开熟悉的门……

这一路都充满了难以忘却的欢乐。

这一天，我们会兴奋许久。

我记得最清楚的是，连阴雨几天，婶子来我家，叫我们都去吃饭，说山下土窑坍塌，快下蛋的八只小鸡闷死了。她有些遗憾，阴沉着脸骂道："这鬼天气，跟老娘作对"，转而又笑，"不让我们吃蛋，我们还会吃肉。我把鸡杀好了，煮了一大锅，宋嫂，叫孩子们走，都去，啃鸡骨头去。"我们家的孩子还没等婶子坐下喝完一杯水，都齐刷刷冒出来，聚在她面前，满脸欣喜。只见她一咕咚饮完水，手一挥，"孩子们，走啊！"……

那一夜我们玩到很晚，每个人的小肚子都是鼓鼓的，现在想起来，眼眶里都是激动的泪花。

……

关于婶子的事，我永远也讲不完。

最后一次见到她是前年回家，临近过年，我去她家拜年。扣开门，她先一怔，激动喊道："海川啊"，眼泪在眼里闪动。

婶子她老了、瘦了，但人依旧是大嗓门，眼睛有神，头脑清楚，与人说话热情爽朗，笑声不断。她已是六十七八的老人了，还不时对家里置办年货的事问东问西，甚至叮嘱他们的孩子别遗忘什么事。她回头冲我笑："老了，这几年，脑子经常忘事……你们来看我，我真是太高兴了，咱们可是十多年没见了。"她真是快人快语，我只是不住点头、笑，想插几句话，也找不到合适的机会。终于该我问话了，她激动、热切地听着。在夸奖我之后，她拉着我的手，嘱咐我在外要注意身体。但对家庭的苦处，她只字不提。我要回家了，她拉着我的手，送到马路口，依依不舍的，我的心酸酸的，最后她流着泪，向我招手。之后就听说她去世了。

翌年，我回家探亲。刚安顿下来，就有一种想到婶子坟前去看看的想法，一旦这种想法从心底泛起，我就抑制不住激动的心。第二天上午我找到金虎，说了我的来意，他先是一惊，然后笑道：“算了吧！她走得还好，很突然，没有痛苦。你姐姐他们都来送葬，说代表你了。你们在外，工作忙，不用放在心上。”后来他见我态度坚决，便请了假，带我先爬上山坡，然后绕了两个山头，两个小时后，我们找到她母亲的坟，他虔诚地说：“妈，海川来看你了。”我满肚子的话不知怎么说，默默地双手合十，低头默哀。

坟头已长满荒草，阳面爬满金银花，似她含笑九泉的脸。我蹲下，一边想她的好处，一边燃一摞烧纸，给她送些迟来的纸钱，表达我的怀念，希望她在另一个世界殷实、富足，没有生活的压力和烦恼。

待了半个小时，我们要走了，我回首向她的坟深情望了望。

我步子很沉，心底涌起一阵伤感，婶子的音容笑貌在我头脑时隐时现……

我心里默默嘀咕：“婶婶，我会经常为你祈祷！来年再来看你。”

山野一阵凉风刮来，飕飕的。

我终于回过神，长吁一口气。

感悟：没有绝对的好人和坏人，我们喜欢有小缺点的好人。认识一个人一定要从历史唯物主义的观点考察，在我们的生命中总有一些普通的好人，他们在我们困境时给予我们爱与帮助。学会感恩吧，我们要把这种人性中的善念传播出去，让这种正能量在人与人之间顽强地生长、传扬。

婚　姻

大学毕业后，我到古城大学任教。当时规定，我们新入职的教师，必须到基层锻炼一年。根据学校的安排，我到了附近的中学实践。

我当时在政教处，从事青春期教育。政教处是老师经常来的地方，某一天，我认识了苏老师。苏老师是教高中物理的，她是恢复高考后的第一届大学毕业生。由于她工作认真，关心学生，所以每年她教的学生的高考物理单科成绩都名列前茅。她听说我是学心理学的，就想讨教一下学生的管理方法。她问得很详细，我也很有耐心地回答。转眼，已到中午吃饭的时间，她露出歉意的微笑，邀我到她家吃个便饭。她很真诚，也很朴实，打动了我。

她家就在校园内，屋内布置得像她这个人一样：朴实。

我内心忽然有了一种熟悉感，也放下了陌生和矜持。

过了会儿，她女儿回来了，有点羞怯、警觉，黏着妈妈偷偷打量着我。苏老师让她向我打招呼，她只是害羞地笑了一下，就躲在妈妈的身后了。在随后我们一问一答的聊天中，我才知道她是离过婚的。我们吃的是极简单的煮面，配上她腌制的咸菜，还有炝锅的一碟酸辣椒，吃起来真的很有滋味。

那时，我一个人在古城工作，生活上有许多困难，当我开口向她求助时她都会尽力帮助。比如，我经常给家里寄些钱，供弟弟上学，有时用钱周转不开，我总是向她借；与女朋友闹矛盾，也总找她调解；有时过节她还经常邀请我去做客；等等。不过，这些都是后话了。

图 5.4　苏老师人很好，在我困难时经常帮助我。她大学时的一张照片让我印象极深

在以后的交往中，我发现她的女儿对陌生男性有几分惧怕，我心生几分怜悯。苏老师是在她读大二时认识她的丈夫的，那是一个叫志钢的人。当时，那个男青年常借着亲戚关系，找苏老师的父亲办事，对苏老师而言，他就成为第一个走进了自己少女时代的异性。

志钢人很帅气，嘴巴特别会说。不

过，他是个工人。

苏老师冷静地回忆说：“ 可能是想利用我爸的人脉吧，反正我不认为他会爱上我的。因为我虽是大学生，但在我们姊妹中长相一般，不及姐姐和妹妹漂亮。没想到，他很快就与我谈恋爱了，他对我很热情。经常给我写诗，我坠入了甜蜜的爱河。我被爱情迷得忘了一切，什么事都依着他，我一毕业很快就结了婚。然而，结了婚，我才知道志钢在来城里参加工作前就谈过恋爱。他还说：‘乡下人谈恋爱，大多都会有男女私情’。”

在我国北方农村，男女双方领不领结婚证不重要，重要的是民间的风俗：只要订了婚，在村里摆了酒席就可以住在一起了。

“这是一个根深蒂固的风俗”，苏老师说这句话时，不停咬住嘴角，那是强忍住的恨。她眨了一下眼，禁住眼角的泪，继续说：“婚后，他让我父亲给他的亲戚找工作，并利用我父亲的人脉帮了许多人的忙。”

苏老师有点委屈说：“自从有了孩子，他对我就少了以往的热情，他的许多不良习性也渐渐暴露出来。他经常夜不归宿，还醉醺醺地被人送回到家里。”

苏老师有些气愤，说：“肯定不是工作上的事，自从与我结婚，他由普通工人经过以工代干，到转干，甚尔提干。况且，我生性柔顺，也只是想尽心尽责做一个好妻子。”

苏老师接着说：“有一次我从别人那里听说他在外面有女人。我开始不相信，问他，他说没有，但从他对我的态度上，我凭女人的直觉就能感觉到这事肯定有。”

苏老师声音有些抖：“有次，多问了几句他就冲我发火。那次争论之后不几天，我中午提前回家，他没上班，竟和那个女的……”

苏老师声音透露出气愤：“他们被我堵在屋内，这情景让我气得晕倒了。然后，他跪下苦苦哀求我不要告诉我父母。我被他的真情打动了，原谅了他。然而，事后没过一个月，他依旧又恢复了原样：喝酒、夜不归宿。你知道吗？我曾经又在屋门口堵过他一次。这一次我再不听他的哀求了，终于告诉了父母，他在我父母面前现形了，之后他求我父亲办的事，自然也没办成。”

苏老师停了一会儿，平静了一些说：“从此，他开始对我不好，家里也很少回。”

苏老师又提高了声调，气愤地说：“他威胁我不能离婚，说若离婚就要报复杀了我的家人。他真是个无赖，他知道若离婚，他肯定会当不了官只能当工人，还有可能干最脏最累的活。”

“这种没感情的夫妻生活，我们持续了一年”，苏老师咳嗽了一声，接着说。

“我那时是学校的骨干，要带毕业班，又要带孩子，幸亏有父母帮忙，否则我很难生活下去。即使如此，我整日还是筋疲力尽。想想自己的日子，我经常以泪洗面。父母看我生活艰辛，也非常愧疚，因为是他们参与撮合的婚姻。最后，在他们的参与下，我也终于结束了这段婚姻。”

“这次婚姻让我不敢再奢谈婚姻。我一个人带着孩子过了五年安静的生活，因为志钢曾扬言，要杀了我再找的男人。据说离婚后，他无颜待在厂里，很多人都知道他的人品。不久，他也离开了厂里。不过，他说的威胁、恐吓的话还是给我留下了阴影。”

“这种平淡的生活到了第六年，父母不再听我不再婚的话了，开始为我张罗婚事。当时，我已是重点中学的骨干老师，又是教导主任，很多中年的、当了干部的男人找我，我都一一谢绝了。志钢结婚前后的变化给我的印象太深了，我对会说的、相貌帅气的，都不相信了。对他们，我没有安全感”，苏老师平静地说。

真是这样的，一次我曾到她新分的房子，遇到过一个四十五六的男人，中等个，穿白衬衫、黑裤子，收拾得很干净。那男的浓眉大眼，有几分英气，人很活络。据她后来说，这个男的是个科长，丧偶，他的女儿是苏老师带班的学生，爸爸曾给女儿找了好几个“妈妈”，她都不接纳。她说要找像她苏老师那样的就同意。那位女生对她爸爸说，“苏老师对我们很好，就像妈妈一样”。为此，这个女孩的爸爸大胆造访苏老师。苏老师说这话我非常相信，因为 15 年后的某一天，苏老师突然打电话给我：“学生通知我在古城的学生要搞30年聚会。我听到不知为什么想哭。”她告诉我，离婚后那一年她全身心投入到这个班，毕业时她哭了好几天，也不知怎么了，心里空落落的。事实上，苏老师当时的确把她所有的爱都投入到学生的身上了，所以学生离开学校后，她精神的寄托没有了。我认为，这就是为什么那位学生希望她爸爸找苏老师的缘故。

经过与志钢的婚姻后，苏老师的父母很愧疚，也决定为女儿再找一个丈夫。苏老师想找一个老实的、能靠得住的人，这也是她父母的唯一标准。在随后不断的选择中，一位工厂某车间的小组长进入了他们的视野，那男的很高大，喜欢煮饭，做家务也积极，唯一不足的是带了个男孩。当时苏老师感觉那男的长相老，又是个工人，尤其带个孩子，感觉婚后关系会比较复杂。可能是她父母想赶快了却一桩心愿，说服了女儿，说：“男的喜欢做家务的不多，人老实，安全。”

就这样在父母的催促下，两个人结婚了。父母也终于安心了。

结婚的苏老师找到了家的感觉，这个男人果然老实、厚道，尽可能地多做家务，还努力加班多挣钱。人们，尤其苏老师和她的父母都认为：她的幸福生活就此开始了。

然而好景不长，苏老师发现这个丈夫还有一个已判给其前妻的女儿。按照他们离婚的约定他是不用管他女儿的。然而，苏老师这个丈夫又要管这个女儿，希望苏老师家能帮她找个工作。还有许多她丈夫的同事想托苏老师的关系帮他们的孩子入学，苏老师开始感觉有些累。更让苏老师难以启齿的是，她的丈夫在夫妻生活方面有问题。她带着丈夫到医院治，结果都不见好转。苏老师工作忙，这事起初并未放在心上。可时候一长，她又会想起以前的丈夫。一年后，她终于把这个秘密告诉了父母。两年、三年过去了，她丈夫的情况仍未好转，苏老师的母亲很后悔，苏老师也觉得痛苦。但苏老师是一个传统的女人，她渐渐接受了现实，自己安慰自己就图后半辈子安稳吧！

苏老师从此就把精力全部放到了工作上，她没心做家务活，更主要是因为在管教丈夫的孩子的问题上产生了家庭冲突。她的丈夫认为，苏老师对他儿子的学习不够关心。她丈夫下班回来经常发脾气，为教育儿子的事，也为家务事，等等。在争论中，苏老师渐渐发现他们之间有许多观念是不一致的，比如教育孩子方面。他也抱怨苏老师不会料理家务。不过，事实也是这样：苏老师忙起工作来，家里的什么事都顾不上了，在家里还经常为了学生的事而不停打电话、接待学生的家长，等等。这些事让她的丈夫很恼火。

从此，苏老师感觉家里没有了安宁。

由于心情不好，她经常失眠。一开始吃些药，不久，就对药物产生了依赖，没有安眠药几乎就不能入眠。

按道理苏老师应该彻底调养、休息。然而，由于是教学骨干，又不能休整，送完一届又要接着带下一届毕业班。更让苏老师辛苦的是买房子。那时，古城人开始买房子，苏老师给女儿买了，又得给儿子买，不过都是首付。为什么要这般累呢？因为房子能保值。苏老师自己的房子也要拆迁，她也买了一套改迁房。不用说，家里的经济压力很大。为了挣钱，她招了许多家教生。她还炒股，也赚了些钱。

不幸的是，还没有到退休，可能是太过劳累，她腿上的风湿开始加重，不能经常走动。有一年，我到古城出差，在校园遇见她坐着轮椅晒太阳，她的丈夫推着她。

她的丈夫明显老多了，头发全白了，已退休五年了。

我向她打招呼，她先是愕然，然后仔细打量着我，笑着道："想起了，你是当年来政教处实习的大学老师。"说完，她流下了眼泪。这眼泪是因为激动还是感慨人生的多变，我无法说清。看到这儿，我内心一阵酸楚，眼眶也涌满泪水。

"时间过得真快啊！"她吸了一下鼻子，有些无奈地说。我转身问候她的丈夫，又聊了些苏老师病情康复方面的事。我忙着办事就告辞了。

第三天，我拜访了苏老师。我俩谈了这几年的变故，我询问了政教处一些老师的近况。

岁月荏苒，往事蹉跎。我们的话题不由自主转移到"命运"上来。她感叹自己的命苦，我宽慰她坚持治疗，疾病会慢慢缓解的。

她脸上掠过一丝苦笑，摇摇头说："你说得很对！"

她若有所思，神秘地笑笑，然后告诉我她妈妈曾说的话：在生她的时候她的妈妈曾做了一个梦，梦见打水的井台和井壁周围的石头缝里长了一簇簇细碎的花。

她神秘地告诉我："我妈妈醒来不久，我就出生了，妈妈自言自语说这个女儿将来命苦。"

我没说话，有点疑惑地望着她。她却一脸平静地说："我相信它。你想，井台或井壁上的花，没有人会留意，但来取水的每个人都在井台上走动，取走他们所要的水。"

我没说什么，去给她倒了杯水。

她慢慢说："你说，那个丈夫很花，这个丈夫又是那样。现在腿又不能走动……"她似乎想说自己不幸，但没有。她抬起了头，满眼迷茫，斜靠在椅子上。

她闭着嘴，很静，不说了，时而有点嘤嘤啜泣。

我受她的情绪感染，心里酸酸的，也停顿了会儿，说："苏老师，你可不能这样想，我们遇到了困难，是要尽力去克服的，你的女儿、全家人都希望你好起来，他们也在积极为你治疗"。

她止住了哭，笑着说："你说得对！"

我又说："我听医生说，好的情绪会缓解病情，有助于身体的康复！"

她露出一脸的欣慰，说："我也就是向你唠叨一下，说说我心情也好多了。"

就这样，我们聊了两个多小时。

过了好几年，有一天我接到她从南京女儿家拔来的电话，说有件事，憋在心里堵，想说说。

原来，过年时她的丈夫和儿子到南京看她，说儿子要订婚，女方人长得不错，医学院毕业的，在公立医院工作；女方父母坚决要求的条件是，男方需有一套现成的房子，房产证上要写上他们女儿的名字。苏老师的丈夫希望把苏老师单位分的 140 平方米的房子过户给他儿子做婚房用。反复说，“也就改个名字吧”。

说到这儿，苏老师很生气，在电话里就哭了：“那名字是我的，这等于把我的窝，也就是遮风避雨的家给了他！虽然一再强调让我跟他们养老，但我那可是寄人篱下啊！我觉得有些受欺负、委屈。这房子是我一辈子的心血换来的。自从结婚，我都是一直在付出、让步！”

我听着苏老师的哭诉，似乎也不知说什么安慰，心里与她一样难受。

我说：“我理解你很痛苦，似乎还有些无奈吧！”

她哭声更大了，有点号啕的样子。因为现在的苏老师是个腿不能行走的人，生活上的事还需要他们的照料。我能想象出当时的情景，一边是苏老师，一边是她丈夫和儿子，他们不是在聊天，而是在谈判。

这时我脑子中出现一个画面：两只虎视眈眈的狮子在觊觎一只羊。不用问，就能知道结果。她接着说：“我同意了，你知道，我是不看重钱的。对他们，我的付出他们最清楚。”

苏老师不哭了，平静地说：“就在办手续时，房管局的人说这是学校用地盖的房，只能在学校里交易，不能过户给学校以外的人。”

不知怎么，我悬着的心落了下来，长长吁了口气。

……

这就是关于苏老师的故事。她人好，对学生好，在我人生困难时曾帮助过我，对她的命运我不时产生同情与悲悯，我希望能帮助她，但是除了听她诉说，我好像也不能实际帮她做些什么。如果祈祷能缓解或治好她的病，我会每天为她祈祷——苏老师，多保重啊，神灵啊！保佑苏老师这样的好人吧！

有时，在做婚姻治疗时，我会把她的故事告诉那些离婚或准备再婚的人，是想让他们从这个鲜活的故事中获得某些人生的启发。女人到底要从婚姻中获得什么？女人应该怎样选择他们的婚姻？

在一次讨论中，有的人说：“苏老师的婚姻大事不该听父母的，要自己做主。”

有的人说：“人生有一次真爱也值得。”

也有人说：“谈恋爱要了解他的历史，不要光听他的话，看他的貌，更要重视他的行为。”

还有人说：“既然再婚了，就应该门当户对，不要为了安全而降低要求。”

……

当然，还有其他说法。

我只想说，找对象不要勉强，不要委屈自己，更不要讨价还价！

我还想说，结婚了，就要经营婚姻，任何火热的激情都不会长久！

恋爱靠感觉，婚姻靠智慧。

……

我祈祷，苏老师一天天好起来！

感悟：婚姻是我们的家，对某些女性而言可能是她的全部生命。要自己主宰自己的生命。生命只有一次，所以不要委屈自己。我们要宽容，但不要在做人的底线上让步。追求幸福是我们永恒的权利，学会生存，更要学会经营我们的生活。

病床上的内心独白

因为脚扭伤，我不得不卧床休息，至今已两个多星期了，这滋味真的不好受。在这之前，我还未有过卧床养伤的经历，感冒也不过两天就好了。这十多天的卧床让我体会到寂寞、绝望与无奈，以及“老年”的孤独。失去了腿脚，就会被社会所遗忘，失去许多人生乐趣。当然，对你周围的亲人来讲也是一种负担。因为他要负责你的生活起居，给他平日很累的生活又增加了一桩不得不做的事。

我不能动，无奈地躺在病床上，然而，我的思维却比以往都更活跃。平时，我没机会也没必要思考疾病，而今的“天时地利”，逼得我不得不思考卧床病人的内心了。我想写卧床病人的独白：

不能动丧失了许多乐趣。整天卧床，活动范围缩小，无法接触外面精彩的生活，更不能主动去决定你人生的方向与路线，从而会深深体会到被社会遗弃的感觉，你会由心底而产生自我的无价值感。一个无自我存在价值感的人，会心生自卑，会不由自主地限制自己积极的生命活动，总感觉在一天天混日子，从而缺少生活乐趣。

老依赖别人容易滋生矛盾。人常说：久病床前无孝子。没病的时候大家相处和睦，如果需要经常照顾一个人，那就演化为任务了。凡任务与责任，那就是必须做的，而不管你是否情愿。

没病没灾是人生的幸福，也就是能吃能喝能行走，我们平常人可能体会不到。具有了这种身心健康的状态，我们就会吃得香，睡得沉，可以干自己喜欢的事，整个生命都良好地运转着。有病的人，尤其身患一些不能吃喝或行走的绝症的人，最能感受到并渴望获得一个正常人的平淡生活的快乐与满足。他们内心最大的渴望与幸福就是平常人不以为然的自由。而这自由对我们常人而言，如同喝水一样平常。行动不便的病人如同身陷囹圄的人，他们的一切生活行动都在围墙之内，得有人照顾与监管。所以，人生就是失去方觉可贵，得到时我们

图 5.5　一房、一牛、一鹅……每个人都喜欢有陪伴而惧怕孤独

并非会珍惜。这段时间养病，我深深体会到并理解了这句话。它告诫我以后要关心身体，注意安全，应养成益于身心的好习惯。

做事要谨慎，慢些。这次脚意外扭伤，一是着急下楼梯，没打开楼梯灯，二是医疗知识贫乏，不懂得基本的保健。现代社会倡导快节奏的生活，然而凡事急快，就容易分心而出差错。不管干什么事，我们都需要集中精力，无其他杂念，只有这样我们才能心若止水，进而灵活、迅速地调节身心活动，做好事情。无疑，要做到心无旁骛，我们就要心无城府，也就是心中无鬼。如果心中有太多的秘密，就会有压力，即使伪装得再好，这种压力也会侵扰我们的心灵，扰乱我们的情绪，进而打乱生活节奏或做事的协调性，从而出现意外的坏结果。所以，对于在高压力、高风险环境下工作的人，要保证他们的身心健康，才能避免安全事故的发生，这是非常重要的。做事坦荡，心底无私，这是内心最大的安全。内心安全了，我们做任何事都不会着急。

需要他人关心，这是人之常情。作为一个普通人，当你患病时，关心你的是夫妻和孩子。他们每天接触你，他们的人生也需要你，因此，无论如何，他们都是你可以依靠的人。也许，你有好朋友，但远隔天边，他们鞭长莫及。所以，当身体好、有精力时，要好好为家人工作，多关心爱护他们。无论何时，家人都是你生命中最重要的。年富力强的男人，年轻时不要寻花问柳，也不要整日在外酗酒玩乐，要多多陪陪家人，多分担些家务，多与妻子分享生活的甘苦。这样积累起来的深厚感情，似甘泉般滋润着妻子和孩子的心田，他们在感受到这些点滴爱的同时，会油然而生对你的感恩。当然，在你患病或年老时，他们会用真心的爱回报你。

有时追求到的并非我们所需要的东西。有时我们特别想要一件东西，为此我们竭尽全力去追寻。执着的心如着魔一般，凡是阻碍追寻目标的，我们都一一克服。当追求到结果时，我们仍不开心，感觉那并不是心中所需要的东西。因为我们在追求这个目标时，损失了许多宝贵的东西，也忍受了许多痛苦。

脚痛之际，不能做其他事，就想得很多，我还想起了我到某大学工作是冲着能成为博导，尤其是开头几年劲头特别高，临近第八个年头当这一切有可能实现时，我却不想要这个东西了。因为，为此付出与忍受的太多了，感觉得不偿失。我从电视上看了一个相似的故事：有个女的，为了歌唱艺术，与丈夫离了婚，孩子也不要了，只身到国外学习。然而，当成为歌唱家时，年届 50 岁的她又要回国找孩子，并请求孩子的宽恕。她向孩子痛苦地忏悔她当初的自私，而这一切都没有获得孩子的原谅。对这位母亲而言，这个年龄也许更渴望亲情吧。

疗伤是个漫长的过程，心灵治愈亦是如此。医生说脚伤恢复需要三周，我没想到需要这么久，因为以前右脚扭了我印象中一个星期就能下地了。但这次真的严重，两个星期后才完全消肿，晚上左脚仍偶有丝丝的隐痛，想试着下地还是使不上劲。可能是人到了一定的年龄新陈代谢放慢所致，我这样安慰自己。我想医生也许是根据伤情以及自然愈合的过程而做的诊断。这是机体细胞自我修复的周期所决定的，非人力能为之，因此疗伤是个漫长的过程，我们得有耐心。同样，心灵的伤痛也是需要一定的时间才能抚平的，也许你遇见某个大师，他让你很快转变认知，但情感上却很难转变，只得随着时间慢慢地化解。对于心理学上的创伤性应激障碍，有些一年后还会复发一次，所以心理疗伤也是一个漫长的过程。任何疗效快的方法都是治标不治本，也是不可信的。

安全没小事，小事惹大事。脚扭了，只是件小事，休息一下即可，对生命并无大碍。不像癌症那样，对我们的生命将是致命的打击。然而，对于身体健康，我们不能做这样简单的、机械的类比，因为身体是个整体，生命又是运动的，小的疾病也不是绝对的，极有可能诱发危及生命的大隐患。脚扭伤卧床三周，我不能做事，也影响了其他和我有关的人，这种影响不是单方面的。比如，工作、家庭、自我观念等，可以说对我各方面都影响很大。人常说细节决定成败。生活中的重大危险事件都是由小的疏忽酿成的。这次事故，就是下楼没打开灯、又下得快而造成的。在社会生活中，许多人的命运恶化也是由于小事引发的。因此，安全无小事。

脚扭伤了身体不能动，可心灵还可以思考。稀稀落落偶成一些人生感怀，写出来是给自己看的，让自己在以后的人生中注意。这叫吃一堑长一智，也叫心灵成长。如果其他人看到，也算与天下有缘人进行交流，如能产生共鸣并认同我的想法，这会让我深感莫大的欣慰。

希望彼此的人生走好！

希望未来的人生平安！

感悟：不要心存侥幸，不要三心二意，规则是安全的一道屏障。要珍惜生命，能健康地活着，是人生的一大幸福。幸福不远，就在我们的脚下，就在无病无灾的平淡日子中。

珍惜生命中的相遇

有人说人生是场旅行，出生的那一天是你旅行的起点，之后你的身体和灵魂，在漫漫的旅途中行走。也许会有人陪伴，但你终究是一个独立的生命体。你的内心是孤独的，你守望着这颗心灵，尝遍人间的滋味，一步步走向生命的终结。

在漫长的人生中，你很难预料自己的人生轨迹，也不知道在旅行中会遇到哪些人和事。这些都是难以确定的，不以你的生命意志而转移。心理学认为，我们当下的行为取决于我们的人格与情境相互作用的结果。情境是我们遇到的外界环境，它是我们遇到的人和事件，一般具有偶然性。我们的人格是在出生后的社会化中形成的，而我们所处的历史时代、早年的生活环境以及遇到的人和事件，也是不能为人的意志所左右的。个体的社会行为是社会环境和人格的相互作用。

图 5.6　人生遇见的人和事，都是来滋养我们生命这棵大树的。它丰富着我们的人生，治愈我们的心灵

人生是旅行，是一个孤独生命漫长的踽踽而行。遇见的人、做过的事，都是平淡生活的新鲜点缀，激发我们生命的活力。有这些珍贵事物的陪伴，会排除旅行的寂寞。我们应怀着感恩的心，从内心感谢他们的陪伴：他们已融入我们的生命之中，是我们生命不可割舍的一部分。

遇见的人、做过的事，都能增进我们的自我认识，促使自我的发展。心理学认为，自我是个体人格的核心，自我概念又是自我的核心；从遇到的人那里获得一定的评价，是自我概念形成的重要渠道。我们对做过的事进行反思，也是自我认识的一个渠道。无论生活中遇见什么样的人或做过什么样的事，它们都有助于我们全面正确地认识自己，也为自我的发展提供了再造想象的原型。自我塑造，促进了我们自我概念的发展。这种经历教育，是最好的人生教育。它集主动性、参与性、生动性与自我评价于一体，有助于自我同一性的建立，以及自我人格的成熟。人常说：读万卷书，行万里路。这也说明经历是人生最好的学习。为此，要珍惜遇见的人、做过的事。无论遭遇的是欢乐还是痛苦，它们都给我们提供学习和成长的机会，是我们人生的一笔宝贵财富。

遇见的人、做过的事，充实了我们的生活，使我们的人生不再孤独。过去的人和事沉淀在记忆长河中，让我们拥有一份经历和体验，也让我们怀有期待、感恩，从而丰富了我们的人生。

我们的生命是有限的，每个时期有不同的任务。人生如竹，节节拔高，要走过一个个人生阶段。一般的人循规蹈矩，在有限的阶段，只能遇到有限的事和人。如果我们不满足于因循守旧，主动地去探究生命的价值，尝试定位自己的生命，我们就会敢想敢干，不会放弃任何一个展示自己生命存在的机会。我们与外界接触的机会越多，就越可能比别人遇到更多性情各异的人。这无形中丰富了我们的人生，使我们每个时期的生命都更充实，这大大地延长了我们的生命。丰富多彩的生活使我们不断面临新的挑战，从而激发我们进一步地思考、尝试。无论遭遇的是成功还是失败，无论感受的是快乐还是痛苦，都是我们生命里不可复制的经历。每个人都是一部故事，能听他们诉说是幸运的，若能听到他们感悟人生，无疑更是一大幸事。那是他们走过的心路历程，不仅能充实我们的人生，还能启迪我们的心智。那些经验促使我们更加全面地认识社会和人生，尤其对年轻人来说，丰富的人生经历是以后漫长人生之路的一笔财富，也是这些年轻人生命的一部分。年轻人从别人那里获得经验，会让他们轻松地走过岁月的年轮，而他们今天走过的又将是以后不断超越自我的必要条件。

图 5.7　许多人的爱情，乃至婚姻就是人在旅途邂逅的

遇见的人，不仅可能成为我们终生的精神食粮，还有可能成为我们亲密的朋友。人始终是我们人生经历中最有活力的因素，不论做任何事，我们都离不开其中相关联的人。通过与他或她交往，彼此灵魂进行交流，极有可能会成为不可多得的朋友。这些人会把你正如你把他或他们一样纳入到生命中，成为他们人生旅途的陪伴者。你遇到各种困难，都有可能获得他们的帮助和支持，你结识的朋友越多，就越有可能获得他们的充分帮助和支持，从而成就你的一番事业。俗语说：在家靠父母，在外靠朋友。当然，朋友不是从天上掉下来的，也不是守株待兔等来的。你遇到的人或一

同合作完成任务的同伴，都是你可能缔结友谊的源泉。只有珍惜共同做事的人并真心对待遇到的人，努力合作做事，才有可能培育友谊，才更有可能在他们中间获得忠心的朋友，甚至是终生的心灵伴侣。

无论遇到什么人，做过什么事，都是我们生命中重要的经历。我们要怀着感恩的心去呵护他们，积极从他们以及这段共同的经历中吸收益于生命发展需要的养分，滋养我们的身心，促进自我价值的实现，最终获得圆满的人生。

感悟：我们做过的事构成促使我们成长的宝贵经历，它既陪伴我们，也是认识与超越自我的契机。无论他们带给我们的是何种甘苦，它都是我们走到今天的一部分。学会感恩，学会珍惜，学会从中汲取前进的动力。

第六章 心在炼狱

英雄是孤独、寂寞的。实际上，每个人自离开母体的那一刻，也就开始了独立的寻梦之旅，从此，孤独和寂寞也就伴随我们的一生。因为，我们是一个独立的生命体，自己的经历和目标是别人无法复制的。我们很期望人生有钟子期、姜伯牙那样的心灵伙伴，但现实生活中却很少。因为我们怀着竞争与获取的信念，内心被欲望塞得满满的，所以常常会觉得心很累。

在实现目标的过程中，我们常遭遇意想不到的困难，或面临各种冲突。人生的这些挫折与磨难都需要我们去经受，我们的心也会在这种困境下得到历练和蜕变。在多少次与命运抗争的孤独中，我们可能不止一次触及灵魂的深处，叩问自己是谁，自己的人生目标究竟是什么。无疑，人在旅途，尤其有明确目标的人的心灵会经受洗礼与炼狱，在多少个不眠之夜认识自我，思考人生的目标以及自己存在价值的终极问题。

坚　持

坚持一件事，若干年后你就有可能成为这个领域的专家。如果坚持一个目标，就会积极积聚改变它的力量，把不可能的事变为可能。

人生的精力有限，一个人有所不为才能有所为。如果什么事都想做，事事都勤于躬问，必将耗散人的精力，反而不能获得深入细致的领悟，结果根本达不到这个领域的极高成就。

我们都知道，做一件事往往需要克服一定的困难，才能达到目的。稍微遇到一些困难或外界的干扰，就乱了方寸或轻言放弃，到头来是不会取得成功的，只能是竹篮打水一场空。

此外，世界上任何一件事都是学无止境、没有终极的。在这个领域最终能取得多大的成就，完全取决于你一步一个脚印走了多久。其实，这个过程的本质就是坚持。愚公能移走门前的山，其成功的秘诀就在于祖祖辈辈的坚持。

图 6.1　我就是我，我有自己的个性与目标

我们当下的社会很浮躁，有些人想投机，一夜暴富。但是，世上没有掉馅饼的好事。我们想成功，那就要脚踏实地去好好做事。一个民族想发展，那就要努力奋斗不断创新，要有自己的核心技术和品牌。一位企业家说得好：扎扎实实做好实体经

济，要有创新的技术，这些是我们跻身世界、战无不胜的武器。

古人曰：只要功夫深，铁杵磨成针。我们可能没有过人的智商，也没有别人幸运的机遇，但是只要不忘初心，痴心不改地坚持，我们就能从平凡走向伟大，从平淡中谱写传奇。

坚持，是我们生命蜕变的魂。

读　书

我喜欢读书，不知是从什么时候开始的，细细回忆大约是在小学吧。我那时住在大杂院，那里煤矿工人居多，多半是逃荒或从农村招来的。他们大都想当城里人，可以不必头顶烈日种地。由于下井只要有力气就行，所以他们多半是文盲或小学毕业。那里的文化气氛不浓，盛行喝酒、吵架和打架，各个地域的人结成帮派，互相争斗。邻里之间的孩子也经常打群架，我生性胆小，父亲怕在户外玩惹是生非，所以经常把我关在家里。寂寞、孤独的我，只能躲在家里看我的书，看姐姐的书，还有她同学传阅的革命故事书。有些书生字多，但幸好有插图，仍能吸引我一页页地读下去。有时，姐姐和她同学坐在旁边，我就会问她们。她们耐心地讲解让我记下了不少字。随着年纪的增长，我认识的字越来越多，开始抱着小说读，故事中描述的场景丰富多彩，人物神态各异，它让我插上想象的翅膀，在的字里行间到处飞翔。可以说，读书给我单调的生活增添了无限的乐趣。我经常会读得入迷，疲倦时会变换一下姿势继续读，有时竟忘了吃饭，一直熬到夜深。

由于大部分时间在家里读书，与邻居交往得少，所以很多上下排居住的街坊都不认识我。有些到我家串门的大人不住地夸我："这孩子真乖，不多说话。"我当时也非常认同他们的表扬，努力地在言行上符合他们的期

图 6.2 我的生命之河都是和读书相联系的，从小学、中学、大学、硕士、博士、博士后。读书，是我生命的一部分

待，有时甚至一天都说不上几句话，内心也以这为美德，以至于受消极暗示的影响，我不太会说话，也怕说话，以后更不愿说话了。现在想来，幸好这种环境和自我暗示时间较短，如果那种生活长期持续，我肯定会患上自闭症的。上了初中后，我遇上一位语文老师，他因喜欢我写的作文，又知道我会画画，就让我担任班干部，推着我和他人交往，鼓励我发表自己的想法。我非常感激这位老师，让我从自我封闭的世界走出来。这位老师姓兀，蓝田人。他有很多闲暇时间，所以周末经常带我爬山，或沿着盘山公路远足。他很会讲故事和笑话，与他相处很快活。他有许多心里话会与我还有另外一个当时是班长的学生说。有一次，我们在路上饿了，他便买了一碗饺子，我们一块享用。那碗饺子不多，我们吃得很慢，细细体会咀嚼的乐趣，我至今记忆犹新。他当时三十四五，妻子远在乡下，他只有放假才能回家探亲。

由于我会写会画很得他的赏识，他经常拉我一同办墙报。他写我画，边做事边唠嗑。我们聊的话题很多，有人生的体悟，也有班级发生的事，比如有什么东西好吃，约定什么时候远足等。有时办完墙报，他会在食堂打饭，加一个肉菜来招待我。这对我而言，是一件快乐而美好的经历。过了好多天，我还在想办墙报的事。

到了高中，“四人帮”粉碎了，高校恢复了招生。当时，郭沫若的《科学的春天》，点燃了年轻人读书的热情。整个社会都重视读书，强调考大学。我们矿区子弟的学校，教学质量不高，高中毕业后的人生去向是个让我们茫然和恐惧的问题。由于不再上山下乡，求职问题便摆在面前。不过，求职、招干要托关系，这对于一般工人家庭的我来说，一个字，“难”！我们不得不选择考大学。当时轰轰烈烈考大学的热潮在社会上方兴未艾，我们子弟学校的学生，也要和市属中学的学生共赴考场，接受祖国的挑选，老师和学生都面临巨大的压力。我放弃了闲书，埋头苦读课本，专攻习题，脑子总想着考试，咄咄逼人的竞争气氛让人窒息。由于父亲是煤矿工人，不能为我的前途提供更多的帮助，一天天逼近的现实就业问题，让我感觉到越来越无助。考上大学的人凤毛麟角，各学校也会敲锣打鼓送喜报，所以谁上了大学或者中专，他的父母和整个家庭都会很快成为街坊四邻吹捧的对象，扬眉吐气。

父亲没文化，只能做好后勤工作，诚挚的关心和鼓励让我一下子感觉自己长大了，看着他渐老的背影，我心头一阵酸楚。每到这种时候，我内心深处就会涌出一股神奇的力量，我会咬紧牙关对自己说：“要争一口气！”我凭着一股劲儿起早贪黑拼命地学习，以“最勤奋、最刻苦”来要求自己。但第一次没考上，我体会到了失败、迷茫、渺小和自卑。面对学生时代的结束，既没有考上学，又遭遇参军的落选，残酷的社会现实让我一夜间长大成熟。我当时很痛苦，觉得未来一片迷茫，幸亏有父母和老师的鼓励，我毅然参加了补习复读。这期间的日子很漫长，压力也很大，我很少有笑脸。我是第二次才考上大学的，复读期间的努力是一种神圣感和责任感的驱使，这段经历让我懂得了自己的人生需要自己去奋斗。我第一次经历了“奋斗”，第一次品尝了人生的成功，也从内心坚信功夫不负有心人这一箴言。

高中阶段读书的经历是为自己的人生大事奋斗的过程，让我真正体会到读书是一条改变命运的路。书山有路勤为径，我读书的成功为我的两个弟弟树立了榜样，他们一心努力考大学。弟兄仨先后考上了大学，让父母扬眉吐气，他们因此而远近闻名，走到哪里都会受到平生没有享受过的尊重。他们重新燃起对孩子无穷的希望，凭着这种精神力量快乐了后半生，也改变了整个家庭的精神风貌。更为重要的是，考大学的经历为我以后的人生种下了读书的信念。

进入大学，没有了学习的压力，我心情很好，仿佛变了个人，以前的爱好，比如画画、练字、读书也又重新回到我的生活当中。学校的图书馆，是一个我从未见过的巨大宝藏，向我呈现出多姿多彩的魅力，我不经意走进去，难能出来，它紧紧抓住我的心和眼球。除了专业书外，我喜欢读小说、传记、通俗哲学以及作家的回忆录。偶尔也会看些美术方面的、带有艺术欣赏性质的画集。有人说：读一本好书，就如同与作者进行内心的交流。这话一点儿不假，当我走近这些作家时，他们的丰富内心、传奇经历，以及悲天悯人的精神世界，都会让我沉醉，我会好一段日子出不来。

多年以后，我才知道这是思想的魅力、语言的魅力所致，也是不能言说的灵性力量的传递。

夏天校园的树荫下，隆冬温暖的图书馆里，或者夜晚舒服的被窝里，都是我最佳的读书地点。读到入迷处，我会忘记了自己，与书上的人物或作者融合到一起，共呼吸、同甘苦，游历世界，饱受人间的磨难。那些大师的思想很深邃，谈到的人生箴言入木三分，让我含英咀华，回味悠长。即使我放下书，读书的体验和感受，以及某些精妙的话语，常常萦绕在我的脑海，难以被他事冲淡或抹去。由于头脑经常被这些情感或思想占据，所以内心的我就这样纠缠，“外在的我”往往表现为手头的工作进展迟缓，表情呆滞，容易走神。不仅如此，与同学交流沟通时，因为我会像读书一样认真，身心融到他们当下的活动中，所以经常会慢半拍，他们给我取了个绰号“老夫子”，说我“有些呆”。然而，每当他们读到我写的文章，读到我对某句话的理解，或者听到某个我的独特的人生感受时，总会惊讶我的不寻常表现，说我“内秀”“大智若愚”，这与他们平时观察和了解到的印象大相径庭。如果有幸经历一次真心的交流，或者细细读我的文章，他们就会走进我的内心世界，感觉到和平时不一样的我。由于认真，与他们的每次交流，我都会有让他们感觉新鲜的东西，持续地吸引着他们。他们时不时会由衷地说："想不到，你还有什么什么的能力或一面。"就这样一步步交流与加深了解，我们都成为朋友了。

大学阶段读的书真让我开了眼界，我认为那个时候读过的书都在我的内心留下了记忆，这些都是我以后人生的宝贵财富。我相信心理学上有关遗忘的"干扰说"，它认为我们经历的事、读过的书，都会在我们头脑中留下记忆，之所以想不起来是由于外在的其他干扰所致。如果有相关的线索激活，这些尘封的信息都会得到唤醒、还原，呈现出来，进而影响我们的生活。我们经常不经意间想到过去，甚至很久以前的一件事或一种表情，寻着这个线索想下去，就会扯出一连串的故事。正如认知心理学认为，我们的头脑是以层次网络模型贮存知识和经验的。

不同的生活职业环境会造就不同的富有特色的人格，把人与人区分开来。大学四年热衷于读书，这塑造了我的人格，以至于与陌生人见面，他们都会明确地说我像个读书人，不是教师，就是做研究或当编辑的。我做事很专注，也不乏认真、严谨，凡事必须搞清楚、明白才能放下，与人相处重真诚、守信用，也总会站在别人的角度替对方着想，所以，我不懂圆滑与灵活，这大概就是读书人人格的体现吧。书中人性的真、善、美也纳入我人生的价值观念之中，所以我喜欢真诚而不浮夸、能进行心灵交流的朋友，更喜欢踏实做事不空谈。我外表平静，但内心却蕴藏激情，会经常禁不住为一些大爱大善行为而流眼泪。

大学的读书生活对我影响最大的是职业选择。当时毕业可以进政府部门，也就是现在的公务员，但我还是选择甘于清苦的教师职业，我喜欢淡泊以明志、宁静以致远的生活风格。当然，当老师也给我一个机会——弥补说话的缺憾。我小时候木讷，不敢讲话，也不会讲话，那时候积攒的话都通过教师这个职业吐了出来，仿佛把过去欠下的说话旧账都还了。大有此生非说完为快、说尽才圆满的感觉。

从学校毕业到工作，是人生的一个转变，尤其工作的头十年，整天忙着为生计而奔忙。研究生毕业后我到青海某所大学执教，刚刚参加工作，感觉结婚成家很不容易，维持养家更不易。其中，最大的问题是经济和事业发展的矛盾，青海经济落后，挣钱的机会非常少，而我又要资助在外读大学的弟弟的部分学费。尤其是孩子出生以后，家务事非常多，我无法闲下心来读书，每天都是为生计而忙碌，一睁眼都有许多安排好的事等着去做，如地上转动的陀螺，被外界一刻不停地抽打着。人常说成家立业是独立、成熟的开始，任何事情都得由自己打理。由于生活不易，处处都得去争，我真正体验到柴米油盐的贵。有孩子后，才算接触到生活的本身，遇到生活中各阶层的事和人，我体会到人性的弱点、人情的冷暖以及小人物的无奈。刚有孩子的那几年，遭遇很多矛盾，感觉很累也很无助，有时很想找个没人的地方放声大哭，或什么都不干，让眼泪静静地流淌。然而，日子再难都要去面对、去承担，这是做丈夫和父亲的责任。这是实实在在的生活和人生，书上描绘的美好世界、生活，与我远了。也许，书上描绘的世界更艰难，可捧在手里欣赏，你并没将自己置于其中，所以没有亲历的心寒。无奈，这就是生活和读书的区别、现实与理想的边界了。

为了生计和更好地生存，我迁徙到南方，努力考取博士。远离家的我，踏上熟悉又陌生的路，这是科学研究的路。攻读完博士后，读书的劲头不减，我又进入了南开大学的社会学流动站。这六年我几乎天天离不开书，读书、撰写论文成了生命中头等重要的事情。为获得博士学位需要写论文，为流动站出站需要写论文，为评职称需要写论文，可以说那几年几乎都是泡在论文里。每个人生阶段对论文的要求以及产生的压力，让我只关注专业书籍和期刊，以至于没有闲情阅读人文书籍，对社会流行的文化也置若罔闻。这个时期的读书、写作极具功利性，它背离了读书的精神，人的性情得不到陶冶。所以，评上教授后一段时间，我对读书和写作产生了倦怠。由于没有获得新思想和知识的滋养，我的思想开始退化，进入了人生的困惑期。一些偶然的机会，我翻阅了手头的《读者文摘》，有些人生感悟的文章触动到我内心，使我重新审视人生及生活的意义，让我思考我存在的价值和未来的生存方式。

实际上，当时的困惑与迷茫是我在寻找内心的我，也就是我从小到大内心的需求、梦想。为此，我最终静下来，埋头写、体悟、思索，就在新旧年交替之际，我找到了心底的那个沉睡的小孩，以及一直回荡在他内心的使命。

……

以后的生活依然是读书、研究、教书和写书。我读书的内容不应只有助于教学和研究，还应该有人文方面的书，它的滋养会让我感到人生有意义，与这些智者在书上交流我不会孤独。无疑，研究是我存在的价值和立身之本，而探索自己感兴趣的人生问题，并从专业的角度进行系统规范的诠释，则是我生命的精神家园。两个方面，一个都不能少。回首往昔，我得做些有意义的事，我不想轻易地走完这一生。

我还要好好教书，传播自己的思想，辅助青年人或人生困惑的人珍爱生命，有责任、有爱心地生活，快乐地度过每一天。我也希望因为他们的改变而影响到他们周围的人，使这些人积极向上地生活，做有益于社会、他人的事。读这么多书，不管是花谁的钱，都是社会培养教育了我，我要回馈社会，奉献爱心。

我还要写书，一定要写，这既是自我价值的体现，也是更好地、积极地影响别人的方式。我从小想当作家的梦因此如愿以偿，这也是今生今世一定要践行的自我约定，更是对那些在我成长过程中，对我的文笔褒奖过的人的一种回馈。

人生是一部书，我是一个平凡的人，但一定要写出不平凡的故事。我想当我离开这个世界的时候，一定会有个爱读书的人读到我写的书。

感悟：有个伟人说过：忘记过去就意味着背叛。多想想过去走过的路，多回忆自己生命的起源，我们就会有不竭的奋斗动力，更会不断明确自己的使命。

天不转地转

我们都知道，世间的万事万物都是运动变化的，变化就是川流不息的波谷与波峰。

世间任何事物都有两个方面，可以表述为福祸相随。危机的背后也往往是促使我们积极发展的机遇。只要我们不被困境所压倒，而是积极寻找哪怕只是一线的希望，然后努力去奋斗和超越，就能因自助而天助，最终赢得华丽的转变，拥抱辉煌的成功。这是大千世界的变化之理，是不以人的意志而转移的道。

谁都不知道下一步会遇到什么，但我们都会努力去实现既定的目标。

一句话，为了应对变化！

图 6.3　一天有昼夜之分，植物在不停地生长，小鸟飞了还会飞来。人生在不断地流转变化，我们目前遭遇的幸与不幸都是暂时的

也许事物的变化并非如我们所愿，也许事物的发展处于比较缓慢的停滞阶段。然而，我们的努力，似注入人生变化的催化酵母，它能激活我们身心一切潜在的因素，进而让我们发挥个体的主观能动性，最后引领我们的人生际遇发生变化。这真似天不转地转。

如果这些还不足以改变个体人生，那就默默等待，坚持或坚守一份执着，悄悄地、默默地积聚或促成变化的条件。也就是说，若人生变化的机遇不到，我们只要怀着一颗不放弃的心，默默奋斗，在孤独中求索，所有这一切都将化为引起事物质变的量变，这段时间就是黎明前的黑暗。

不在沉默中爆发就在沉默中灭亡。无疑，还有一种更快捷的方式，那就是“三十六计走为上策”，也就是树挪死人挪活。人生命运的变化，不单是一种因素决定的，它往往是天时、地利与人和的协同作用。处于一种环境下的人，其命运的变化，也就是天时地利人和的配合度，都与其所处的环境保持一种平衡的状态。显然，大千世界也莫非如此。所有这一切正如一潭水中的鱼，它们从外形到肉质都很相似，原因在于水质、养分和阳光都是相似的。其中任何一尾鱼的所有变化，都受制于这潭水。如同人在某一环境下，其文化、人脉、时代背景都限制了这个人的命运发展。如果换个环境，那这个人的文化、人脉、人生际遇，也会因此发生变化，也就是他在新环境下的人生轨迹会全部发生变化。

无论如何，人间正道是沧桑。变化是世界的普遍规律，当我们处于人生得意之处而不愿变化时，主宰自己命运变化的力量远远不足。当我们命运多舛时，切不要妄自菲薄、心灰意冷，要知道这只是暂时的，人生的际遇会因世界强大的变化之力而时来运转，别有洞天。如果我们不畏艰苦、积极奋斗，那一定会加快我们命运改变的步伐。

实在不行，那就换个新环境，我们的命运可能很快就会全然地变化。所以，这应了人们常说的话：“天不转地转，地不转水转。”

人生在不停地“转”，所以我们既不要沾沾自喜，也不要悲观。我们要与时俱进，积极改变，积极乐观地对待人生。

明天，要远行

明天，我就要远行……

从今以后，我要唱心底的歌，书写我思考一生的书。

图 6.4 明天，我就要远行。我不惧怕前面未知的困难，因为我的内心有一个太阳

尽管未来有些许不确定，也许内心还残存一丝担忧，但不论明天的远行是否是因一时的冲动而起，我依然会奋不顾身地前行，迈着坚毅的步伐，去播种后半生伟大的抱负。

远行的壮举，似乎是昨天偶然的决定，但远行的向往可能早已潜入我的心底，如种子早已播撒在我逢春的心田。昨天偶然的决定只不过是及时的阳光和雨露，它滋润我远行的种子萌动，最终高傲地破土而出！

所以，远行是我生命中既定的命运，那一天的行动只不过是机缘巧合。过了知天命的年龄，没有了一时的冲动，只有看破红尘走出各种恩怨的轻松，以及抛弃功名与奢华追求简单生活的彻悟。

远行，到一个陌生的地方，我会遇到各种不适和困难，当然也会有意想不到的机遇，这些都如同四季的流转向我迎面走来，我只能热切地拥抱，而不是挑挑拣拣。

远行，是一份承诺。我的生命要在他乡生长，如南方的榕树落地生根，坚守一方热土。每天的使命就是，挥动树叶向天空放歌，舞动触角向大地爱抚。我就是一颗不老的榕树，脚踩着大地，昂仰硕大的头，不浪费一束阳光，也不压抑自己心灵的一句呐喊。

我要信誓旦旦，果断地向天空伸出手臂。

我要大声宣告：认真地做事，好好地做人，努力彰显自己的才能。

我每一天都要这样度过，努力让每一寸光阴都有我云游诗人的鸣唱。当我步入耄耋之年，我要让这里的山水都记得我曾从这里走过。

明天，我就要远行。今夜扑扑衣衫，我抖落昨天的风尘。

明天，我就要远行。喝一杯壮胆的酒啊，我要呐喊一声，不回头！

明天，我就要开始新的人生。既然已背起远行的行囊，不管黎明有没有霞光，我都要怀着神圣的心，似殉道者一样上路……

感悟：中医说：通则不痛，痛则不通。穷则思变，这是人生哲理。处于困境时，我们不要绝望和气馁，要扼住命运的喉咙，大江歌罢掉头东。远行，去寻找新的人生契机，去追寻再生希冀的天边。

抗争：预示人生改变

最近养伤这三个月，我遭遇了人生的最低谷，心情不好又一直悲观。一个人躺在床上，想过去、想现在，还想到未来。我小时候的经历历历在目——满目的贫困与无奈，这导致我形成悲观主义的人生观。凡事总做两手准备，总是先入为主从最坏处着想。每次一想到这种境地，我不仅会伤感，还会唤醒尘封心底的痛苦经历。顷刻间，一个孤独、被人遗忘、踽踽而行的形象就会浮现在我的脑海，他从很远的地方亦步亦趋向我走来。我能看

图 6.5　人在旅途，与天斗、与地斗，甚而与人斗。无论如何，我们都在往前走。改变就好

到他的眼神，听到他无奈的叹息。触景生情，我不能自已，对他的悲惨遭遇深表同情，我很想抱起他，揩干他眼角的泪。忽然，一种温暖从心底涌动，那个我咬紧牙关，昂起头，望着天空，似乎有了新的目标。

人生每次遇到这样的经历，我都会下定决心做出重大的抉择。这次患病，让我突然有离开这里的念头。因为这里已没有家的感觉，本来停泊的心开始飘动，似水中的浮萍。加之患病，行动的不便又让我更向往摆脱这里，渴望新生。我知道踏入一个新环境，既是机遇也是挑战，未来会面临许多问题。但是，对人生而言，尤其到了知天命的年龄，人生最主要的是快乐与健康。显然，其他的皆是身外之物，经历生命的沉浮，我对尘世所谓的“游戏规则”早已麻木。如果为了得到一些名利而丧失尊严，或者违心地做事真是没意思。当然，迁徙毕竟是人生的重大改变，我会反复想，也不住问自己：“你做好准备了吗？”无疑，要放弃熟悉的环境，转而迎接全新的生活方式，其实是面临“取舍”的抉择。

要选择，就要先明白自己的需要以及最需要的是什么。生存与发展是人的两大需要，对我而言生存的需要是解决了，接下来的就是发展的需要。尊重与自我实现是比较重要的发展需要。当然，这两个需要也是互惠的。然而，我心知肚明，从社会底层凭借努力，一步步走到今天，可以说，几次蜕变，我都是在追求自我实现与超越，我对尊重的需要很强烈。我深知自己内心的渴求，也懂得这一次选择对我以后人生的意义。为此，我可能会损失一些发展的机会，还有社会地位与身份。

不过，在患病期间，我反复掂量、权衡了这些得失，内心已不止一次想象这人生角色的变化，也就是说我在内心，通过精神穿越，已接纳了这种变化。有了这种意念、情感的复现和体验。说真的，在面临真正的现实生活时，我内心已不再会掀起任何波澜，而是平静接受一切，即使是意外的遭遇。因为即使是如旧的、平淡的生活，别人遭遇的恩怨，我们谁也逃不过。不管怎么说，人生似“ 滚滚长江东逝水，浪花淘尽英雄。是非成败转头空[①]”。既然人生是有沉浮的，那么当我们处于低谷时就要有淡然的态度；还要有从中寻找生命发展的睿智。当怀着感恩的心去汲取成长的力量时，那我们就进入一种超然的境界了。

什么是人生呢？人生就是一天天走过，正如太阳照常升起一样，我们遇到的不幸都是暂时的，人生的美好则是永远的。

人生是变化的，只要改变就是好的，毕竟每一次改变都是我们主宰自己命运的一次意志行动。

感悟：人生是起起伏伏的，遇到逆境不要泄气，学着看淡任何是是非非。积极地与命运抗争，学会顺势而为，营造变化的契机。人生似条河，活鱼逆流而上，死鱼随波逐流。

留下足迹，提升人生的幸福感

在现代社会，不管做什么事，都要留下当时的凭证。这种意识很重要，尤其是在进行涉及生命、财产和经济交易的活动时，这是现代人生活应该养成的一种习惯。

为了保障健康、有效、幸福地生活，你必须这样做，以达到“与人方便、与己方便”之目的。社会竞争日益加剧，人们每天都有许多工作或生活问题需要处理，如遇现实情境发生变化或产生不确定性，难免会产生差错，因此既有的凭证能帮助你便捷地追根溯源，还能帮助你保护自己合法的权益不受侵犯。

---

① 明代诗人杨慎的古诗词作品《临江仙》。全文是：滚滚长江东逝水，浪花淘尽英雄。是非成败转头空。青山依旧在，几度夕阳红。白发渔樵江渚上，惯看秋月春风。一壶浊酒喜相逢。古今多少事，都付笑谈中。

图 6.6 留下年轻时的照片，是为了晚年回忆。留下人生的脚印，是为了证明我们曾经走过

人们常说："林子大了什么鸟都有。"我们不是性恶论者，但人们的思想境界、个人修为确实是有差距的。

多年来，我一直记得朋友给我讲的一个故事。一次他外出旅行，买了当地三宝之一的玉石，公司售货员的生动描述让他心动，他花大价钱买了那"稀世之宝"。回到家里，兴奋的他让有经验的行家鉴别了一下。行家很快发觉破绽，疑是假货。当事人，也就是受害者，根据卖方留下的名片，多方交涉，才讨回大部分的损失。据朋友说，当时，由于与这个公司的老板交谈投机，不仅认了老乡，还合影留念了。无疑，如果当时匆忙，没留下名片和这些照片，将很难讨回经济损失。因为那家公司一开始出尔反尔，但幸亏有那些重要的照片和名片，证明这位朋友曾经与这个公司发生过联系。这家公司很担心这个事情，尤其怕照片、名片一同被传到网上，影响"公司"的声誉，所以，采取息事宁人的权宜之策，给了他超额的经济补偿……

我想，这个故事一定会给你不小的触动。坦率说，我们不会害人和骗人，但是，商贸活动肯定会滋生某些人的欺诈行为。美国心理学家霍曼斯提出的社会交换理论认为：人与人之间的互动是一种考虑投入与产出的交换行为。因为人的本质是趋利避害的。例如有些商人是唯利是图的，追求利益的最大化是他们的主导动机。在商品经济大潮下，经济利益渗透在我们生活的各个方面，为了保护我们自己的合法权益不受侵害，也为了善良诚实的人能得到公平的回赠，更为了对那些不法之人和行业予以打击，我们一定要在经贸活动，尤其进行重大交换行为时，留下必要的依据。尤其那些不法商人利用人们的善良，会采用不正当的手段牟取不义之财。如果没有留下交换依据的话，我们将无法申冤，或由于各种原因而只能保持沉默，这些都会助长违法商人的侥幸心理，使他们继续危害他人或社会。有些受害人可能由气愤久而久之变为麻木、漠视，进而认同或接纳，甚至盲目模仿，这将造成恶劣社会风气的蔓延。捍卫社会风气，倡导诚信的风尚，是我们每个公民应尽的社会责任和义务。为了扼制这种不良风气、洁净我们的家园，我们必须留下我们的“足迹”。即使没有遭遇这样的窘境，留下参与交易活动的凭据，我们也会拥有一份被尊重的感觉，表明对自己主体人格的重视。尊重不是别人给的，而是自己努力争取的。这种自主意识的增强，还会强化我们的责任意识。同时，由尊重自己，也会理解并更好地尊重别人，这也是现代人的重要素质之一。要知道，人的成熟以及追求自我价值的实现，都与我们自我意识的发展密切相关。难怪心理学认为：自我是我们人格的核心。

有了凭证或相关的记录乃至资料，我们才会有实实在在的拥有感，表明这些材料属于我们，是我们的一笔财富。这些顺手取得的材料，也将成为我们支配自我活动的一部分。有它们的陪伴，我们会真正享有自主感和安全感。

在工作、学习以及商贸活动中，可能会有一些帮助我们的贵人，如果有了互动时的资料与凭据，也为我们缅怀、追忆和答谢他们提供了重要的线索。比如，社会活动档案，一些重大历史活动的文史资料，既是一种历史的见证，也是一种可以寄托思念的“票根”。这些珍贵的材料生动形象，最能打动人心。因为这些材料中包含的信息，远非人类的语言所能描述的，它还能引发许多难以表达详尽的故事及意义。可以说，这些资料就是当事人生命的痕迹，它具有超凡的力量，能够让我们以此为媒介追思过去的亡灵，让活着的人获得心灵的慰藉。

在漫长的人生旅途中，我们很难忘记：

在阴冷、陌生的街头踯躅，你摸摸身无分文的口袋，饥饿无助，如果有一碗免费的阳春面，你一定会重新获得生活的勇气；

如果久居病床前，意外收到一笔爱心人士的捐助，以及一封充满深情鼓励的信，一定会让我们燃起克服困境、战胜病魔的信心；

一个饱经沧桑的老人在弥留之际，如果能给我们讲一段语重心长的人生紊语，一定会让我们释怀，从此，抹去曾经的伤痛，踏上归家的路。

……

无疑，当时如果有心留下这些人的名字、住址，或是一张合影，或是一封信……那么这些都是可以唤醒关于他的美好回忆；这些也将是你与他相见，甚至感激他的唯一的理由和“票根”。

……

人生就是不停地经过，会留下一些不经意的足印。每一个经历，每一次活动，都离不开人。无疑，与我们相识的每一个人，都会成为我们细细咀嚼的回忆，都是我们生命的一部分。因为有他们，我们的生命才真正拥有过，我们也才能感到活着和存在的意义。无论是足迹还是可以代表意义、象征性符号的“票根”，都是我们经历的记载和“浓缩”，也是我们人生的档案。随着岁月的沉淀，不重要的悄然流失，重要的依然会让我们心动，它们是我们心里的神龛，与我们的生命同呼吸、共跳动，是我们生命的陪伴和守望。如果没养成留下“足迹”和“票根”的习惯，我们的人生将会失去很多很多。在某种意义上，这也是对自己的生命负责，是对自己的反思，这促使我们走向自主、独立的方向。如果这样做了，我们就不再会随波逐流，听从命运的役使，而是会由内心向外逐步强大，最终主宰自己的命运。

“足迹”或“票根”，也是积极人生价值和社会风气的倡导者和守护者，尤其在法制社会，这些凭证是我们捍卫自己权益的有力武器。

无论如何，我们都不能低估“足迹”“票根”对于自己人生的意义和作用，那么从现在开始认真过好我们的生活，开始对自己的行为负责吧，留下你的足迹，提升你的幸福感。

感悟：人生需要回头看，因为我们需要重温自己走过的岁月，也需要汲取保护我们身心安全的滋养，更需要寻找可以确定我们人生使命的根据。无疑，历史与档案始终是可以主宰我们命运的一方宝剑。

一切都会好起来

当我们处于逆境时，痛苦、悲伤、绝望、极度的恐惧几乎要吞没了我们的一切，我们以为人生似乎到了死亡的边缘。然而，大千世界遵循着物极必反的规律。我们之后的日子可能并非像我们想象的那样可怕，一切似乎正向好的方面转化，它让我们内心多了几分欣慰，甚而燃起重新生活的激情。

命运真是捉弄人，有时会让我们哭笑不得。正如大破大立一样，在许多情况下，绝境并不会压垮我们，而是向我们打开一条超越与腾飞的康庄大道。

回首往昔我们走过的路，这亲身的经历更让我们坚信：一切都会好起来的。

在一次外出旅行时，我邂逅一个同路人，我们住在一起，他给我讲起他的过去。

图 6.7　人的命运是螺旋式上升的，当我们跌入人生低谷后，就会开始慢慢变好了。对我们而言，不放弃努力，则会自助天助

20世纪80年代，他和许多社会底层的孩子一样高中毕业了。

他说：“没考上大学，那不是我们的错。”

他认真却似乎又有

几许愤慨地说："因为我们许多人读的都是子弟学校，那里的教学水平不高。"我点头，望着他，从心底认同，因为我也有类似的体验，我曾生活在北方小城的矿区。

他停顿了一下，咽了口唾液，接着说："我记得当年，我们全校应届生都没考上，很惨，用当时的说法就是'剃光头'！"

"是吗？"我有些惋惜和不解，瞪大眼睛望着他。

他昂着头，说："但是不管怎么说，我考的分数还是名列前茅的。"我往前倾了一下身体，会心地露出微笑，我非常理解他当时的处境。

他放缓语气说："我也想走捷径，这是人的天性。然而，参军的不利，让我下决心考大学。"

我点头，看着他。我很想说，如果是我，也会这样毅然地抉择的，毕竟考大学主要是靠自己。

他不说了，气氛有些沉默。此刻，我的心情也很沉重。

过了一会儿，只见他咬咬牙，斩钉截铁道："因为我除此之外是没有出路的，否则就是下井挖煤。这是我父亲不想看到的，他不愿让他的后代——我们，步他的后尘，沿袭他无奈的人生之路。"听到这，我眼睛有些湿润，内心酸楚楚的，有些同病相怜的感觉。

他很激动，停顿了一下，不好意思地看着我，说："我考了两年。考上大学彻底改变了我的人生，这刻骨铭心的经历也让我形成了我的生活信念——学习。"

他说得很煽情，我无法插进一句话，只是不由自主地点头，发出"嗯""是吗"的感叹。然后，就都是倾听。对于他讲的故事，我作为同一个时代的人都能理解，尤其我们还有相同的社会背景。他的经历，也深深触动我的内心，燃起我不能忘却的激情。

我是一个特别爱感动的人，他每说一句话，我都感同身受，不住地点头。

……

我与他的年龄相仿，也都处于怀旧的年龄。往昔、人生、旅游都是我们热衷的话题。一旦打开话闸，我们就不断聊下去，仿佛嗜酒如命的人遇到多年未见的酒友一般，一种“醉酒”的魔力强烈地召唤着我们，使我们倾情难收，似飞蛾扑火。

我痴迷的倾听，激发了他酣畅淋漓地诉说。

他说：“大学分配，也是社会的利益场，没关系也没钱打点的我，为了能在大学教书而不回贫穷、落后的小矿区，下决心考研。”

“不过，考研再辛苦也没有高考艰苦。有了高考的经历，我一门心思努力复习。虽然信誓旦旦，但对未来仍有几分茫然。不过，结果还是好的，我考上了。”他露出欣慰的笑容，眼睛泛出晶莹的泪花。

他看着我慢慢说：“唉，人的天性是贪图安逸的，研究生一毕业我就过上了娶妻生子的小日子。我不想再累，很想休息、放松。然而，人生如节，我很快因住房、职称的困境，更主要的是遭遇经济压力，感到我必须奋斗、大胆挑战困境。”

我非常同情他的遭遇，点头说：“这就是人生的三十年河东三十年河西吧。怎么说呢，我认为人生的命运就是这样起起落落的。”

他还没等我说完，站起来，抬起头，说：“于是，我又踏上考博的艰辛之路。”

他低下头，说：“考博真的是很辛苦，期间的苦我不想再去回忆。你知道，一次次的失败让我几乎想要退却，但一想到未来，想到孩子，我还是咬牙挺了过来。”

他扭头，望了我一眼，一脸的凄苦，说：“考博三年，那可真是一种刻骨铭心的人生经历啊，我体验了什么叫‘没有条件创造条件也要上’的含义。不过，我更加坚信天道酬勤，一切的结果都会慢慢好起来的。”

很快，他高兴起来，冲我笑笑说：“考博经历让我领悟了，人生不可能一帆风顺，也许现在是时代的骄子，然而过不了几年，如果我们停止奋斗，就很可能失去以往的优势，又会处于人生的低谷或遭遇困境。也就是说，命运又会挑战我们安逸的心，逼着你再走上奋斗的路。不过，只要我们努力改变自己，认真、勤奋做事，一切都会慢慢好起来的。”

我点点头，禁不住附和道：“你说得对，因为我们的一步步努力，正是促进命运向好的方面转化的条件。”

他讲完了，使我沉思，让我想起南方某大学的一个朋友。他的故事能进一步说明“一切都会慢慢好起来”这个主题。

我的这个朋友外语不好，年龄也比较大，现在应该是退休的年龄了。他 45 岁那年，去一个名校读博士，之后又进流动站。他是同班、同届中年龄最大的，当他从流动站出来时，深有感触地对别人说：“我人生没有遗憾了，我做了自己想做的事，做了别人认为不可能的事。虽然我是个普通人，但是对于想干的事，我会不停地追求。也许会慢，但我不停地走，就会一步步接近目标。”

他是让我难以忘怀的人，由于努力，他在那个年龄段，做出了大家都认为不可能的事。因为他那个年龄读博士的人很少，尤其像他这样不是名校毕业的人，可以说是创造了一个奇迹。据说，他当年萌发考博士的想法之后，周围的很多人都认为，他是痴人说梦。因为，他大学同班的人，只有一两个毕业留校的，最多也就读了个硕士。他是参加工作后，又进行了高中补习，才考上一个普通的大学。那时，他是一个真正的“大学生”——大年龄的学生。

他喜欢从事研究，但根基太浅。不过，这又算得了什么呢？工作没几年，他就到重点大学上助教班了，还接着上了研究生班。正是通过坚持不懈的努力，他一步步接近心目中的目标。虽然他当时外语差，但他却非常勤奋，向其他学生学，甚至花钱找老师补课。这些事传到别人耳朵里，冷嘲热讽的话也不少。不过，他全然不顾这样的所谓“不可能”“异想天开”的议论。还好，他的妻子很支持他。

随着时间的推移，他的梦想也一步步接近现实。他的情况一天天好起来，就在大约十八年前，他拿到了博士录取通知书，他的梦想终于实现了，他的人生由此就发生了变化。当然，此后学校再没有关于他的种种议论了，都是夸奖。可以说，他当时开创了单位里的一个神话。

我记得他经常挂在嘴边的话：“我不是聪明人，但我是一个不停走路的人，只要我不停地走，我都会进步，也就会不断接近我的目标。”他话说得多好啊。天道酬勤，这也是对他人生际遇变化的最好诠释。

……

那天晚上，我和旅人聊得很晚。

入夜很深，我躺在床上辗转反侧，无丝毫睡意。我透过窗棂，望着高原上静谧的星空，似乎有个遥远的声音：

一切都会好的，人在旅途，就朝着自己人生的目标去努力吧！

不要灰心和泄气！

感悟：人间正道是沧桑。生命似条流动的河，只要我们生命的方向没错，只要我们不放弃奋斗，就能获取最后的成功。自助天助也。

娘的心在儿子身上

早年在青海工作，我的邻居小王是教育学院的老师，他的女友是一位中学教师。他从集体宿舍搬到我们家属楼不久就结婚了，过了一年他们有了孩子。没有孩子时，他们两口儿的日子真让人羡慕，经常外出跳舞、看电影。不管什么时候，女的都打扮得很漂亮，男的穿着很讲究。当时，我们单位住房紧张，年轻人住的都是筒子楼，一出门大家都会照面。我很少在楼道或外面遇见他们，他们一下班要么外出要么待在屋里甜蜜。

自从有了孩子，屋内多了孩子的啼哭声，他俩也很少结伴跳舞、看电影了。在楼道里、楼梯口经常看见他们，尤其是女主人忙碌的身影。水房多了每天洗衣服的她，她的声音也经常在楼道回响。不用说，每件家务都与她的孩子有关。

那几年，楼道里就数她勤快，她几乎每天都要给孩子洗衣服。因为她住的是一间房子，孩子又小，吃喝拉撒都在一室。对她而言，不管是孩子的尿布还是之后两三岁时的衣服，如果不及时洗，屋内一定是臭气熏天。那时小孩用尿不湿的还很少，即使有也很少用，因为当时的工资不过二三百元，一元钱的尿不湿也显得贵。

就这样日复一日年复一年，我目睹了这个孩子的降生，以及在楼道乱跑、挨家挨户地串门的日子。我也见证了这位年轻的妈妈在给孩子洗衣服、半夜喂药，以及抱着孩子等待丈夫回家中，是如何一步步由媳妇、孕妇成为母亲的。有次给孩子过生日，我和她有了第一次正面的深入交流。她说，这三年，自从有了这孩子，没有睡过一个安稳觉。她说得没错，她的淡妆下，是一双疲惫的眼，以及被辛劳挤干水分的脸。这三年的岁月，孩子成了这个妈妈生活的全部。仔细看这个孩子，不仅和妈妈长得像，语言、性格也很像。

就在那孩子三岁时，他们搬家了。一时，这个楼道清静了许多，没有了这个串门的孩子，也没有了他妈妈唤他名字的声音，更没有了水房里忙忙碌碌洗衣服的女人。

图 6.8　许多妈妈说：养儿子是建设银行。要负责教育，还要买房、操心结婚的事。顽皮的男孩，不知是否理解父母的心

第二年我调到南方的某个高校，从此就离开了青海，有关那个楼道以及那个孩子的故事也就淡忘了。

但真是无巧不成书，我所住小区的新邻居，也是一个有儿子的家庭。他们曾在青海待过，似曾相识的感觉，让我们两家成为极好的朋友。彼此往来频繁，让我得以更多地了解了这家的母亲和孩子。

这个孩子小时候很受父母的宠爱，做什么事全凭兴趣，在学习上比较被动。据他母亲讲，他小时候聪明可爱。虽然很淘气、贪玩，但小学的学习内容不多，每次考试前，在妈妈的帮助下，聪明的他都能比较容易地通过考试。然而，到了初中，他开始不听父母的话，还经常撒谎，可能还谈了女朋友。为此，他家里经常争吵。谈到此，他母亲总是泣不成声，一直不明白为什么孩子会变成这样。他母亲知道我是学教育的，很希望我能帮她出些主意。为了让我更好地了解这个孩子，她给我看了一封她丈夫写给孩子的信：

孩子，我想对你说

你从小到大，我们对你呵护有加，为了给你创造一个良好的成长环境，只有我们想不到的没有我们做不到的。我们若有十分的力量，也总是努力为你提供十二分的关照。因为，你是我们的梦想，是我们未来生活的希望，是我们生活快乐的源泉，也是我们生命的寄托。我们的童年生活受过不少苦，这是时代造成的，所以我们为了让你避免这样的遭遇，干什么事总考虑不让你受苦受累，努力做得更好。从饮食起居方面，尽量为你提供卫生、营养、可口的饭菜，以及明亮舒适的住所。在学习生活方面，也为你准备了良好的学习条件，为丰富你的生活经常带你远足、旅游。

我们努力为你营造一个宽松、民主、愉快的学习环境和生活成长环境。如果实际生活中有哪些不周之处，那是我们没想到，但我们一旦意识到一定会努力及时更改。爸爸陪你一起写作文，帮你改作文，还专门订个本子。你有些贪玩，总是不按规矩来，为此，你与父母吵过，闹得爸爸很伤心；由于你玩心重，家里失去了四千元钱。我们都知道是你痴迷悠悠球还有游戏的缘故。然而，我们并未责罚你，而是苦口婆心地给你讲道理。你的眼泪，也让我们相信你有浴火重生的决心。

你应该知道，游戏是父母最伤心的痛，我们多么希望你把心思用在学习上，可是对学习任务和老师布置的作业，你总是有许多理由拖延。

我们经常怀念过去的你，因为有许多美好的回忆。有时，我们翻看过去带你远足旅行的影集，每一张都记载着你的欢笑，也记载着我们的爱。你身强力壮，见过你的人无不羡慕，称你为“猛男”。这离不开父母的爱，父母坚持为你做早餐，总是挖空心思烹调你喜欢的佳肴。

入了初中以后，你与那些贪玩、不求上进的同学分开了，我们也希望你从此有个彻底的转变。开始你的势头不错，可是坚持不下来。你知道吗？入学成绩比你差的同学一直都在进步，可你却是不上心，平平常常，仅仅满足于“有进步”“谁比我还差一分”。唉，我内心不停地想，你怎么这么得过且过，没有一点追求。你从不考虑以后，总是对我们说“以后再不这样了”“这是最后一次”。也许我们信任你，也许你的机灵钻了空子，可是到头来究竟对不起谁呢？转眼到了初三，临近毕业，这是人生一个重大选择，你不得不面对是上市重点还是普通中学的选择。要知道，分数面前人人平等，这是人生的规则，也是你必须面对的选择。升学考试，这是极为残酷和严峻的现实，任何人包括父母都不能帮你，你必须站出来接受选择，也就是迎接靠你自己的能力和努力的比拼。孩子，你长大了，得走独立生活的路，必须参与社会的生存竞争，靠自己的努力获得生存的资源和条件。无疑，自食其力将是你以后生活的信念，也是不能退却的挑战。我不知道，你是否对此有所准备？每个人在社会上生存，都要由他的技能或本领换回维持生命的食粮，从而过上有尊严的生活。社会是强者的世界，倡导同情弱者，正是说明弱者生存艰辛，会遭到强者的歧视。孩子，如果没有本领，不为社会所推崇，就会沦为弱者，没有话语权，处处受到欺压和盘剥，甚而不能体面地决定自己的生活，可能会整天生活在贫困、争吵、疾病、饥寒交迫之中。

孩子，我们很想你衣食无忧，像小时候生活在父母呵护的童话世界中一样，到处飘荡着你快乐的笑声。很想让你享用精美的食物，穿着美观舒适的衣服，整天徜徉在电视前，经常外出游玩，也就是一生都处在无忧无虑的生活中。可这毕竟是父母单方面美好、不切实际、疼爱你的愿望啊！你必须长大，离开父母的怀抱，走向社会，过你自己漫长的人生。孩子啊，以后你要为你自己的人生梦想打拼、奋斗，这是不以任何人的主观意志为转移的客观现实和规律。父母一天天老去，有生之年也只能为你提供学习生活的基本条件，以后的一切都得靠你自己争取，漫长人生之路要靠你一步一步去走！

少壮不努力，老大徒伤悲。现实的挑战和选择由不得你回避，盛年不重来，你不能再像小时候说："我下次努力""我以后再不这样了"，或者"再给我一次机会"。你不能再采用你经典的发誓方式，以期侥幸逃过现实的惩罚了。孩子，你没有机会了，社会对任何人都是公平的，有些事只有一次机会。失去了，你将永远失去，从头再来需要你付出更大的代价，或者说机会不等人，其他人已捷足先登了，你已没有机会了。人生每个时期都有每个时期的任务，你不能总再被动地追赶和弥补吧？

这世上什么药都可以吃，唯独没有后悔药可以吃。你可能并未深刻体验到，这次为你补课，父母一次付了四千多元钱是克服了多少困难。虽然认为你上重点中学有一定的难度，但是我们还是对你抱有信心，用钱帮助你买失去的时间，进行大考前的最后一次冲刺。

然而，你中考考砸了……一败涂地……事后分析，你说你谈恋爱、打篮球，心思没放在学习上……

回首过去，我们对你教育的投入向来不吝惜。从你小时候上辅导机构学外语，到参加各种补习。我们经常因关注你的学习而限制你看电视、上网的时间，所以会发生争吵。但我们做的所有的一切，都是为你成长、学习提供好条件。可以说我们倾尽所能，在你人生成长最关键的时期帮助你。

孩子，你的成长，是我们人生最重要的事。我们不后悔，在你人生生长发育学习的关键时期，为你的健康成长做了父母所能做出的付出和努力。孩子，不知你是否理解父母的苦心和用意？

孩子，想对你说的话很多，你学习时间紧，我不想耽搁你太多的时间，希望你对自己的人生负起责任。中考你失败了，这次的高考你一定得汲取教训了。现在离高考时间不多了，希望你过好走向成熟的最后两个月。孩子，无论你取得什么样的成绩我们都依然爱你、喜欢你。只是希望你以后能拍着胸口对自己说："这两个月我尽力了，我对生命中最重要的事尽心了。"

孩子，若干年后，当你长大成人，想起高考期间父母的这封信，想起你曾努力读书，实实在在做出了"男儿当自强"的惊人举动，此足矣！

孩子，很希望你如你QQ的签名，做个言行一致、撼天动地的男子汉！孩子，不要让老师和同学，还有默默关爱你的父母伤心。孩子，一个男人的成熟表现是，信用重于山，君子之言驷马难追！

孩子，你的签名也是一种承诺。信守诺言，这是男人的一种立身品格，也是赢得朋友厚爱、成就大事业的人格魅力。

……

看到这封信，我很感动，“可怜天下父母心”这句话在我心头萦绕。

每个人的成长都需要一个过程，这个孩子走的弯路太多，他怎么那么长时间都未醒悟，做了那么多让父母伤心的事还未触动他的内心。这个孩子的优点是大胆、自我目的性强、做喜欢的事有热情甚至着迷。然而，如果他的性情不和社会合拍，自我的目标不与时俱进，也就是说不按社会的要求去发挥自己的聪明才智，那一定很难适应社会。人的成熟是与社会接轨，是要尽可能地社会化。这个孩子显然太任性了，还缺乏社会责任意识。虽然从小到大遭遇那么多事，可没有一件让他真正反思、痛改前非的，因为他犯的错误都是父母在替他买单。对他而言，他犯的任何错误，父母顶多批评一下，往后的生活照旧，他心里可能这么想：他依旧是父母唯一的孩子。

面对这封信和这位母亲对孩子的拳拳之心，我有些痛心，我耐心讲了一些育儿的道理，我真想与这个孩子当面长谈一下，一是想了解孩子真正的需要；二是让他体会到父母为他付出的心。不过，和孩子倾心交谈也许会有触动，但是这样的感动在不变的生活氛围中不会持续多久。只有这个孩子走上社会，被残酷的现实生活彻底击败或当了父亲，他才会彻底理解并感受到父母的苦心。

上面是我要讲述的第二个关于母亲与孩子的故事。那个孩子的父母很好，经常帮助初来乍到的我，也会把他们烧的地道的家乡菜分享给我们。那个孩子很阳光，也很热情，遇到我提东西，总会主动帮忙。我和他妈妈一块教育他后，他根本不会记恨我，就在当天，在路上遇到我，还笑着跟我打招呼。望着他的背影，我想如果不是他妈妈痛心他学习上的事，他真是一个可爱的孩子……

过了一年，我就到北京学习了，有关那个邻居妈妈和孩子的事，我也渐渐淡忘了。偶尔想起，我还在内心祈祷那个孩子早一点懂事，扛起自己的责任，让妈妈欣喜，真正对未来充满希望。

我在北京学习了三年，期间认识了很多北京的同学和朋友，经过反复权衡，我举家搬到天津。从小在北方长大的我，形成了许多根深蒂固的价值观和生活习惯，所以对北方一直有家的感觉。而且随着年龄的增长，父母身体大不如前，为了方便探望他们，我决定定居北方。这里也能更好地获得未来的发展。

天津人很热情，也很爱帮助人。不到三个月，由于孩子经常和一个新伙伴玩，我也就认识了这个孩子和他的妈妈。中国的家长很累，不同的家庭，都关注同一个问题，那就是孩子的教育。不聊不知道，一聊很自然地就由这个话题让我走进了这个妈妈的内心。由于孩子的爸爸忙着厂里的技术问题，家里孩子的教育与管理主要由妈妈承担。

“爸爸去哪儿了”，我先后遇到的这三个家庭，在孩子的照料上，都面临同样的问题，孩子的学习和教育都是由妈妈承担。是否可以说这是中国特色，留待以后的教育家、社会学家研究吧！

这个孩子和先前的两个孩子有许多相似的地方：热情、外向、懂礼貌、乐于助人，然而生活懒散，学习凭兴趣，稍遇困难就逃避。我印象深的是这个孩子读高三时，为了上学方便，他们家在学校附近租了一套房子。天津车也多，每逢上下班高峰，到处都是堵车。据他妈妈讲，他爸爸为了送孩子上学三年前就买了车，而且风雨无阻地接送。他爸爸抱怨说，很累。因为送完他又要赶忙去上班。据说，有一次赶时间，车开得快，又遇阴雨的天气，刹车打滑，竟与前面的车追尾了。所以，孩子一升高三，他们家就租到这里，为的是利于孩子读书。这个孩子经常花高价在外面补课，因为以前贪玩，书本上的知识都没好好学，临到高三，感觉很吃力。这位妈妈告诉我，他高二暑假就开始补，据说一补就是四科，上了高三每个周末也都在补，请的老师也是辅导机构最好的。有一次路上遇见这个孩子和妈妈，我问：“刘嫂干啥去？”她笑笑，一脸的无奈。我看着走在旁边背着书包的孩子，明白了几分，一定是妈妈陪他到补习学校去交费。这孩子的表情很淡定，好像没发生什么事，穿一身干净的运动装，笑嘻嘻冲我点头。这会儿，我忽然想起了在南方工作时邻居的孩子，回首又望了一下他们远去的背影。这个孩子长得高高大大，单纯的眼神，透出几分衣来伸手饭来张口的样子，背着双肩包，昂着头雄赳赳往前走着。妈妈却是微驼着背，虽然年龄刚到四十五六，稍显发胖的身材已透出几分苍老，即使利落的装束也掩饰不住对未来生活的绝望。她冲我的苦笑，流露出对生活，准确说是对孩子的不满、无奈，又强装出一份坦然与孤注一掷赌一把的神情。从衣着和谈话中可以看出，她是一个十分好强、自尊心强、做事追求完美的女人，她对孩子真的做到了一个母亲可以付出的一切。无疑，越是这样的人，越是对孩子寄予厚望，然而孩子不起色的成绩却让她汗颜，自尊也遭受打击。她有次私下说，她对孩子苦口婆心地教育，而孩子一副敷衍、心不在焉的态度让她痛苦不已，可以说是痛到心底。人常说，哀莫大于心死。孩子不争气、不成熟，没有把时间用在学习上的表现，几欲让她号啕大哭。我能理解她的心都在流血。

想起这个身体健壮、满脸稚气的孩子，我心里也不是滋味，因为我也是有孩子的人，这位妈妈的向往、期待、哀愁，我也能体会几分。

他们母子俩进了不远处的补习学校，我的内心仍未随着他们的消失而平静下来。在回家的路上，不宁的心绪又唤醒了脑海中青海的那个年轻的妈妈和她的孩子，还有南方邻居的那个妈妈和她的孩子。我的心很沉重，又想到我当年读书时，父亲也曾送我去补习。当时家境很穷，还拿出钱让我补习。那是家里的一次重大决定，为此父亲思考了好几天。看他从箱子底拿出钱的迟疑动作，以及沉重的表情，我满腹自责与惭愧，它激起我内心强烈的责任感，一种与命运抗争的神圣感让我觉得比任何人都强大。可以说超越自我的力气已不是潜生暗长而是如决堤的洪水一泻千里。我清楚记得父亲苍老的脸、对生活无奈的眼神，以及交完补习费迈着沉重的步子回家的经历。这种经历，印刻在我头脑里，也似一种沉重的嘱托，这补习费几乎是家里全部的积蓄。从此，我开始了不同于别人的殉道，我的人生目标或信念就是考大学。为了这个目标，我能忍受一切，也能放弃一切，这就是一直萦绕心头的神圣使命。

如今的我已年过半百，年轻的那段经历是我人生的宝贵财富，有了那段经历，我理解了父母，懂得了生活与人生，我很能理解这三位妈妈和孩子的故事。孩子都是好孩子，妈妈是中国最普通的疼爱孩子的妈妈，尤其天津的那位妈妈，疼孩子、宠孩子是有名的，我经常听到她叫儿子“宝贝”。我也是父母，也很希望孩子成熟，早早体会妈妈的良苦用心，承担起自己生活与发展的责任，也学会分担父母的一些担子。什么是生活？生活就是不断理解并承担责任。什么是长大？长大就是积极主动承担自己的社会责任。这三位妈妈和孩子的故事，让我有了深刻的领悟。那就是可怜天下父母心，尤其是中国妈妈的心。当有了孩子后，妈妈的心就放在孩子身上，为了孩子的健康与幸福，许多妈妈放弃了自己的事业与爱好，熬干了生活的热情，她们经受了更多的痛苦与失望，忍受了许多误解与委屈。

妈妈的心在孩子身上，不管遭遇多少生活的磨难，孩子始终是她的精神家园与归属。

妈妈的心在孩子身上，在孩子遭遇挫折以后都有妈妈的支持和辛劳的付出。

孩子，多看看妈妈的眼神吧，多听妈妈的话。

孩子，多帮妈妈揉揉肩，多关心妈妈内心的喜怒哀乐吧！

孩子，争取早日把心放在妈妈身上，让妈妈带着微笑进入梦乡吧！

感悟：可怜天下父母心，养儿方知父母恩。无论什么时候，都要感激父母的养育之恩。母爱是最伟大的，难怪我们遭遇危险时都不由自主叫“妈妈”。在教养孩子方面，不管是父母设计孩子还是孩子设计父母都不妥当，父母应该在了解孩子兴趣的基础上引导孩子的个性发展。否则，父母越是把孩子当成生命中的唯一，越是疼爱孩子，孩子越是逆反，甚至会朝父母期待的相反的方向发展。

第七章 圆梦的成功

有道是：天道酬勤。

当我们为实现目标投入足够多的精力和时间时，成功就离我们不远了。这正是：衣带渐宽终不悔，为伊消得人憔悴，众里寻他千百度，那人却在灯火阑珊处。无疑，成功显示了人的意志的力量，成功也给奋斗中的人带来喜悦。在物质化的今天，这喜悦往往来自实实在在的利益。不过，却不及周围人送给他的赞誉，所有的这些喜悦都不及满足自己内心需要的快乐。

有一种成功，那就是得到了自己内心想要的东西，它给人带来的满足是无与伦比的享受。这种成功可能并不轰轰烈烈，也可能不为社会关注，但由于它满足了一个人心灵深处的需要，所以它带给人的是深刻与持久的快乐，只有那些自我强大的人才能体验与拥有。

方法总比困难多

大千世界一物降一物，正如矛盾有对立亦有统一。我们生活中无论遭遇多大的困难，总是有解决它的方法。俗语道：人生没有过不去的门槛，活人不能被尿憋死。这告诉人们，别怕有困难，因为总有解决它的方法。

不仅有解决困难的方法，而且解决的方法还很多，这是一个自信、乐观的人所表现出来的心态。“方法总比困难多”，这是我在外讲课时，主办方的负责人开车来接我时所说的话。这话让我思索良久，它寓意深远，我一定要写出来。

那天，由于上车仓促，当我坐上火车时，才发现没带上他们要的软件。当时，我很着急，打电话寻问主办方是否有备用的软件。还本能地想返回去取，因为讲课时，他们很希望能演示一下。然而，接我电话的主办方负责人，也就是李总，笑道：“这个软件是加密的，一台电脑只能安一次。”

李总安慰我，不要回去了，她再想想办法。

下了车，她接上我，我不好意思地表达了自己的歉意。没想到，她只是爽朗一笑，很干脆地说：“没事，方法总比困难多。”这话令我眼前一亮，很有趣也很有哲理。虽说如此，我还是有几分不确定。为缓解紧张的气氛，她笑道：“宋老师，别叫我李总，我听过您的课，应该算学生的，叫我小李吧。”到了目的地，她把

图 7.1 矛盾论认为，有对立就有统一。有问题就有解决问题的方法。解决问题的方法没有最好只有更好

车停在路边，连忙打了几个电话。她先问了公司的小王，看自己的机器能否连接到会场，然后又与北京总部联系，商讨解决的方法……

很快，就找到了办法，这时我心里悬着的一块石头落了地。我对那位开车接我的“小李”肃然起敬。认真的小李，是外貌极普通的一个女孩。她以前和丈夫在美的公司做销售，曾做到了中层，收入也不菲。但她想自己创业，也想回家照料父母和孩子。于是，她毅然辞职，回到了东南沿海的一座美丽小城。她说，她从小很独立，自己的事自己做决定，也善于和大家相处。她认为自己从小到大好像没遇到过什么克服不了的困难，还喜欢帮助他人解决困难。她说，小时候她不像个女孩子，整天和邻居的男孩子吵闹。不过，回到家里却会乖乖的，主动帮助父母、爷爷奶奶做些家务。

她一旦打开话匣，可以说是滔滔不绝。

她说，她的这些特点让她喜欢上心理学，也感觉心理咨询这个行业以后发展前景会很好。于是，她很快鸣锣开张，做起心理咨询师的培训，以及心理咨询的业务。

说到这里，我也慢慢想起来，以前似乎见过她。原来几年前，她曾参加心理咨询师的论文答辩，我当时是评委，她回答得不是很好，不得不进行了第二次答辩。没想到几年之后，她竟风风火火地在她那个小城做起心理咨询的事业。她还承揽全国知名心理咨询公司在该省的软件销售，是总代理，据说效益还不错。

我到她的“总部”参观了一番。公司大约有160平方米，是咨询、培训带办公的地方。麻雀虽小五脏俱全，涉及心理咨询与通常的治疗。我不住地夸她，“你做得真是不错”。她还邀请国内比较有名的人在她那里办工作坊，也挂牌预约咨询，以扩大她公司的知名度。

她经常在网上发布并举办一些关于心理咨询师成长活动的专题讲座与团体活动，还组织与心理教育有关的关于家长方面的教育活动。这些持续的专业活动，让人感觉她的公司扎根于大地，可以提供许多适合不同人群口味的有偿服务大餐。可以说，她的咨询中心很有活力。

她不是学心理学的，我们心理学专业的，可能还瞧不上社会上类似她这样的“游击队”，但是，“那又算得了什么”，就凭她说的这句话，就让我不能不对她刮目相看。在当今经济大潮中能把心理学应用的事业做得风生水起，真是让人佩服。我想她能从无到有，从弱到强，一定遇到过许多意想不到的困难，正如她说的话：“方法总比困难多”。她一定是怀着这个信念，不畏惧各种艰难险阻，相信“三分天注定，七分靠打拼”，进而才获得了今天十分骄人的业绩。

心理学认为，性格决定命运。纵然我们做一件事时会遇到各种各样的困难，但外界客观环境是死的，人是活的。人为万物之灵，人有思想与创造力。正如哲学所言，人有主观能动性，只要充分调动了我们克服困难的积极性、创造性，并激发我们大无畏的勇气，我们总能找到解决问题的方法，而且可能不止一种方法。人类从蒙昧走到今天的文明，就是克服自然界的一个个困难的过程。我们惊叹人类改变自然的伟大，文明的发展似乎是弹指一挥间，但另一方面这种变化过程也是人类遭遇的苦难史。令人欣慰的是，在各种困境下人类竟然活了下来，而且文明的成就越来越多。无独有偶，我们个体的发展也未尝不是这样，敢于挑战自我就会超越自我，人生就会活出辉煌。说到这里，无疑，“方法总比困难多”是一句富含人生哲理的箴言。我认为这句话有无穷的生命力，能激励那些在人生奋斗路上的行路者，它似一盏明灯，照耀你我心中那颗绝望与无奈的心，从此我们不会再孤独与彷徨，更不会退却与逃避。

那么，如何保护我们这颗“方法总比困难多”的心呢？要让它时时充满激情与活力，召唤我们去履行自己的使命。

我认为这个观念在我们内心是有的，关键是要走进自己的心底把它唤醒，并用人生已有的经历去滋养它，让它萌芽生长，成为我们精神家园的一棵大树。如果不去我们的生命中寻找，而只是从外界把这个观念印入我们的头脑中，那一定只会是一时激动，过不了多久就会忘却。当我们从内心发掘出这个观念，又有以往经历的佐证时，我们就会对它记忆犹新，进而会坚信不疑。不是吗？它既然根植于我们心田，我们就没有理由不去信奉它。我们又用人生经历去见证它，其实也是用生命的甘泉滋养它。在这种呵护的过程中，这个观念就能生长成大树，融入我们的生命，真正成为我们生命的一部分。用现代心理学的话来形容这个过程，就是“方法总比困难多”融入了我们的自我概念，是自我的一部分了，因而决定我们未来的期待、调节我们的人生之路。

方法总比困难多，这是强者的呼唤，也是乐观者的人生心态，我们每一个人，都要在心田萌发这个种子，催生它成长成我们内心的一种信念。希望这个信念，似一棵精神家园的大树，帮助我们度过人生的各种困难，护佑我们去实现自己的人生目标，让我们自己成就自己的人生，也让我们自己的人生充满快乐与幸福。

“方法总比困难多”，是值得你一生坚守的信念。

信仰之旅

人生是一场旅行，信仰是人的精神需要，所以人生也是认识信仰、寻找与确立自己信仰的过程。

在青海工作时，我曾到互助佑宁寺[①]旅游。佑宁寺依山而建的恢宏气势、香烟缭绕的殿堂瓦舍，还有红墙内脚步匆匆的僧侣和在佛像下跪拜的朝圣者都给我留下至深的印象，我的身心似乎也经受了宗教的洗礼，面对满目的凝重和肃穆，我油然而生一股莫名的力量。在这种强大的精神力量作用下，我感觉自己变得渺小、单纯、坦然、无力。也许是出校门不久对外面世界太好奇的缘故，我曾大胆地造访一位四十多岁的阿卡，小到生活起居，大到活佛显灵、生活的意义等诸如此类的问题，我都问个不停。我

① 佑宁寺位于青海省互助土族自治县东南五十乡境内，距西宁 50 公里，是青海较大的藏传佛教寺院，号称 " 湟水北岸诸寺之母 "。

图 7.2 信仰似我们要建的房子，不管任何天气一定要坚持添砖加瓦。也许，建造的过程是孤独的、单调的，但是封顶的辉煌是对你虔诚的回馈

真像一个久居深山的孩童，遇到了山外来的满腹经纶的叔叔，总有许许多多为什么。这是我人生第一次接触教徒，那虔诚与执着，让我有几分畏惧。进入大殿，同行的当地老乡拍着我的肩膀，语重心长地说："尕娃，快跪下拜拜活佛，你就会有求必应，这辈子无灾无难了。"老乡的话，让我领悟，人生不如意十有八九，虔诚信仰宗教，你就能逢凶化吉。宗教的力量就在于人们对自己在现实中满足不了的愿望进行主观补充。直到多少年以后，那经历和感受都让人念念不忘。

有一次携带娇儿到乡下游玩，在饱览山林的秀美之后，我们开始爬山。禁不住好奇，顽皮的儿子斗胆闯入山腰的一座古观。也许是缘分，我有幸结识了一位道人，他家在东北，曾在中学做过教员。也许我的真诚打动了他，我俩便促膝攀谈起来。他有家室有父母，性格内向、少言寡语，他真诚对待他人，却招来他人的欺骗，有的甚至是多年的朋友。他觉得生活没意思，思索再三，续发为道。

……

到闽南谋职，在基层授课之际，我抽空去看了海。

那是外海，是真正的大海呀！

那是傍晚，海天相连，都是浓重的铅灰色，无尽的海滩，独我一人。不用说，我很兴奋，激动之状不可言表。旋即，我却产生了莫名的恐惧。那阴郁的大海，深不可测；漫漫的涨潮，逐浪排空。那情状，从四面向我拥来。说真的，我油然而生一种敬畏仰慕之情。我为这力量所慑服，没有了思想也没有意志，往昔的一切，都离我而去。我是个孤独者、弱者，我的身心通透明亮。

返回的路上，陪我来的学员告诉我："我们渔家儿女，都敬重大海，信奉妈祖。我们从海中来，在海上生活，死后都葬身大海。我们的一切都属于大海，我们是大海的子民。出海之前，我们都要朝拜，每天都要烧香，叩拜大海。"我们路过渔家的村落，可以瞅得见中堂，清一色都是妈祖的神像。随着年岁的增加，我愈加相信，信仰是人意识的产物，在人的主观世界和客观世界之间不可逾越的地方就会有信仰的产生。

就在去年，我的一个学长，给我讲了一个揪心的故事：

我叔叔20世纪50年代末由部队转业到家乡，在一个苏联援建的亚麻厂工作。六七十年代，我叔叔年年是劳模，每天他都是唱着歌回家。那时候大家关系很融洽，工厂对他来讲的确像家一样。我叔叔的一个工友，因工伤而去世。他一直帮助那遗孀挑水，前后十年，风雨无阻，直到那家的孩子长大。进入90年代，工厂开始了改革，也逐渐出现些变化：厂里的机器被低价倒卖，领导贪污腐化、一些工友下岗，先进劳模也不评了。然后，我叔叔就变了，开始喝闷酒，经常拿着那个印有毛泽东画像和语录的搪瓷杯，坐在那工友的坟前，边喝酒边抽烟，在夜阑人静之际才落魄而归。对电视中报道的领导干部腐败问题，他禁不住破口大骂，甚至含泪唠叨："完了！完了哦！"

有一年，工厂失火，他奋不顾身前去抢救。保安队员拦住他说："救什么救，烧死谁给你发丧葬费！烧得越多，保险公司赔得越多。真不开窍！"我叔叔眼睁睁地看着他工作二十多年的厂房，被无情的大火烧掉。他的青春、热血和美好的记忆，也随着厂房的毁灭而彻底毁灭。第二天，他在后院冲了个澡，换上进厂时穿的、旧得发白的工作服，背着当兵时的黄挎包，出去了。

我叔叔一宿未归。

翌日上午，大家发现，他在工厂后面的山林里，面朝着厂房上吊了。地下散落着他喝过的酒瓶、用过的劳模杯子，还有些过去的奖状……

他说他叔叔是信仰破灭了。这故事给我留下至深的印象，我想了许久。得出两条结论：信仰的力量是巨大的；任何人都可以有虔诚的信仰，信仰不是宗教的专利。

我在读博士期间，从事大学生精神信仰的研究，是这个主题选择了我还是冥冥之中我选择了这个课题，只能说是一个神奇的相遇。这很有“说曹操曹操到”的味道，如同荣格说的共时性[①]。

在我做精神信仰的质性研究时，我有幸认识了张某，他的家族信仰让我感到耳目一新，那恭敬、那虔诚，让我折服。除了感谢他与我的真诚合作以外，我认识到：人在生活中不能没有信仰，信仰是人对现实缺憾的主观弥补，信仰的对象不局限于宗教、政治、国家等；信仰是个体人生的根本价值准则。

做《大学生精神信仰研究》的博士论文既是对我专业研究能力的挑战，也是对我学术精神的考验。在做博士论文的过程中，金盛华教授给我的鼓励和谆谆教诲，让我受益匪浅，无论是对论文写作还是今后的学术追求：走别人没有走过的路，坚持不懈做事。

我从小喜欢读书，读大学让我寻找我的未来，研究生则使我发现并认同我的人生之路——从事学术研究。如果人生有信仰的话，那我人生的信仰应该是求真、求实。所以，读博的三年是我践行信仰的一种朝圣。

我是一介书生，喜欢寻梦与写诗，有人说“诗在远方”，我认为我的精神家园就在远方，我寻梦、追求真理、践行信仰，其实都是一次次精神之旅。

诗在远方，你已召唤我踏上追寻信仰之旅的殉道。

---

① 共时性（Synchronicity）是瑞士心理学家荣格20世纪20年代提出的理论，指“有意义的巧合”，用于解释因果律无法解释的现象，如梦境成真，想到某人某人便出现等。荣格认为，这些表面上无因果关系的事件之间有着非因果性、有意义的联系，这些联系常取决于人的主观经验。

学在旅途

进入不惑之年，我有幸成了南开大学乐国安教授的博士后，继续探索“精神信仰”这个饶有兴趣的问题。经过两年的准备，尤其近三个月的鏖战，出站报告终于画上句号，我人生接受“系统教育”的阶段宣告结束！

在这继往开来的时刻，我心潮起伏、百感交集，情不自禁回想自己走过的路……

我的人生故事就是一部以读书为主线、情节曲折的小说，有痛苦、有高兴，更有希冀。我的人生因与书为伴而少有孤独，充满色彩。对书这么情有独钟，是源于我年少时的几大情结。

我的父亲是个普通工人，我出生于机器隆隆、烟雾蒸腾的矿区。那里的工人多是来自五湖四海的农民，尤其以河南人居多。他们的热情和血汗浇灌着昔日野狼出没的十里河川，让那里变成了夜晚灯光璀璨、远近闻名的煤城。一代矿工的汗水化作的乌金，源源不断运往西安的电厂。于是，它们拉响附近工厂的汽笛，点亮城市的万家灯火。然而，走进矿区的居住区，你会产生一种别样的感受和想法。这里道路不平，从山脚到山腰挤满临时搭建的、凌乱不堪的屋舍。垃圾随处可见，空气中充满烟尘，冬天时望不见太阳。即使在山谷的开阔地带，沿着公路散落的楼房前也堆满杂物，窗后挂满衣

图 7.3　我们一直在寻找家、营造家，它温暖如妻儿的呵护，它拂去尘世的浮躁，安放我们孤独与漂泊的心

服，就像醒来惺忪的脸。城中唯一的一条河流上漂浮着废纸、塑料袋，岸边的石头上挂着漂动着的白色絮状物①。在现在，你会很快地评价：这是贫民窟。

在我的记忆中，这里充满着生活的艰辛，经常发生打架斗殴事件。

我非常感谢我的父母艰辛地把我养大。

在那样的生活环境下，唯一的生活目标就是维持生存。所谓的“进取心”“探索欲”，对我来说是一种奢望。我静静地待在家里，在户外玩的机会比较少，我的“自觉控制力”远远不足。我是典型的客观主义者，在无力抗争外界的力量时，我被迫学会顺从、忍让、克己，这其实就是自卑。与此同时，我的反叛意识、性格里倔强的种子，以及冲破外界压抑的自我也在潜生暗长。我的内心世界异常丰富，我所有指向外界的生命力量，都转向幻想、阅读、绘画和写作。我是一个乖孩子，不惹事、爱看书，这是周围邻居对我的评价。十来岁正是由着性子疯跑疯玩的年龄，我却安心读书，这样的习惯让我取得了较好的成绩。我的表现得到了周围长辈的认可，自信心也就油然而生。我喜欢读书？我热爱读书？我只有读书！读书使人找到了自我发展的途径，读书给我提供了展现自我价值的机会。

读书使我自信。

读书，是我生命的源泉！

我出生在社会底层，很小的时候，父亲就教育我“家有万贯不如薄技在身”“艺多不压身”“学到的本事谁都偷不走”。到高中毕业，我真正明白我的未来只能靠自己，父母的能力和人脉关系不能给我提供进一步的支持了。后来，我凭着勤奋和努力，考上了大学。读大学让我看到外面的世界的精彩，也让我感受到人与人的“差别”。毕业分配，我很想在大学教书，严酷的现实迫使我发奋苦读，我终于主宰了自己的命运。拿到研究生录取通知书的那天，我的感受很复杂，思考了许久。回首自己走过的路，想想

① 这是儿时的记忆，如今的故乡随着祖国中国梦的东风，已渐渐改变了模样，它山清水秀，是远近闻名的宜居养生福地。果木、药材、旅游已成为它的支柱产业。

自己的中学同学和兄妹，我渐渐感到一股从未有过的力量在胸中涌动。学了心理学后，我知道那就是以往压抑的“自我”在呐喊。我慢慢找回了内心的自己，也明白拯救自己的是“宁静以致远”“书山有路勤为径”。

我的小学老师一次次地表扬我，那是由于我的好成绩。中学后，我捧着奖状自豪地回家，就会发现父母愁苦的脸上露出的笑容。我刻苦努力考上大学，实现自己梦寐以求的理想，似推开一扇飘满七彩的窗户。还有，在毕业去向迷茫时，我幸运地考上了研究生……

从此，我认同一句话：人的出身不能选择，但走什么样的路是可以选择的。

读书使我实现了我的理想，又给我插上幻想的翅膀。

读书还使我行万里路，每次身心得到的提升又激发我不断成长。硕士毕业后，我就职于青海某高校，那是我第一次步入社会。青海八年，前五年是漫长的适应期，我学会了工作、学会了交友、学会了解自己。这段日子让我既揪心又开心，我从一介书生蜕变为一个大学讲师。这是段我难以忘怀的岁月，有许许多多的第一次，那山、那水、那人；那教室、那劳动、那聚会、那远足。这些影像时常萦绕在我的脑海，在孤寂的书房，在远行的旅途中，在心绪波动的难眠之夜。每一次的回忆，我的心灵都会有一种穿越感，似时光倒流、梦回故里的旅行。那时的我，对外界充满孩提般的好奇心，不是青海人，足迹却遍布青海的山山水水。我曾接触牧区的藏民、工人、司机、医生、神职人员、高校的书记和校长，还有许多至今我也忆不起名字的友人。后三年是娶妻生子，终于明白什么是生活并开始过日子。忆往昔，生活就是恩恩怨怨俱往矣，平平淡淡才是真！

住房的情结，让我确立考博的目标。恰在这时，我因是硕士却又怀着许多“按理应解决却没解决”的困惑，离开了青海——那遥远的、洒下我宝贵青春的地方——到南国某高校谋职。在这里，一个外来的人，要勤奋工作、有自己的优势才能被接纳，才能站稳脚跟。为此，我寻求超越——考博。考博这念头屡次激起，随着光阴流失，它越加强烈。虽屡遭挫折，但我坚持不懈，努力从头再来。2000 年，也就是我的本命年，我终于如愿以偿。由此，托世纪之交的美好契机，我的命运也接二连三发生着变化。在北京攻博的三年，我确实长进不少，了解到自己的许多不足，便拼命地学、努力地做。三年的身心磨砺，让我受益匪浅。我觉得，脱产学习虽让我失去了许多，但三年的专业学习和经历，真是金钱也买不来的收获。这种收获很难一一道来。我由此也体会到人生经历的宝贵之处。

博士毕业后我又举家搬迁到天津，一边工作一边在南开做博士后。乐老师甘为人梯，扶持学生学术成长，是我终生学习的榜样。

这几年，读书、搬家、适应新环境，我感觉很累。生活的巨变，让我认识了很多人也经历了很多事，我几次肯定自己又否定自己。我不时地反思，努力地洞察社会冷暖、了解人情世故。可以说，经历这些真是让我进入了“不惑之年”，以后的人生我也能做到“淡泊以明志”了。

博士后，该画上句号了，不惑之年也把我的过去和未来迥然地分开。

天津是个热情的城市，非常感谢工作单位的系领导给我的帮助。也难以忘怀心灵相通的好友，他们是张志华、吴兴利、孙爽。他们的人生经历和生活态度深深感染着我，给了我莫大的帮助。如歌如烟的岁月，有你们的相伴，生活有了几许生动，人生平添了几多回味，谢谢你们！

赴青海调查期间，赵宗福、姜玉波等，给了我无私的帮助。我时刻祝福他们未来的人生吉祥如意！

博士后出站了，这又是一个人生学途的驿站。以后的日子，依然是读书、教书、写论文……

这段时间，我经常想以后的人生目标和生活路径。我以后要认真读书，拒绝浮躁；教好书，让学生的人生学途因为有我的帮助而有希望；写好每一篇文章，每行文字都要有感而发，一定要是从内心阐发的思想。

当然，最重要的还有教育孩子、关照家庭。这几年忙于学习和工作，我对妻子和娇儿了解得少，关心常常不够。尤其感到父子俩的心理距离在逐渐增大，先前依偎在怀里的熟悉感渐渐生疏起来。其实他也是一部需要我用一生心血去读、去写的人生之书。

希望我不忘生命的初心——读书。活到老，学到老。

提笔珍重，写下一行最新、最美的文字。

感悟：感恩生活遭遇的一切，过去的经历是我生命的动力，陪伴并滋养着我的心灵，让我一步步超越，让我坚持不懈，跌倒了再爬起来。人生有不同阶段，每个时期都要不忘初心，践行人生的使命。多回回故乡吧！多从那里的大地汲取在外奋斗的营养。

不要打扰别人的幸福

人人都在追求幸福，本来幸福只是个人的主观体验，然而我们许多人常常站在自己的角度，去评判对方是否幸福，甚至，试图去拯救或改变对方，结果事与愿违，非但得不到对方的感谢反而可能会招致对方的怨恨。

这就是把自己的观点与喜好强加于别人身上，也就是打扰了别人的幸福。实际上，每个人都是一个独特的生命个体，有自己的生活。从现象学的理念看，我们可能无法理解他，但只有接纳，我们才会少有控制与纠结。因此，有一种幸福叫不被别人打扰的幸福。

图 7.4　每个人都有自己的活法，也有自己的幸福。有些人好为人师，把自己的观念强加于对方。这是不尊重，也是缺乏宽容

有一次朋友带我到山城游玩，游古城墙。在某一处，很多老人聚在一起，他告诉我这是山城老人的聚居地。这里有打牌下棋的，有吹拉弹唱的，有品茗聊天的，还有自斟自饮纳凉的。他继续笑着对我说，他们过

得都很开心。我有些疑惑，没立刻回应他。因为我头脑中有很多老年人幸福的画面，他们应该衣着考究，满脸微笑，要么健身；要么唱歌跳舞；要么远足旅游；要么祖孙三代嬉戏……

我的这位朋友，看出了我疑惑，就给我讲述了一个故事：

这里曾住着一个老人，他给人钉板车，每天只钉两辆，然后就关门歇业。他常在旁边的堤岸上摆个棋谱，与人对弈。有时设个棋局，摆个挑战书，吸引那些不服的好事者与他交战，一决雌雄。有时，也摆出一碟花生米，端一小杯酒，望着潺潺的河水，自斟自饮。别人都觉得这个老人很孤单，无人照料，怕他一个人孤老而死。街道的闲人马大姐经多方打听，得知原来他是有儿女的，只是他不想与家人住在一起，想自己过“逍遥”的日子。据说，儿女曾把他拉回去了，只是时间不长，这个老人又过来过他自己的生活，也就是钉板车、下棋、喝酒。不久，人们发现他认识了一个远道而来的老人，他俩在一起做活，整天有说有笑。每天他俩依然是钉两辆板车，到了下午四五点，就清理完店面，然后，关门歇业。

不多久，人们就发现桥下的一幅夕阳画：两个老人沐浴在霞光里，在门前的河堤上下棋、品茗或小酌。

他们的生活引来许多人好奇，认为他俩是兄弟，其实不是，他们只是志趣相投的知己而已。由于这两个老人一天到晚的生活很规律，所以他们也成了当地的一道风景。

不几年，有一个老人死了。

又过一年，另一个老人也死了。有关大桥附近老人的故事也结束了。有不少人唏嘘，说他们很惨，孤老而死；也有人认为，这两个老人过了自己想过的生活，很幸福、很逍遥。

我想他们应该是幸福的，否则为何儿女接他走，他却又返回来。他们每天只钉两个板车，而余下的时间下棋、喝酒、聊天，这些活动都是他们自己的选择，没有为了某个特殊的目的而人为地控制自己的意志，也就是说他们是自由的。与之相反，我们从小到大都不自由，因为每个阶段都有必须要做的事，受社会主流价值观的影响，比如，要获得更多的财富与更高的地位、赢得社会的认可与赞誉等。毫无疑问，当我们处在社会名利场，我们就会逐步失去自我，在头顶的各种光环下，我们为了光彩照人的头衔会压抑自我，甚至扭曲自己，到头来可能自己都不明白自己需要的是什么。我们，如同社会驱动下的陀螺，如一具具行尸走肉，毫无生气地消解着自己的人生与生命。比较之后，说真的，大桥下钉板车的老人可真是幸福的人了。其实，人各有各的生活，每个人的人生经历都不一样，各有各的幸福。当没有走进别人的生活、没有进入别人的内心时，我们是无法了解对方真实的需要的，我们也根本不可能去客观评判对方是否幸福，更不应该用自己的观念去改变对方。就像故事中的老人，虽被儿女接走，却仍然跑回来，过他认为幸福而周围社会并不认同的幸福生活。

人是有灵性的动物，能自我生长与修复，生物的进化已把这种自我控制的能力注入我们代代相传的基因中。无论在任何时候，人都能适时选择与达到当下幸福的最高层面。环境、思想以及幸福，都是个人当下不可分割的一部分，所以每个人都是幸福的。环境改变，幸福也会因此而变化。所以，我们不要轻易打扰别人的幸福，我们只有认同与接纳别人，才是尊重他们，实际上也是爱。

把自己不喜欢的东西强加于别人，那是侵略；把自己喜欢的东西塞给别人，那是控制。自古以来的战争就是这样，父母试图去改变孩子让孩子按照自己的意图做亦是这样。这些都是忽视别人的存在，把自己的意志强加于别人，结果只会造成极度的对立，以至于双方产生仇恨。

自由做自己想做的事是人生最大的幸福，但是不要忘了也要给别人自由，尊重他做他喜欢的事，过喜欢的生活。我们感觉别人过得不幸福，说不定别人也是这样看待我们的。所以，不要打扰别人的幸福，让别人过自己想过的生活，其实我们也不希望被别人打扰，希望过属于自己的生活。这种结果的实质就是彼此尊重，也是爱，更是一种包容。中国有句古诗：独坐敬亭山，相看两不厌。这句话就是对这种境界的绝好描述。

不要打扰别人的幸福，我们可以在旁边欣赏，这表明我们已学会理解与宽容。当然，别人也会像你一样，不打扰你的幸福生活，你因此也会少了抱怨，多了爱。这样，你的生活才会进入真正的逍遥与幸福状态。

人只有思想宽容与自由了，现实生活才会自然而然幸福。

不打扰别人的幸福，体现了自己思想宽容的境界，也给予别人一种自由，更会让自己的人生幸福。

幸福的感觉

片段一：我的一位做临时工的朋友到业主家干活，他先与业主商定好价格，然后回去拉了几个老乡一同来做。他们干活一丝不苟，傍晚干完，经业主验收合格，他们洗手，掸掉身上的尘土，然后接过工钱、点钱，说声“没错”，便顺手放进口袋，招呼其他工友收拾工具离开。临出门，亮亮嗓子，骑上电摩回家。

他们内心充实，做完该做的事，获得想要的东西，很有成就感。虽然可能没有开怀大笑，但身心沉浸在满足和幸福中。

片段二：细雨霏霏的晚上，兄弟俩在火车站骑三轮车载客。我和同事出差到这座小城开会，小哥俩非常热情地招呼我们：“叔叔阿姨坐我们的车吧，我们抄近路，保证拉到。”小点的可能是弟弟，极力帮着哥哥劝说：“坐我们的车，可以欣赏这里的夜景啊！”那清纯、渴求的眼神，让我决定坐上了他们的车。也许是内心想帮助他们，我们婉拒了前来的机动摩托车。

哥哥骑弟弟推，车轮开始转动，速度也慢慢快了起来，只见弟弟就势一跃，稳稳坐在包箱后面的小凳上。

他们时不时热情搭话，似乎是为了避免我们尴尬。遇到一个上坡，车速有点慢，后面的小兄弟机灵地跳下车，从后面一边推，一边安慰我们：

图 7.5　树的姿态各异，没被破坏时，它们释放本性，也是最美的状态。人的幸福也是如此

“没事的，坐好了，就这一个坡。”实际上，我们根本没在意车子和路途的不适，一心只顾欣赏沿途的景致。小哥俩的对话从嘈杂的喧闹声中跳出来，飘进我的耳朵。由于他有地方口音，我只能听懂个大概。大意是今天赚了多少钱，明天可以休息一天，可以去什么地方玩，今天结束可以到什么地方吃饭，等等。他们对未来的美好憧憬，以及完全专注地做事，触动了我，让我沉醉在他们的幸福中。我扭过头看着他俩，感觉他俩非常美、非常可爱……

他们能主导自己的生活，对未来有期待，完全专注于当下的事情，这是一种幸福。

这两个幸福生活的片段很平常，在生活中俯首可拾。幸福是眼下最“火”的词汇，我们都在追求幸福，各类书籍也向我们推荐了达到幸福的途径，还有各类明星或成功人士也展示了他们的幸福——快乐和成功，大众传媒给人们描绘了比较遥远、很难企及的幸福。看了之后，除了让我们心生羡慕之外，还可能搅乱我们的内心，让我们不满于现实。于是有些人就想快速成功和幸福，进而挖空心思寻觅捷径。他们冒险，打擦边球，获取不义之财；还有一些人无视道德甚至法律，巧取功名利禄，享受奢华的生活。最终，他们可能会东窗事发，锒铛入狱……

其实，幸福是一种主观感觉，不只是财富、地位、声望等。幸福是一种生命体验，执着地追求未必能得到，因为整个人都被欲望占有了，你就不会感受到内心深处的平静和祥和。佛如是说：爱欲之人，犹如执炬，逆风而行，必有烧手之患。妄、顽、嗔、执的人往往为外界的目标蒙蔽双眼，这山望着那山高，心里浮躁，永远处于欲求不满之中。

幸福的体验类似于人本主义心理学家马斯洛所描述的自我实现者的高峰体验，能让幸福者感受到一种发自心灵深处的战栗、欣怀、满足、超然的情绪体验，进而获得人性的解放、心灵的自由。有这种体验的人，往往会关注自己没有丝毫的杂念，他的外在和内心是一致和谐的。

幸福是这样一种状态：悦纳自己、专注于当下、有自主感、意志自由。

就像文中两个生活片段中的主人公一样，他们的身心都专注于当下的活动，内在和外在融为一体，他们沉醉、享受内心的宁静与平和，而忘记了外界的一切，他们与从事的活动融为一体。这种感受一直持续到他们拿到工钱，或者我们坐他们的车时，这些也都是幸福，是他们对自我的最高认同，也是自我高效能的表现。

有幸福体验的人并不一定是一个幸福的人，幸福的人不仅活在当下他们专注的活动中，他们还会把这种幸福的体验延续到以后的生活中。幸福的人完全认同自己生活的处境，他们有自己的梦想和目标，发自内心地快乐。幸福的人内心平静，不会因受外界的影响而大喜大悲，他们能按照自己的生活节奏做当下的事，即使是一件简单的事他们也会做得专注、有滋有味，完全沉浸其中，可能还会不经意做出一番成绩。

获得幸福的体验是我们追求的目标，它不神秘也不是不可企及，它存在于我们内心，存在于我们日常的生活中。

只要专注做事，不计较后果，我们就会体验到幸福；只要放下自我，潜心于当下的活动，我们就会拥有幸福。

只要认同自己做的事，悦纳做事的任何结果，我们就会获得幸福；只要不受别人的影响，不仿效与攀比，我们就能享有自己的幸福。

只要我们有自己的目标和期待，就会产生对生活的向往和使命感，进而去实现自己的价值。

这既是幸福的体验，也是我们追求幸福的过程。

幸福并不遥远，它就在我们当下的生活中，在我们心里。

感悟：幸福的人是自己的主人，对从事的活动有控制感。自我高效能；对此时此刻的活动有较高的自我认同，接近最真实的自我；一切都“随心而欲”，而没有其他思想观念的限制，也不做作；身心的一切从内到外都是那样的自然、平和……

沉 醉

喝酒的人，当喝出三分醉意时，往往会随性说出想说的话，更有甚者，会唱歌跳舞、嬉笑怒骂，全然没有了往日的矜持，只求当下内心的酣畅淋漓。这大概就是喝酒的境界。

这是非常美的状态，也是真正的自我释放。民间有句通俗的表述：“老子终于做回了一次真正的自己。”用精神分析的话来说就是本我、自我与超我的完美和谐统一。不管干什么，我们都有可能进入这种状态，有一句话叫作“某某做事进入了状态”，就是指这种沉醉的状态，即无视周围或者说忘却周围，整个人处于“无我”的境界中。

当一个人醉心于当下的活动时，其身心也会进入这种美好的状态。比如唱歌，他不仅是用发音器官——嘴巴，而是用整个身心歌唱，歌声与人俨然融为一体，进而才会对周围的观众产生强烈的感染力。置身于这种磁场中，观众会被他沉醉的状态也就是用整个生命唱歌所打动，一定会情不自禁地拍手叫好，内心也会羡慕他拥有这种美的状态。这是心理学家马斯洛描绘的“高峰体验”。有次我谈论到这个体验，有个信佛的学生用禅诠释它，说这称为“坐禅”。他饶有兴致地解释：“禅”离我们不远，并非佛家盘腿而坐闭目念经的打坐。实际上，只要我们专心于当下的活动，进入“无我”的状态，都是坐禅。我认同他这个说法，禅、入定、冥想、打坐、静修等，其实它们都是让我们放下自我，忘却尘世的一切杂念，从而进入内心的一种意识状态。生理学认为，此刻大脑能产生一种类似吗啡肽的物

图 7.6 最美的树是充满生机的，最幸福的人应该是专注于当下的

质，它能使人的情感或是意识获得愉悦的体验。这是一种身心的彻底释放，一切活动都是下意识的，表现于外的是自动化，它无须有意识地努力控制。这些活动的一切都是发乎于心，情之所至，顺其自然。这状态引导身心活动如行云流水般，只是秉承道法自然、顺性而动则已。我领悟到，道家的清静无为可能就是这种人生境界。

有一次我乘公交车外出，当车行驶到郊外时，我无意间发现车内不远处坐着一个抱孩子的民工。他沐浴着春天温暖的阳光，慵懒的身子正享受几分睡意。他一只手轻抚怀里的孩子，另一只手随着车里播放的音乐打着拍子，他的头和脚也合着节拍在抖动。他的这种状态深深吸引了我，他仿佛融化在音乐中。他的状态很美，我不禁感慨道：他本身就是一个完美的音符。

直到他下车，我还未从那种沉醉的状态中回过神来。

我目送着他，直到他远去的背影消失在视野中。他的离开，也带走了我非常美的一种体验和感受。刚才发生的一幕还在我的头脑中。他是一个极普通的民工，当与你擦肩而过时，你可能根本不会注意到他。但是，就在乘车的那一刻，他沉醉的状态，深深感染了我，让我沉浸其中。我认为生命中最好的境界就是“沉醉”，这是生命的原生态，是让人怦然心动的艺术品，也是能让时间凝固的一尊不朽的生命雕像。还有一次吃完酒饭，我随性而发，与朋友去唱歌。有个朋友唱歌很投入，也是进入到了一种沉醉的状态。所以他看起来非常美，掳走了大家的心，大家不停地为他叫好。

我的眼睛不得不朝向他，欣赏他忘我的举手投足：他的身心是完美的一体，他的表现激发了我美的体验。受他情绪的传染，我终于放下自我，也沉醉其中，感悟他美妙唱歌和动感身姿里洋溢着的生命的流动。他激情高涨之时，浑身有节奏地舞动，散发出束束生命的华光。

这强大的力量震慑到了我，我似乎被催眠了，身体也合着他的节奏动起来，全然忘了一切。这是一种召唤吗？我不知道，我用心去体验，品尝这生命的沉醉——癫狂。他举手投足都是音符，都是流淌的歌。此刻，我头脑掠过一个词："歌者"。

歌曲一结束，什么都没有了。我的头脑开始思考什么是歌者？是唱歌的人？不对，不应只定义为以此谋生的人，而应指那些用生命唱歌的人，视唱歌为生命的人。这是人生一种"爱"的境界，只要醉心于所爱的活动，就会用生命呵护、滋养它。如果是唱歌，那么每一次的歌唱，都是生命自然、真实的呼唤，在让自己沉醉其中的同时也感动别人。这真是发乎于内，染乎于外，这种力量如此强大，以至于带动周围人与他一同歌唱。

这种沉醉的状态，若刻意去获取往往达不到。因为他们不能放下自己，过于急功近利，他们没有内心的真爱，爱的是结果，考虑的是价值和意义。沉醉是一种爱，是三分醉意，不是疯狂式的酩酊大醉，是法道自然、随情所至的那种逍遥。疯狂式的爱是一种占有和痴迷，它关注的只是结果，而忽视了身心一体的过程；太过于随性的人也达不到这种沉醉，因为他太想享受这种美妙的体验了，以至于期望不断地扩大，心迷失了方向，极易陷入"乐极生悲"的窘境，这会让人后悔，让人感到得不偿失。

沉醉是一种人生境界，也是一种生活哲学。这是一种美的享受，是生命的本性使然。只要我们在做任何事的时候，不太关注结果，全身心投入于当下的活动，就能进入这种高峰体验状态。如同唱歌的人，应该随着生命的节奏而歌唱，别担心是否有观众，能吸引多少粉丝，以及会获得什么褒奖与评价。一句话，我们只有专心于当下的生命活动，顺其自然，才会忘记周围的一切，享受真正的"沉醉"。

这也是为什么我们现在很少能感触到这种美轮美奂的体验。因为我们不能放下自己，做事情三心二意，不能完全沉醉于当下的活动中。如果不喜爱当下的活动，仅仅是为了完成一种任务，人在做事时内心就会想着其他事，这是浪费生命。久而久之，生活的热情就会荡然无存，而且这种状态会压抑生命的创造力，让你根本感受不到生活的美和快乐。

我们平常的生活，小到吃喝大到人生的事业追寻，只要我们专心于当下的活动，一心一意，就能激发生命的潜能，享受沉醉的状态。比如吃饭，要慢慢咀嚼，享受食物的滋味与口感，不要思考是否有营养，不要评定口味的好坏，更不要分心去想吃完饭要做哪些活动。无疑，享受当下的身心活动，生活就会处处皆沉醉。

最重要的是要对当下的活动有爱。只有这样才能唤醒积极的情绪体验，达到沉醉的忘我状态，获得身心的极致快乐。殊不知，我们不饿的时候，即使是美味也形同嚼蜡；不困时，即使躺在席梦思上睡觉也是一种痛苦的折磨。大凡天下事，只要是生命所需就要毅然去做，这样才能解除心中的困惑，获得身心的愉快。

如果能全身心投入于这样的活动，身心与活动浑然一体，顺其天性张扬其意志，我们就能酣畅淋漓地释放生命的能量，进入无我的沉醉状态，享受生命的内在美好。

第八章 怀旧

/
/
/

生命是一个轮回，有诗云：落红不是无情物，化作春泥更护花。

当我们不能走动时，以往热衷的名誉与地位也都退居身后了。此刻，我们心若止水，打开尘封的记忆，第一次触及自己那被忽视的内心，它召唤我们，这就是怀旧。怀旧，是神圣的字眼，它让我们自己与自己对话，它还让我们放下自己拥有的一切，以生命本来的运动轨迹，重温自己的生命历程，或践行未了却的初心。

怀旧是甜蜜的，也是伤感的。如果是具有诗性气质的人，一定会受它魔力的牵引，踏上寻根问祖的神圣之路。怀旧会激发我们对生活的激情，让我们重新燃起青春的活力。

生命中经历的任何一件事或人都是我们人生的一部分，我们由此而感恩，学会放下，珍惜生命的每一天。

三十年的约定

当我迈上讲台时，心就开始不停地跳动，我因为这场合和时刻而激动不已，热情万丈。站在这里开始讲话时，我身上所有的感官都被打开，每一个细胞都充满激情。顷刻，我整个生命都活跃起来，人生最神圣的时刻——三十年的生命约定，终于梦想成真。

三十年前，在西北黄土高原的临川，我们怀揣着对生活的梦想，离开我们的学校——临川煤矿中学，走向社会，开始了我们的漫漫人生。我们当过学生，经历了婚姻，品尝了为人父母的滋味，感受过人生的酸甜苦辣。如今我们都已走过不惑之年，到了临近知天命的年纪。当我们终于可以坐下来不再着急为孩子做饭，不再为必须要做的事而发愁时，我们忽然发觉鬓角已有了白发，才真正感觉到已过了大半辈子，步入了人生的午后。终于有了安静的时间后，我们也需要关心一下自己，倾听自己内心的声音了。

多少年来，我的内心一直有一种情感在萦绕，它抹不去，剪不断，理还乱，让我魂牵梦绕——我的父老兄弟、姐妹、老师，你们还好吗？这想念的情绪强烈地撞击着我的心，让我热血沸腾，如决堤后的洪水一发而不可收。我很想以前的学校、老师、同学，我也想念过去的农场学农，操场上的赛跑，还有下河摸鱼，光着屁股在小河沟洗澡

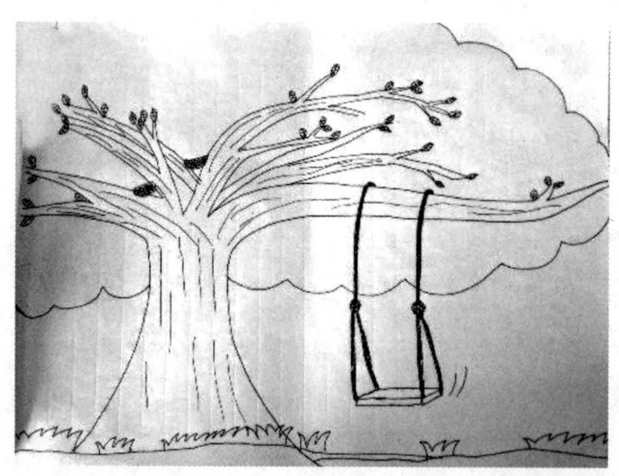

图 8.1　生命是个圆，当我们不能走动时，我们开始怀旧，回忆经历过的时光

的“英勇事迹”，以及因为铅笔争吵，因为桌子上的“三八线”而绵延的战火，甚至上山偷老乡桃子的不光彩事迹……

所有所有的一切，淹没了我的大脑，这些是我心底的快乐，似没有修饰的山歌，从心底飘扬而出。这生命之歌见证了一个时代的记忆，记载了我们同窗共读的美好时光。不能忘记啊，它在我们最清纯的心底打上“临川中学”不朽的底色。任凭岁月怎样无情，我们怎样一天天变老，“临川中学”这个历史性的符号依旧是我们生命中最难忘的，仍然是我们握手相拥得以自豪的纽带。这是一座心灵的丰碑，召唤我们相互守望的人。

三十年前，我们有缘而遇。

从我们离开学校，一直到今天。三十年来，我们心底一直埋藏着一个不变的信念，就是在生命的某个时刻，我们可以再团聚。因为在生命某个时期我们曾一同走过，伴随着欢歌笑语、泪水呐喊。佛说，前世 500 次的回眸才换来今生的擦肩而过。不用说，命中注定我们还会再相聚，就在今天，三十年的岁月终于幻化为相聚这首歌。今天啊，我们每个人都将在陌生又熟悉的声音和笑貌中找到同桌的你，都将听到熟悉的歌谣，也都将回忆起平凡而又充满情趣的过去：在太阳升起来的霞光里，我们走在上学的路上……

为了这难得的时刻，许多人很早就开始寻找过去的影像，精心设计历史性的倒计时；他们在网络上倡议，每天奔走相告：“我们在全心全意筹备这次历史性的盛会！有多少颗游子的心啊，请向当年的中学进发！”

回归的激情一天天高涨，每一次上网访问，都会发现熟悉的名字，一幕幕回忆从遥远的天边被拉到眼前，引人追忆……

久违的歌声、恶作剧的喧闹，以及别样的故事，这些如陈年的老酒，一打开就香气四溢，让我们沉醉。真想一头扎进酒里，在岁月的长河泛舟游历，不想上岸回到现实。就这样，每一天每一分钟，在心底画出一栋思念的家，收罗一屋关于老学校、关于你和我的故事。屋里有读不完的回忆，吸引你我不愿离开……

此时此刻，昔日的故事和笑脸都将在你我碰杯的酒里、相拥的怀里、紧握的手里和深情凝望的眼里演绎……

这时刻很神圣，许许多多的期待和话题让我们不约而同奔赴这里，见证一个伟大的不会再有的重逢，收获由三十年相思的泪酿成的情和义。

相聚的这一天就是一个桥梁，把过去的你和今天的你完整地联系到一起，从此你的人生就是一个没有苦恼、困惑和遗憾的连续故事。这是你的过去，也是你现在和将来的人生：一旦你进入我的生命轨迹，你和我都会从过去的相忆陪伴至今，还有可能携手走向未来。

从我们有缘同窗共读，就注定现在和未来我们会千里再相聚。我的人生不仅有过去的你，将来也一定会与你牵在一起，正如我的人生中有你一样，你完整的人生中也有我。

走过千山万水，家乡的水最甜，见过东南西北人，故乡的老同学最亲！人生苦短，生命中的你我会彼此珍重，互相守望！珍惜上天赋予我们的缘分，此生此世，将缘分进行到底！

临川中学——我心目中永远的丰碑！

感悟：学生时代是我们一生中最美好的岁月。随着年龄一年年增长我们想念过去的岁月，思念陪伴了我们无悔青春的玩伴，期望同学们能相聚。同学相逢总有说不完的话，我们在体验生命变化的同时，也分享彼此拥有的梦想，重新认识过去的自己，解读一同走过的真诚和充满激情的日子。

寻梦·还愿

在 1977 年春季的朝霞里，我们背着书包，沿着后沟通往学校的公路结伴上学。你高兴地告诉我，昨晚你和青年路公房的小孟，也就是你后面的那位同学，邂逅在矿区露天的球场，看《南征北战》电影。银幕上激烈的

图 8.2 怀旧，是我们生命回归的象征。我们的生命因为走过的岁月而熠熠生辉

战争场面让你们过足了瘾，你们又相约星期天上白庙山“偷”苹果，然后在后沟二道桥白庙学农的山下，玩打仗的游戏；等游戏结束后，在山下的河里捉鱼摸虾，还要点起篝火，像电影中那样烤着吃。

周末最后一节课时，老师宣布明天有包场电影，并且打扫完卫生可以提前放学，班里一下就沸腾了，高兴的呼声此起彼伏。月月禁不住激动地对邻近的宝霞使个眼色，拿出桌屉里的橡皮筋摇一下，这一举动同时引起了焕珠同学的注意。她们会心地笑了，大家心照不宣：等打扫完卫生，一块儿跳皮筋。

劳动时，男生抬桌子、端水与扫地；女生擦玻璃和桌子。这是一种尊重女生的表现。劳动完月月带领焕珠在校园里跳皮筋，宝霞唱着：“马兰开花二十一,二五六,二五七,二八二九三十一……”

大家玩得可开心了，还相约五点到矿上洗澡，好在第二天换上崭新的衣服俏丽地出门看电影。

从矿上洗澡回来，一个个苹果似的脸庞洋溢着青春的妩媚，每个人都是天生丽质，纯情的眼睛似山里的葡萄。动听的笑语啊，就是撒在路上的美妙银铃，不经意引来许多住在南山沟口的男生动情的回首张望。

啊，这是一道靓丽的风景线：女子的豪情胜过男子的矜持；男子的温柔胜过女子的娇羞。这美得不能再美的故事留在了洗澡回家的路上，阿山眼看着出浴后小梅的倩影，一直想着那甜蜜的回眸一笑。多少年后，这段少年恋情编织成了一段浪漫姻缘。

在那个纯真的年代，男女生不说话，可少年的激情却悄悄在我们青春萌动的心里潜生暗长，男生小苟偷偷议论班里的爱玲；女生阿瑞也悄悄议论班里的大军。大胆的张军敢于和阿荣说话，趁借作业之际暗送秋波，这新奇的举动成为那时的爆炸新闻，为我们平淡的生活增添了一段传奇、一抹甜蜜的色彩。

就在这一天打扫完卫生，阿林带领小军他们到小河沟游泳。会游的都扑腾腾光着屁股跳下水，不会游、胆小的就留在山坡上看衣服。

山坡上是一片桃林，微风过处送来成熟桃子的幽香，禁不住诱惑的阿坤和志德，钻进桃树林摘桃子。他们虽不会游泳，但摘桃子却麻利得很。他一只手摘，另一只手把桃子直往系紧腰带的衣服里塞。正当他们满心欢喜的时候，不知谁喊："快跑，人来了！"

他们慌了，抱着鼓鼓的衣服，撒开腿就往山下跑，有些桃子从裤腿滚出来，落到坡下的水里。还在游泳的阿林也慌了神，跳上岸，找衣服。

顿时，整个山沟沸腾了，山坡上喊着："抓住！""有人偷桃了！"

山坡下，光着屁股的乔阿林，顾不上穿衣服，抱着衣服只顾跑……

嘿，小河沟这边风景独好。

这是乔阿林学生时代的第一次裸奔，他的健美、动感，不亚于出浴后女生的妩媚，可惜回家后挨了打，不过大山可以作证，这一天的桃子很好吃。

爽朗的笑声和走光的经历，惊险、刺激、大胆，永远定格在十五六岁，珍藏在乔阿林美好的记忆中。

还有海文学、刘建国、严同军、张东升、王社平、时可春……

啊，我们美好的学生时代真让人怀念，那些尘封在心底的五彩故事今天想起来还令人开怀。

不能忘记的还有老师留在我们记忆中的风采、真诚、浪漫和风趣。记得凤珍老师教我们唱《心中的玫瑰》，歌声至今还回荡在我们心间；李光森老师拉小提琴，一曲《梁山伯与祝英台》竟感动得女生与他一起流泪；还有小学的贾老师带着我们吊唁毛泽东逝世的场景，她内心的悲伤，感染得我们哭作一团，

还有兀金传老师、张松存老师、王重彬老师、赵富仓老师……

这些留在我记忆中的、激动人心的少年情怀，记录了那个纯真时代我们“临川 81 级校友”生命中让人心动的珍贵经历，这是一段我一直留念的美好的少年时代。它陪伴着我们，每次回忆都让我们忘却一切烦恼，以至于多年以后，当与回忆中的人物在现实中相遇时，我们都有说不完的话、补充不完的细节。这一切，不仅激发我们生活的热情，而且具有神圣的魅力，牵着我们魂归故里，让我们一次次徜徉在故道上，重温上课、学农、下河游泳……

这神秘的力量还从心底召唤我们去寻找故事中的你我他。没错，当我们再次相聚，敞开心扉一聊，才发现他们和你一样向往少年心中的彼此。我们都在梦中、在心里牵挂彼此，仿佛内心有一种约定，此生必须了却一个心愿：

今生今世，我们走过同一个时代。那时，我们情窦初开，少年的纯真情怀让你我拥抱梦想。之后我们开始自己的人生，但既然种下了纯情的热望，那么我们以后就一定会有人生第二次的握手。

这是我们生命的呼唤，多少年了，一直在煎熬着我们的内心。三十年后的今天，我们终于在这里，用我们最真挚的情感，拥抱相聚！

我们的心灵经过三十多年的跋涉，今天可以在熟悉的家、熟悉的同学、熟悉的老师间，找个肩膀靠着歇一歇；可以握住梦中的手，也可以敞开胸怀拥抱。今天啊，我们喝下相逢这神圣的酒，唱响心中的歌，大声说出那时内心不能说的表白，还可以讲出“秘密”的故事。

今天，是人生难忘的一天：相约、还愿、欢笑。

今天我们将彻底走进一个时代：寻梦与还愿。

今天我们将彻底告别一个时代——青春无悔。说出那时没说的话，唱出那时想唱没唱的歌，拉起想拉而没拉过的手，拥抱想拥抱而没有拥抱的人。不管是道歉还是误解，是快乐还是痛苦，都是坦诚的表达和分享。这是一个让人不后悔的人生驿站，也是我们梦想穿越的家园，从今天起我们都要继续奋斗在人生的路上。

同学们，今天是播撒热情、展示豪情、献身激情的时刻。

我们穿越时空，把少年与壮年拉在一起；我们尽情地欢歌与笑语，忘情地悲欢与离合；我们让眼泪抚慰思念，让笑声释放热情。

举起酒杯，让我们走进生命中这不能忘却的约定！

三十年后（同学聚会）

几天前，我们中学同学在毕业后三十年再聚会。老师和大部分同学都是三十年后才又相见，那火热年代的激情、纯真年代的温暖阳光都不复存在了。时光不能倒流，少年不能重来，我们很难回到往昔，更不能唤醒那时的感受。想到这儿，心头涌起一阵伤感，对逝去的人生产生几多感慨，内心泛起挥之不去的凄然。

虽然我脸上洋溢着微笑，但掩不住我心中隐隐的怅惘。毕竟，我们面对的是岁月在脸上留下的印痕以及风霜尽染的浑浊的眼。

在聚会上，我认出一个玩伴。少年时我很崇拜他，因为他勇敢、能“打打杀杀”，戴着我们那个时代男孩子向往的军帽。我对有次早晨约他玩的一幕记得很清楚。我去找他，他刚起床，准备吃饭。他家里条件好，他姐姐给他端了碗盛有菠菜的捞面，又滴了几滴香油，递给他。他香甜地吃着，“哧溜”声撩起我几分食欲，我很羡慕他。而这次见面，他早已没有往昔的精气神，人很消瘦，个头也很小，完全没有当年我心目中那样的高大，也没有那时的霸气和活力。这巨大的反差，让我颇感惊讶，并极力寻找残存在记忆中有关他的线索。虽然从他的轮廓上，我能依稀找到当年的影子，但是他却真的没有了当年的精气神。我很想走进他内心，了解他三十年来的人生变故，想知道他何以有此刻这般面容……

我还遇到其他令我心动的同学。人常说：相由心生。这些同学容颜的变化，都折射出他们有一段不平常的故事，以及由此形成他们的态度和人生观念。这种观念影响了他们的性格、人生目标及命运。他们饱经风霜的面貌反映了过去的岁月痕迹，是他们走过的人生心路历程的写照。

那些生活状况好的，面容神采飞扬。与他们进行多方面的交流以及观察与分析，我发现他们之所以有今天的成就，一般都具有下列特点。

不安分守己、积极思考如何活得更好。有些同学中学一毕业就开始做生意，他们赶上了好时代。当时走这样的路是一种无奈的选择，没想到在别人不屑一顾的眼神中，他们积累了创业的原始资金。当大规模下岗之时，他们凭借经验和资金的优势走在时代之前。在面临企业改组之时，有些同学具有超前的危机意识，已开始试着下海创业。他们一边停薪留职，一边走向市场。他们不满于企业岌岌可危的发展情况，积极思考退路，置自己于绝境而后生，大胆地进入市场打拼。他们经过多年艰苦的创业，至今已硕果累累，有一片自己的天地。而那些安分守己不敢放弃已有的企业的人，守到企业破产之时，才迫不得已走上市场。然而，他们已无新领域可开拓，只好帮人打工，靠微薄收入勉强度日。

图 8.3　往昔不堪回首，三十年的许多记忆都模糊了，我也可能辨别不出同桌的你了

极个别的人由于早年读了中专或大学，被分配在政府部门或国有大型企业，凭着资历，占尽行业优势，也有了个一官半职，至今是地方单位里有脸面的人物。

有几个人随着煤炭市场的活跃，靠山吃山，凭借以往工作的经验和人脉关系，下海办公司做煤炭生意。至今，赶上了好时候，他们已拥有了一定的市场份额。

还有几个一直留在高校的，他们按部就班，一步一个脚印教书、读书、评职称，逐步走向事业的巅峰。

在这些生活富足的人中，有几个比较突出的，他们的早年都很贫困，也都有过饥饿的经历。对他们来说，如何吃饱肚子是他们少年时期挥之不去的渴望。有个同学家里的房子三天两头要修，找同学到他们家帮助收拾房子是经常的事。还有个同学家里贫困，读小学和初中时，他正在长身体，却老吃不饱肚子。他曾经捡过破烂，经常受到邻里的白眼与歧视，甚至遭遇过陌生孩子的围堵殴打，踢翻了他装废品的篮子。即使在他家里，父母也经常因为贫困而不停争吵。他当时最大的愿望就是摆脱贫困，不再过那样的日子。每天都能像过年一样吃上饺子，是他心里一直的向往。

这种强烈的愿望，藏在他们内心最敏感和脆弱的地方，促使他们想方设法去挣钱，即使失败，或面临不确定的风险，也都压不垮他们。怀着必胜的信念，他们不放弃任何一个有一线希望的机会，他们努力拼搏、再拼搏。今日他们的成功，正如歌曲《爱拼才会赢》所唱的那样。

目睹或体验生死场面，会激发人们对人生价值及意义的深刻思考。遭遇人生的重大挫折会触动人的内心，让人思考我该怎么办；亲临死亡，失去亲人，会促使其独立生活，思索该怎么独立生活；我的一个非常有成就的老师，刚参加工作时是采煤工人。有一次不幸遭遇事故，他是唯一的幸存者，生死体验让他活得很心酸、也很沉重。之后他努力进入学校当老师，是以工代干，为了以后有更好的生存条件，他发奋当个优秀老师。尽管如此，他内心仍有不安全感，因为新大学生开始出现，为争取自我生存的优势，获得永远的安全，他发奋学习考取成人大学。生死的痛是铭刻到内心的，死亡的阴影一直在内心困扰着他，正是如此，危机的意识激发他不断拼搏，经过努力他荣膺全国的优秀教师。

还有一位同学，上小学时他的父亲去世了，他对死亡很恐惧。没有了父亲，很多事需要自己处理，他自己管理自己，比平常孩子懂事。他遭遇生活的各种磨难，使他由思考如何吃饱、如何创业到思索人生的价值及意义。穷人的孩子早当家，逆境让他早早成熟，懂得了只有自己才能拯救自己的命运。这位同学是有明确人生目标的人，与他交流会发现他任何事都考虑得很远。做事干练，有主见、爱思考、有目标是他显著的特点。

还有个同学私下跟我讲述：小时候为赶公交车横穿马路，一辆出租车在他腿前紧急刹车。他和司机都吓了一跳，司机骂他“不要命了”！这位同学只说到这里，后面肯定是伤自尊的话，他不想回忆。后来坐在公交车上的他，心有余悸，想想刚才的一幕，真是有些后怕。他双手抱肩，内心充满无助，伤心地想哭。摸着心口，他沉浸在无我的状态，听到心底的声音，“你怎么这么不珍惜生命，省两毛钱重要吗？”他很自责。这件事让他难以忘怀，他告诫自己：“要好好奋斗，挣多多的钱，彻底摆脱贫困。”他说：“当时我感到一种强大的力量，就在那时，我明白了我的人生目标，说真的，这件事让我难以释怀。”他给我讲完这个故事，表情坚定，眼角挂着泪。正是这股力量激发他不停地奋斗，去获得优势，一步步超越。

那些成功的人往往也性格开朗，喜欢与人交流。他们很热爱生活，无论遭遇多大的不幸或挫折，总是从积极的方面看待生活，对生活不抱怨，主动去改变自己。有位同学的妻子与他的母亲有矛盾、隔阂。客观上原因在他的母亲，然而他无法指责母亲，也没有认同妻子的抱怨，而是从感恩的角度，帮助妻子改变认知，说：“就感谢她把我带到这个世界，带给了你。”是啊！生活并不完美，怀着感恩的心，认同值得我们感谢的东西，从积极的方面看待生活，就能抚平心中产生的不满情绪，以积极的心态面对生活。这位同学有广泛的朋友圈，他开了个小吃店，之后发展为带餐饮的酒店。由于他店面整洁，还有当地的特色小吃，所以很受南来北往的食客青睐。他经常外出取经学习、交流。这些社会联系扩大了他的视野，使他的酒店也成为旅游信息的交流中心，他建立了与许多“驴友”的联系，促使他的事业不断发展。

有位辞职下海做生意的同学，先后变换了两种行业，如今在西安闹市经营一家有三百多台电脑的网吧。他先前做仪表生意，和客户的关系极好，曾有人送他字云“谦实无疆”。他真是生意好为人也好。尤其这几年，他非常想念过去的同学和老师。他说，曾经多次回故里，到就读过的中学寻梦，也不止一次设法找少年时的同学与老师。

还有一位同学曾工作两地，每到一处都和当地人建立了密切的关系，还和其中的两家成了至交。每次出差都费尽周折，探望故友。有这么多朋友，不仅使他很快适应了当地生活，还因为与某些朋友进行交流，领悟了不少人生的真谛。正是由于朋友的帮忙，他调查了不少产业工人，顺利完成课题研究。岁月如梭，他曾受朋友之邀远足旅游，做工人的访谈研究，并与朋友一道深度探讨生命的意义，分享心灵深处感人的故事，这些经历陪伴了他在那个城市生活的时光，让他收获许多。他因此发现自己有潜在的沟通能力，性格也比以往开朗许多，逐渐具备成熟的魅力。

到会的同学中，由于有些事业上比较成功，经济上也很殷实，他们浑身都散发着神采，个个气色红润、体格健壮。生命是流动的，付出与摄取的能量，都是动态平衡的。这些同学的整个生命处于运转中，从外界获取营养，滋养自身的体质，又努力在事业上打拼，消耗生命的能量，进而实现自我的价值。成功的心态又促使他们为了焕发生命的光彩，而关爱生命、强身健体。这可能是这些同学身体健康、精神状态好的原因吧。

他们已度过了艰苦的创业期，事业发展已处在良性循环之中。对他们而言，生存的基本需要已经满足，他们面临的是精神需求以及人生更高境界的自我实现。在与他们的交流中，有人提议去旅游，在自然中陶冶性情。今年春季桃花盛开的时候，有十多个同学结伴远足赏桃花，有的采摘桃林中的野菜，有的在一起说笑。他们徜徉在花的海洋中，沐浴着融融春光，享受着自然的宁静，体验着生命的歌唱。他们商讨建立一个基金，对困难的，尤其家中遭遇重大人生变故的同学进行慰问和帮助。他们还建议在网上建设一个虚拟的家园，为南来北往的同学搭建一个心灵停泊的港湾。还有人提议在城郊建立有庭院的“家”，作为大家以后叙旧、娱乐、聚会的场所……

三十年后的聚会，抚慰了我们三十年的思念，也使我们敞开心扉，沟通交流，梳理了困惑多年的心结，寻找到使得心灵宁静的港湾。大家彼此挂念，在一起无比亲切。回首三十年，感慨万千。不同的命运，不同的人生之路，让我对人生有许多新的领悟和感触。我很希望年轻的朋友读到我的这些体验，勇于承担自己的人生责任，确立自己的职业生涯规划，逐步养成独立的思考习惯，在亲历生活的各种困难后，能怀着一份信念继续自己的人生之旅。因为盛年不会重来，人生只有一次。

年轻的朋友，今天的努力奋斗将是你三十年后不悔的、值得歌唱的一首人生之歌。为了三十年后，你有尊严、有安全感、有声望，更有帮助他人的能力，现在就应该扛起自我发展的责任，思考如何活着，尽快确立自己的人生使命和目标。

目标重要，更重要的是开始行动。年轻的朋友，今天就开始做好为实现梦想而矢志不渝地耕种的准备吧。

感悟：人生是一个圆。年轻时我们总想往外跑，没有最远只有更远。然而，四十多岁后，我们开始思乡，踏上回家的路，渴望见见生命中曾经相识的人。参加聚会，不仅可以慰藉我们的心灵，更能让我们体验到生命的圆满。

晚年的陪伴

社会文明发展的标志之一就是对教育的重视。我们正处于社会的快速发展时期，每个人都有一定的学校教育经验，小学、中学乃至大学都已成为人生的重要经历，也是人们获得不同职业，实现自我价值必要的前提和途径。值得一提的是，学生时代占据了我们人生几乎四分之一的时间。

如何学习、在哪里学习、与谁一同学习，发生了哪些事件，这些将成为影响我们人生幸福的重要因素。我们身心的重大变化，诸如恋爱与婚姻等人生重大事件，可能也都与学生时代密切相关。经历了系统的受教育的阶段，我们基本上达到身心成熟，不仅成为社会的成员，也开始承担一定的社会责任。

不管如何，学生时代是我们成为独立社会成员的前提，是我们生命中最重要的经历，它将影响我们一生的幸福。

有了同学相伴的共同学习，学校生活就有了让人难以忘怀的生气。尤其在小学、中学，我们刚刚脱离父母的怀抱，虽然身心已逐步独立成熟，但还不能很好地适应这种变化，我们内心还感到惊恐不安。就在这个时期，我们与同龄人一同活动，置身在与家庭不一样的环境，这些使我们倍感新奇与满足，我们由此认识了很多同学，听到不同的故事，这些都会使我们与同龄人有很多共处的时间。我们不仅在这里找到感兴趣的话题，也获得多方面的经验，这些极其丰富的、新奇的信息增添了我们学校生活的快乐，滋养了我们的身心，满足了我们成长的渴望，还让我们对未来的人生充满希望。

小学和中学的十多年，大家一同度过。即使是平凡的生活，由于是亲历过的岁月，所以每件小事都散发着生命的馨香，涂抹了甜蜜的色彩。随着岁月的流逝，难以忘怀的欢歌笑语越发显出价值，哪怕当时看似不快乐的时刻，多少年后也会让人无比向往，比如被任课老师点名回答问题或是与同学起了争执，甚至是老师批评学生的神情、学生起哄的恶作剧，或老师的特殊嗜好，这些琐事也都能勾起大家美好的兴致，品出许许多多不同版本的韵味，引发我们悠长的、爽朗的笑声。学校的课外活动，由于脱离了学校纪律的约束，更是彰显个性、让生命“撒野”的天堂。

很多很多，永远说不完，它是我们生命的一部分，是我们在这个世界上的一份拥有，是真正属于自己的财富，是可以与邂逅的人分享的珍贵情感。

同窗共读的回忆是我们晚年的心灵陪伴，也是内心深处的守候。我们的人生虽然丰富，但走到最后，能相伴的，除了家人，也只有同学或朋友了。小时候我们始终拥有父母的呵护，使我们不知道孤独和寂寞。进入学校后，学习任务占据我们的生活，让我们的人生充满激情、挑战，我们感觉日子过得很快。成立家庭后，养育孩子以及工作，又点燃我们的热情，驱使我们追求生活的卓越，努力践行生命价值的自我实现。随着年龄的增长，我们逐步成为社会的中坚，承担越来越多的社会责任，这让我们生命

图 8.4　不能家庭养老，不能社会养老，那就搭伴和同学一同养老吧

之花不断绽放，感受到生命的充实。然后，我们走过岁月如歌的晚年，不得不面对亲人的先后离开，孩子也离开我们成家立业。在这个时候，生命赫然形成了分水岭，我们开始品尝孤独。也许，心有几多无奈，但顺着生命的流动，我们将逐步退居社会的幕后，开始有了许多享受夕阳的闲暇时间。待我们更老时，身心精力的不济使我们的各种活动受到限制，过去的同学也就成为我们生命中的主题。不提遭遇困难大家会携手鼎力相助之事，仅仅同学回忆往昔的相聚，就会让人倍感欣慰，让一天充满热情与快乐。叙旧是美好的，仿佛时光可以倒流，让我们回到过去，让沉睡的记忆片段泛着灵光，透着泥土的芬芳，恍恍惚惚，如沉醉态。同学们敞开心扉，幸福地阅读过去的过去，穿越的神奇让我们拾起久远的几乎忘却的人和事。无疑，共鸣总会把泛黄的细节、词句修饰成一个动人心弦、有滋有味、情趣盎然的故事。当怀旧成为我们生活的主题，当学生时代的经历成为我们精神的寄托时，同学情谊也就成了我们内心抹不去的、永久的守望。

当下的抱团养老、结伴养老，是同学晚年陪伴的一种趋势与展望。

既然生命抹不掉学生时代的生活，我们就要呵护同学之间的情谊。经常翻开记忆的相册，擦拭年久落下的灰尘。我们还可以时不时打个电话或串个门，寒暄问候几句，这些无疑都是晚年的一大喜事，也是为了不曾忘记的回忆。也许人生际遇不同，也许各自拥有的财富和声望不同，然而，我们都会抛开世俗的势利，怀着真情去尊重每一位同学，因为重要的是生命旅程中的曾经相遇。同学的相聚是我们生命的一个不可缺少的部分，晚年同学的互相走动也是激情燃烧岁月的珍贵延续。

同窗之心，相互交融；
岁月如歌，我们一同走过；
迎着生命酿造的时光，我们一同品尝；
携手走进不惑之年，我们相伴编织黄昏的童话；
直到在夕阳里，我们告别生命；
沉沉睡去……

五十岁，我走来了

又是一个新年，2014 年，过了新年我也就五十岁了。一想到这儿，我真不敢相信。在大学当老师，年复一年给年轻人讲课，只感觉一茬一茬的学生在走，我真的很少静下来体会自己年龄的变化。忽而有一天，发现两鬓及胡须已经花白，让我真真感觉到岁月的流逝。

五十岁啊，是知天命的分界。孩提时，面对迎面而来的五十来岁的人，我不是叫伯伯，就是叫爷爷了。而如今，我也要被称作“爷爷”了，说真的，我内心能坦然地接纳叔叔，甚至伯伯，却全然接受不了爷爷这个称谓哟。唉，可不管心愿如何，真真切切，的确有人开始称我爷爷了。听到这称谓，望着那双清纯的眼，我的心酸楚楚的。更让我揪心的是，同事在谈天时，用“我们老人”来指代他和我，以及年龄相仿的人，那种失落感在内心浮升。

图 8.5　五十岁是知天命的年龄，也是收获的季节。五十岁的形象：宁静以致远，淡泊以明志

我们都知道世界是属于年轻人的，难道我已开始走人生的下坡路了？我今生今世的美好时期已经走过了吗？一种遭到冷遇、被驱逐主流社会的恐惧袭上心头。几许无奈、失落让我如同打翻了五味瓶，难以抚平心底泛起的五味杂陈。

这一年来，我的心情经常处在这种纠结中。我叩问内心，在寻觅一种超越。我回首走过的路，看过的电视剧，读过的故事。一次次的触动，让我去思索我、我的路及我的人生。随着新近出版的一本书，我找到了自己的归宿，消除了许多困惑。这是一种宗教体验般的感觉，让我走自己的路，追求自我人生的潜在价值，或者说履行自己的人生使命。人常说：知己知彼，百战不殆。了解了自己之后再认识别人，也是再认识自己。我认为这也是“不惑”。虽没有大彻大悟，但也明白在滚滚红尘中自己的位置，以及以后该如何活着。带着这个认识，我确实开始规划自己的人生。

我知道哪些事能做，哪些事不能做。比如，在2013年的新年，我非常清楚以后的两年是人生的转变期，也是命运大转折的时期。我首先是要完成课题的工作，前两年由于一些必须做的事而耽搁了，以后的两年一定得抓紧时间，放下一切能放下的事，集中精力完成这个主业。然后五年内，每年至少出一本书，再好好奋斗五年，努力挣些钱，争取成为博导。努力做这些工作，是给这辈子的人生画上一个不后悔的句号。至于五十五岁以后，那就是保重身体、游历山川，开始退休以后的生活了。

回首过去、展望未来，感觉人生真的很短，可谓弹指一挥间。我们一天天忙着手头的工作，那叫活着；只有静下心来，回味、体味生活，那才叫享受人生。因为静下心来，才可以把人生走过的经历浓缩在头脑里，汲取其中的精华，品尝其中的滋味。

五十岁的人生应该是一杯白开水。人走到五十，已经历了各种沉浮，遇到了各种各样的人。有些人让你感恩，有些人让你下辈子也不想遇见。五十岁让我们更加了解自己，让我们珍惜已有的东西，内心平静得如一汪深潭，不骄不躁。更重要的是，不管以后遇到何种变故，都能淡然处之，做应该做的事，放下应该放下的事。即使静静地品味一杯白水，也会喝出人间的滋味，能嗅到花的幽香。

五十岁应该学会宽容，虚怀若谷，放下心头的怨仇，虽做不到以德报怨，也要学会理解，笑看人生如戏。一定要记住，不要用别人的不足来惩罚自己。虽然名利心是人的天性，但这是年轻人的。五十岁后，人要学会做减法，要放下枝枝节节扰乱人心的贪欲，轻轻松松过逍遥人生。好心情、好身体比什么都重要，这是无价之宝。即使外界再好，我们拥有的也只是自己的生命。换句话说，自己喜欢，并能做好事，快乐地活着，仅此足矣。

五十岁应该关注生命，打下良好的身体基础。不可否认，五十岁后，身体的机能慢慢走向衰弱，我们纵有万千宏愿和期待，没有了好的身体就什么都做不成，也无法享受生活的美好。因此，只有怀着热忱关爱自己的身体，我们才能维持残存的生命能量，让仅有的余热绽放光彩。众所周知，一个人的寿命与遗传有关，生活的压力也会影响我们的身体，对此我们真的无能为力。我们所能做的是在有限的范围内，积极关爱自己的身体，尽可能发挥它的能量。我们要保持良好的生活习惯，注重合理的饮食，少喝酒、戒烟，不熬夜、多运动，保持心情愉快，以及定期上医院体检，等等。这些健康的生活方式会让我们的身体受益，以最大限度地维持我们的身心健康。有了健康的体魄，我们才能更好地踏着轻快的脚步，唱着欢快的歌，在夕阳里，做自己喜欢的事。

说到这儿，我们真应该珍惜五十岁以后的时间，因为它每分每秒都是非常珍贵的。无论是活着还是享受人生，都要珍惜人生，赋予之后的人生无穷的意义。这可能就是知晓天命之年的意义与价值吧。

既然已经走到了五十，那么就认真走好以后的人生，珍惜人生的每寸光阴。既然每天太阳照常升起，五十岁的人应该是丢掉幻想，跟着太阳的脚步一步步保留着余晖。

五十岁，也是需要我们做准备的年龄。五十岁离退休的年龄不足十年，这是人生收获的季节，也是要求我们准备行囊，准备踏进漫长隆冬的前夜。在未来的人生阶段，在所有生命一叶叶凋零的时光里，你做好准备了吗？

五十岁正一步步向我走来，我们不能逃避，让我们怀着一份坚定、一份成熟和一份憧憬去迎接这金色的季节。

五十岁，我来了。

老人的心愿

每个人都有自己的心愿，那是他生命中最重要的事，他会时不时想起。想得越久，说明他情感卷入得越深。如果他的心愿没有满足，那他的心一定会哭泣，他极有可能会对其他的事产生不了兴趣，也没了激情。从此，他的躯体可能只能随波逐流，如行尸走肉，因为他的魂牵挂着他未了的心愿。

这种心愿的生长力极强，它不会消失与死亡，虽然迫于外界强大的压力，它可以暂时被压抑。然而，只要有适宜的机会，它一定会被唤醒，不顾一切去与其他愿望争夺阳光的照耀。心愿是精神层面的东西，不能拿世俗观念去权衡价值，也不可以用我们的喜好去褒贬它。孩子心目中的一块糖果与富翁想赚一百万的心愿是等价的。

从不同年龄看，儿童和老人的心愿可能就是他们生命的全部，因为他们的视野有限，能够燃起他们生命激情的东西太少。他们不像步入社会的成年人，希望有爱情、有事业、有家庭、有社会地位等。如果儿童与老年人再相比，那老人就是弱势群体了，毕竟孩子年幼，人生吸引他的事，或者说他要做的事还很多。随着年龄增长，在生命发展中总会有新的需要挤占他们往昔的心愿。他们的生活似孔雀开屏，未来的人生是美不胜收的，所以此刻再大的心愿也可能会让位于明天的梦想。与之相对的是老年人的心愿，它们非但不会被淹没反而会不断膨胀，成为他们欲罢不能的祈盼，甚至生命的唯一。因为，死亡正一步步逼近他们，无疑，衰老让老年人的

图8.6 老人经常会想起老家，希望落叶归根。他们的心愿是他们离开世界之前的最后的请求

心愿价值连城，也许很小、很不起眼，但他可以用他一生的财富或地位去赌。

所以，对待老年人的心愿，无论多么小、多么离奇，我们做儿女的都要尽量满足，让他无悔地走到人生的尽头，画上他人生幸福的句号。纵有多少人生的苦难，只要老年人了却了心愿，他此前所有的艰难都可以抹去。毕竟他是了却了自己的心愿，带着满足离开人世的。生命只有一次，那老人的心愿无疑是他整个生命中的大事了，哪怕往昔对他来说百分之九十九都是好的，就这一次忽视了，也会让老人带着遗憾离开人世。心愿，是整个人生的企盼，亦是盖棺定论一生是否幸福的句号。

我的朋友给我讲述了他至今一直揪心的故事：

我的父母是河南逃荒过来的，我妈妈生了九个孩子。我父亲在一次下井挖煤的事故中砸伤了腿，以后就再不下井了。我们过去的日子不好过，父母都很辛苦。那时因孩子多，经济很紧张，粮食都不够吃。为此，母亲经常找零活干，挣些小钱补贴家用；父亲经常瘸着腿跑到很远的乡下，到处买私粮。好不容易等我们都长大了，父母也老了。更重要的是，由于他们长年劳累，现在身体很不好。因为我是家里唯一的儿子，所以父母一直跟着我过。几年前他们就想回老家，我说等等吧！我其实不想让他们回老家，因为老家的亲戚很多已不在了，年轻的又没有感情，说不到一起。况且，别人都是一家人，去了又给别人添麻烦。我爷爷奶奶早已不在了，我父母的姊妹也大多过世了，回去找谁呢？而且他们拖着现在的身体也不方便。我妈腰痛，不能长时间走路；我爸的腿脚也不好使。我对他们说：“在我这不是挺好的吗？想转，我这有车带你们到附近走走，不就行了。”我可能语气也有些埋怨：“如果你们病在外面，我们人生地不熟，多不方便。”他们终于点头了，我心里也释然了。随后在家待的两年里，我妻子把他们照顾得很好。我怕他们待得枯燥，时不时还让我的姐妹也接他们过去小住。

图 8.7　学会站在父母立场理解他们。孝顺，就是顺应他们。把他们当小孩吧，像他们小时候对待你一样

凡是我能想到的对他们的好，我都做到了，但他俩还是想回家看看。唉！人到了老年，像小孩一样，感情特别脆弱，动不动就流眼泪。我看到他俩的无助，很不理解，问他们：“爸爸、妈妈，你们觉得我对你们还不好吗？”他们，尤其我父亲，擦了擦眼泪，摇摇头，只是叹了声气。

没想到过了不到半年，他们就走了。先是我母亲，然后是我父亲，去世前，我父亲说要埋在老家，还说很想回家。这让我十分难受，直到现在一谈起这事，我都有深深的愧疚。

听完他的故事，我心里也感觉很酸楚，因为凡是涉及死亡的话题，都会让人唏嘘不已。

我说：“这是老人的心愿。”他点头道：“是啊！”我望着他说：“按照乡下的风俗，老年人特别想还乡，或见某个人，那就是告别，生命的气数已快尽了！”

那位朋友，叹了一口气说：“是啊！我也是之后才听别人说。”说到这儿，他低下头，陷入深深的沉思。

……

这个朋友的故事，让我印象很深。在我的咨询个案中，也接触过一些没有与死者彻底告别而需要哀伤处理的人。对于老年人，许多人到中年的人都有这样的愧疚。我非常理解他们，这也促使我思考两个问题：一是为什么进入弥留之际的老年人想见小时候的人或环境；二是如何干预治疗没有帮助老人实现他们心愿的那些愧疚的人？

人生是一个轮回。从一出生，我们就努力生长、独立，到外面漂泊，寻找自我的发展。步入暮年后，外面的世界对我们已没有了吸引力，我们开始回归，向往家乡和小时候相伴的人。中国人把这种现象叫落叶归根，认为老人生命最后的时间一定要在家里，最好是在少小生活过的老宅。这样咽气，魂灵才能安息。我认为这是人们的集体无意识，是古老文化在人们意识深处的体现：人们是相信轮回的，是相信魂灵的。人们不相信科学主义对死亡的冰冷解释，更愿意相信人是有灵魂的。人们相信当人躯体死后，魂灵仍存在，只不过是在另一个我们无法觉知的世界重生或游荡。这可能是人性中的潜意识，难怪宗教从古及今一直对我们的精神世界产生影响。我曾看过一个电影，一个参加第二次世界大战的印第安士兵，每天早晨在太阳出来前都要面朝他家的方向跪拜、祈祷，然后才吃饭，开始一天的新生活。一次战争中，他的一个同族兄弟不幸阵亡。他很悲痛，然而由于战争他不可能按照他们的风俗把遗体带回故乡，只能就地掩埋。他把遗体的头朝向他家的方向，并坚持把那个亡者佩带的护身符带回到他家乡安葬。他说，不带回故乡，阵亡的兄弟会遭受欺负，带回故乡，他才会安眠并受到亲人的庇护。他强调，他死后会见到他那个战死的兄弟。

我想，对这个观念，我们已没必要用科学的方法考验它的真伪，只要人们相信它存在，那你也尊重、认同他的想法就行了。

对那些父母走了的中年人进行哀伤的干预治疗，就是要让他们放下内心的记挂。在生活中与他们情感联系越紧密的东西，人们就越希望它永恒，这是人之常情。然而，佛说：人生无常。人生除了要面对死亡的事实外，还需接受人生无常的观念。生老病死是大千世界生命运行的必然，对于终将到来的死亡，我们谁都无法避免，更无法预知与左右，这就是人生无常。

认同并接受了这种观念，中年人也就可以缓解内心潜存的对父母去世的事实的焦虑与恐惧，也会明白“并非你的错，你只是无能为力”的事实。也许，由于各种现实的原因，你没能见最后一面、说最后的一句话，或没有满足父母“小小”的心愿。这些遗憾经常会出现在你梦中，那你就可以怀着虔诚，在他的坟前或遗像前，向他认真诉说，仿佛他就在你面前一样。如果你想流泪，不要控制自己，一切都随心，你可以絮语，也可以哭诉。说你当时的所思所想，诉说你的思念和愧疚，痛陈你希望他原谅的忏悔。只要你做这些的时候，内心是想着他的，你相信他在天之灵是可以听见的，也会宽恕你，由此，你心头的愧疚会得以化解。

如果你的父母还健在，那你一定要满足他们的心愿，这是他们离开人世前的最大要求，能与他的整个人生相抗衡。只有这个心愿能让他们内心得到安慰，所以做儿女的要站在父母的处境理解与认同他们，要放下我们的所谓“正确”观念。尽可能顺应他们，让他们在他们的世界里享受内心的快乐。

既然如此，那就开始了解并满足父母的心愿吧!

感悟：因为人是活在当下的，过去再好也是一个不可触及的回忆。父母的心愿是潜藏在他们心底许久的期望，可能就是他人生最后的一个梦想，所以做儿女的要尽可能帮助他们实现心愿。

第九章 人生使命

一旦我们静下来，打开心灵深处沉睡的梦，内心就一定有说不完的惊讶和感动。你会发现，过去的那个自己是那样的脆弱，又是那样有魔力。他虽柔弱，但一次梦中的促膝攀谈，就能用温暖和眼泪融化了你的所有。通过聆听内心和对话，你才能明白此生此世的神圣使命。你的人生使命可能很小，但可能顽固地扎根在你的内心，呼唤你去实现它。

如果你不听从这种召唤，很有可能会茶饭不思，夜不能寐，那召唤将催着你又一次踏上寻找真正属于自己的“英雄梦”。这种梦来自你的潜意识，它对你的召唤是攸关人生不悔的终极命题。

这种梦会让你带着微笑面对死亡，会给你的人生是否幸福画上定性的句号。

绿色的梦

我喜欢绿色，除了因为它能带给人生机盎然的感觉外，还有小时候的一个情结。

我生在北方，秋天和冬天，周围一派凄凉，没有绿意。20 世纪 70 年代，文化生活极其贫乏。学校只上半天课，下午和晚上我们经常没事干，感觉很无聊。在大杂院里，虽然左邻右舍的孩子欢快地追逐、嬉闹，但我的父母，也许是担心惹事，不让我加入孩子们的游戏。确实，我家境较穷，真要惹出事端，家里可是担待不起的。我性格内向，那些疯闹的孩子也不喜我加入。所以，羡慕归羡慕，我只能逃避，远离他们的欢乐。那时，我唯一可做的活动就是宅在家里绘画，或到距家不远的矿区单身宿舍的图书室阅览画报。

每到秋天和冬天的晚上，我就跑到这为单身矿工开放的阅览室看画报，以排遣寂寞，更想了解外面新奇的世界。不论是奇异的景致，还是传奇的故事，都会让我流连忘返。

图 9.1　小小的屋子关不住我们对未来的梦想。小时候的梦想是那么强烈，激励着我们克服困难去追梦

一开始，管图书的老人不让我进，后来即使我溜进去也会因为人多有人找不到位置而被管理员请出去。不过，画报上的内容太吸引我了，我常常趁他与人说话时溜进去。

时间久了，他发觉我的确在看书报，没有喧哗，也没有损坏报刊，就睁一只眼闭一只眼了。

我印象最深的一幅画是福建修铁路的一个隧道口，一列火车从隧道呼啸而出，周围是绿色的灌木，山上是参天的大树，远方是与天相融的青色雾霭，这景致令我耳目一新，充满神往之情。虽已过去四十多年，这个画面，以及当时的感受至今仍记忆犹新，历历在目。

我初中时，经常与父母发生冲突，还时不时遭遇生活中的种种不快，这些不快乐我无处倾诉，压在心里很难受。为此，我经常漫无目的地走进山谷或爬上不远的山巅，想自由活动，转移一下注意力，消解内心的痛苦。

在无人的沟壑，可以嚎叫，也可以流泪，还可以向小草倾诉内心的烦恼。

我可以不顾及一切，我是一个自由的人。

此时此刻我真正地拥有自己的生活：山是吾家，吾是山的主人。

……

这里空气清新，我可以一边沿着嶙峋的山脉散步，一边看着不知名的草木。不一会儿，我的心情就渐渐舒畅起来。山风吹来，裹挟着不知名的花香，霎时，我就会沉醉其中。这些草木是有生命的，它们的根茎有不同的滋味，我常常随手抽一株草茎，嚼在嘴里。大地的精华从这些根茎中挤出，它们往往有说不出的滋味，如美妙的音乐，撩拨我烦乱的神经，使这些抑郁的神经都机灵起来。我顿时放下一切，细心品味这奇妙津液勾兑的音符。令人欣慰的是，这也意外缓解了我内心的许多紧张情绪。

我就这样在山里游荡，忘了委屈、痛苦，郁闷也如天空的白云，慢慢散去。

我整个人不由自主快乐起来，甚至哼起了小曲。

……

这经历印刻在我心底，有关绿色的希冀也种在我心田。

我几回都梦见大团的绿铺天盖地簇拥着我。

后来，我读了大学，离开了小山城，但儿时与山为伴，喜欢绿色的心一直未变。当可以选择自己的人生时，我毫不犹豫去了青海的草原，还迁徙到南方的水乡。

我这样想：即使退休了，我也不会待在繁华的都市。

我一定是粗茶淡饭，徜徉在山涧草地。

绿色是我的生命，我是大山的儿子，更是森林与草地的子民。

感悟：小时候的梦想很强烈，它蛰伏在我们的潜意识中，等待着被我们唤醒。如果没有实现这个夙愿，晚年就会遗憾，甚至后悔，我们的人生就会不幸福。

退休生活：生命的又一次精彩

我的某位同事梦想退休后和爱人去偏僻的地方当志愿者。他最想做的是到乡下任小学教师。他满怀憧憬地说：这样的生活很美。他饶有兴致地说："一边享受自然风景的秀美，感受村民的淳朴；一边发挥余热，把自己的知识传递给缺乏文化的山区孩子。"

这位同事是博士、大学教授，我认为如果以他的学识教育那些孩子，可真是那些孩子的福气。他大半辈子都从事教育，能在知天命的年龄，抛却尘世的功利，全身心地爱孩子，这很难得。我知道，他很想实施自己的教育理念：把教育视为人天性的需要，而不是沦为应付考试的牺牲品。我认为，这才是真正的教育。我敢说：这是中国大地上最朴实、最高雅的教育。

他们已经养过自己的孩子，教育过许多学生，亲历过人生历程的教育，此刻的他们已大彻大悟，懂得如何去教育。他们一定是爱别人的孩子就像爱自己的孩子，关键是他们懂得如何去爱；他们把一切的心都放在孩子身上，让这些孩子能享受到无微不至的关怀；他们有尊重、平等的先进教育理念，能和学生一同学习，不仅用书本教育还用生活教育。不用说，这种教育能唤醒孩子们的好奇心，也能激发他们对未知世界强烈的探索欲。我想，在这种氛围中长大的孩子，一定懂得尊重，充满自信和爱心，热爱人生。教育会真正达到促使他们整个身心全面发展的目的。

图 9.2 退休是回家，过着颐享天年的生活。不过，也可以发挥余热。最主要的是实现儿时的夙愿

还有个朋友，也是博士、大学教授，他很想退休后游走祖国各地，尤其是偏远落后地区。他想在边疆城镇的学校，一边讲授他多年积累的知识，帮助学生发展个性；一边走山玩水，享受自然的恬静和秀美。他是学心理学的，对矫治青少年不良行为有自己独特的一套方法。他曾告诉我，退休后的目标就是帮助有问题的青少年走出人生的迷惘。为了实现他这个远大的梦想，需要有个健康的体魄。为此，他很重视锻炼身体。

这种想法很好，不过要能被别的学校聘用，必须具有绝对的专业优势。因为未来一个阶段，中国的高校将停止扩招，师资缺乏的状况将逐步得到缓解和改善。要想挤进这些学校，必须具有别人不可替代的优势。

还有一个朋友，早年生活艰苦，但他发奋努力，从小城市贫困家庭的孩子，成长为一名大学教授。他真是一辈子都在读书、教书。由于家境贫寒，从小到大没好好玩过，直到读大学也一直未出过远门。他说，即使上了大学，他也很少外出。他喜欢文化，对不同风俗文化对人心理的影响非常感兴趣。他渴望退休后，驾车走访民间的古村镇。人常说：小城故事多。他想走遍小城的古街，寻觅被历史遗忘的故事；想逛逛小巷，与纳凉、摆地摊、卖小吃的人交流，倾听他们的人生故事，了解他们朴素的人生观念；更想走进他们的内心，体验他们的炎凉世态与人情冷暖。他很想从这些鲜活的故事、传说中，整理遗失在他们生命活动里的风俗文化。

从大学的象牙塔走出来，寻古探幽是他心底的梦想。他说，看古朴的院落，走山间的古道，逛市井的集，坐在小吃摊前品尝特色小吃，这些是触摸大地的旅游。他还自豪地说：这些游历活动既可以领略异地风情，也是一种文化的亲历和学习。我认为，他这样安排退休生活，都是为了着力满足他儿时缺少而又未了的人生需要：一是弥补少年时代对外界奇异生活的渴望，尽最大可能满足他对外界的好奇心，体验不同的生活；二是满足意志的自由，做回真正的自己，也就是自己主宰自己的生活，体验一下做主人的感觉。他说，人活一世最大的幸福是自己意志的自由。小时候我们出身不同，不能选择自己的生活，在心灵深处留下许多无奈和遗憾。它不会消失，会时不时从意识的底层泛起，叩击我们的内心。这是我们生命里带的，我们有责任去实现它，抚平内心的焦灼。当我们的生命不再走动时，内心平和、宁静，能够说此生此世我都尽力地尝试了，而没有遗憾和后悔。不管怎样，我们哭着来到世上，应该笑着离开人世。

还有一个朋友打算退休回到家乡，住在老房子里，平时干些农活，比如种菜、养些鱼。他梦想有些田地，几分就够，过过日出而作日落而息的田园生活。他认为现在市场上出售的农产品农药化肥多，人吃了很不健康。如果自己种，都用有机肥，吃得健康，还能送给亲朋好友。我认为他回归乡里养老，原因还不止如此。他种田只是一种乐趣，真正的目的是彻底地放松。他已厌倦城里的生活，他很怀旧，想寻找童年时的惬意与快乐，

图 9.3　退休是生命的休整，也是人生全胜的收获期。无论干什么都是人生一道靓丽的风景

体会无拘无束、随心所欲的感觉。我很能理解他，有次喝酒，有几分醉意时他表露心迹：在他人生的某个身不由己的时段，无奈地经历过一些伤心的事。作为朋友，我很希望他在人生的暮年能修复受伤的心，在乡野田间慢慢疗伤，此生不要留有遗憾。

还有一位中学同学曾设想，投一笔钱在郊外买一块地，修个院子，作为同学的家园。同学可在这里做沙龙、烹饪，以及暂时小住。他愿做守"家"的人，每天打扫庭院，种几畦菜、养些禽。让来这里的同学，可以喝清澈的溪水，听晨曦的鸟鸣，也可以举行聚会，让大家叙叙旧等。他愿意收集每个同学的最新消息，建立同学的资料库。他还若有所思说，任何来这里的同学，都会有一杯热茶相伴，能了解到每个同学的行踪。他认为这样的生活很有意义，因为每天都有祈盼，每晚都有同学的夜谈，也有一份对远行同学的牵挂。他饶有兴趣地幻想："我这个家啊，每天都有同学到来，他们谈人生，谈天南地北，谈岁月如烟。我只想，大家都有重逢的快乐，能在一起分享、怀旧与感伤。"

……

唉，退休是个有生命的字眼，一提到它，我们心里都会有几分怅然和酸楚。

但退休是人生必经的阶段，表明我们已进入暮年，是社会对我们以往履行社会责任与义务的肯定与体恤。退休，也意味着我们在享受天伦之乐的同时要做好准备，面对生命一步步走向终结。退休，是人生的最后一班岗，我们过一天少一天，所以显得特别金贵。不用说，退休的日子，快乐应该是我们永恒的主题。

图 9.4 退休是回归自然，返璞归真，享受与自然和谐的生活

退休，没有年轻时放不

下的事，唯一放不下的是人生没实现的梦想。所以，退休时，无论做什么，身边的人都应理解与支持，帮助退休的人实现他未了的心愿。不管怎样，只要是萦绕在心中的愿望，就有努力去实现的价值和意义，它不应被评判。

退休是我们必须面对的人生大事，退休前应该做什么，退休后还要做什么，我们得有个计划。如果有明确的规划，我们五十多岁后的人生将会过得平和、宁静、快乐、充实、幸福，可以说我们这辈子的人生一定会有一个完美的收官。

想你的约定①

等你
在桌前
打开电脑的瞬间
临川同学 QQ 闯入心田
浏览远去的脚印
重温抛撒的思念

怀旧
拉着我
在梦中寻找遗失的故事
重重吸一口烟
让思绪飘散

① 为高中同学三十年聚会而写

品一口苦茶
浓烈的相思
击中我
柔软的心

噙泪的眼
看不清少年的你
模糊记得 一起上学、学农
还有说不清的上山、逃学、偷地里的菜
最过瘾的是
与老师斗智
暗地里玩
猫捉老鼠的恶作剧
兴趣盎然啊，直笑到梦中醒来
……
似梦如歌
拦不住这逝去的云和烟
你的音容笑貌
至今活在
我方寸的心间
好美好甜

沉醉的我
都不想出来
哎
不知何时
时光倒流
让我们一起结伴

图 9.5　相聚、相约、相见，这些都是心灵在寻找生命的陪伴

走走过去的路
逛逛沧桑的校园
是否能找回熟悉的脸
是否能唱起“革命”的歌

我相信
我们思念的心
上帝听得见
我相信
约定的时间
已经埋藏在
我们少年的情怀

我们期待
这一天
不太远
我们共同守望
三十年的沧海
决堤的五一[①]

倾泻少年的呐喊
咆哮心灵的思念
呼唤一个时代的热情与豪迈

① 五一为约定的聚会日子。

读书的感觉

饥饿的人，吃大餐一定感觉很快乐。吸烟的人酒足饭饱之后，点支烟，吸几口，那是一种享受。我不吸烟，看到他们过烟瘾的神情，能体会到那一种彻骨的舒服。正如人常说：饭后一支烟，赛过活神仙。那份惬意和陶醉，让局外人羡慕不已。

对我来说，这种体验经常发生在读书与写作中。比如，我头脑中会经常萦绕这样的场景：那一定是在北方寒冷的冬季，我坐在烧水的火炉旁，听着“哧哧”的水声，然后在缭绕翻腾的水汽中打开一本书，进入书中描绘的故事里，或摊开一页纸，信笔写写内心想说的话。这时，我内心就会享受莫名的快乐。

图 9.6　生命之树需要滋养，美食和读书一样都不能少。尤其当酒足饭饱后，书籍就是黑夜照亮我们前行的灯塔

每每在这个时刻，我的身心都会融入阅读或写作的忘我氛围中，我仿佛在内心的另一个世界自由翱翔，它是虚幻的，也是精神的。此刻，屋内很静，我专注内心，能感觉自己的心跳，甚至呼吸，但感觉不到身外是否有异样的杂音。我知道自己进入了一种超然的境界。内心的那个我，也就是平时很少被唤醒的那个我，占满了我全身，他带领我进入书中描述的世界。如果是小说，我就是

故事中的一员，时刻参与他们的生活，他们却没感觉到我的存在。我好像是隐形人，在他们之间穿梭往来，甚至会进入他们每个人的内心，体会他们的感受，真真切切亲历他们的悲欢离合。我能看到他们深深的忧郁，能闻到他们饭菜的馨香。我真像一个精灵，我已感觉不到躯体的存在，我的精神驰骋飞扬，穿梭于时空之间。

如果是写作，我文思泉涌，下笔如有神，根本没有往常说话时的艰涩，也没有边想边说，顾及别人感受的担忧。我没有了现实中的自我，内在的自我异常活跃，思想观念也似乎被激活，接连不断从四方涌动出来。我没有遣词造句的推敲，也没有谋划篇章结构的思忖。只是一种冲动，我要发泄出来；只是心里有很多话，我要说出来。此刻，我手中的笔，仿佛脱缰的野马刹不住，要奔跑，内心不知道要去哪里，只感觉痛快。我真是活在自己的世界里，是内在的我跟外在的我的交流，我没有任何障碍，只要把想说出的话说出来就行。我忘记了周围是否有听众、观众，浑然沉浸在我的世界里。就这样痴迷，有时炉子上的水烧开，甚至烧干了，我却什么声音也听不到。这是一种忘我的境界，我与书融为一体。

在享受这种体验的时刻，一行行的文字不停地游走在纸上，字里行间流淌着意志的力量。顷刻，心灵洋溢着欢乐，一股生命的流动化成的要说的话终于说完，画上一个满意的句号。我终于可以喘口气，欣然离开书桌，嘬一口酽茶……

此刻，心里装载的快乐及享受，只有自己能真切地感受到。我真希望，这一刻成为永恒，凝固在漫长的人生旅途。

这些美好的回忆和感受陪伴我走过了四十多年，读大学、研究生、撰写博士论文……每次的读书、写作，我都能万念归一，身心感到踏实，心灵找到自由，如同躺在故乡的大地上。如果心灵有家的话，它就是我的精神家园，我这辈子注定与读书、写作为伴，我属于它，它属于我，生生相融，难以分离。

在我生命的旅途中，曾经跟着时代追逐朝阳，努力奋斗，求取耀眼的功名，也曾踯躅人生十字路口苦苦求索，不止一次叩问苍天人生的意义。终于在我的不惑之年，在对自我彻底的反思中，在经历面壁多日的取舍权衡中，我终于领悟，并欣然找到这久违的家和迷失的我。我的内心顷刻间没有了困惑与不安，自我的身心寻找到了安身的源头，整个生命由此获得内在的统一。

每个人的生命都是有源头的，我们走过曲曲折折的生命轨迹，最后一步步迈向生命的终结。了解自我、发现自我的各种需要与梦想，学会放下不属于自己的事物，我们就会获得内心的安然。因为这是领悟整体的自我，回归生命的源头，这是我们幸福人生的唯一归宿。

读书是我内心深处的一份守望，我要认识它、呵护它、坚守它。找到它是我的幸福，它就是我的精神家园。我们每个人都在寻找这样的归宿，仿佛在黑夜里寻找行路的方向一样，这让我们困惑、焦灼、茫然，甚至煎熬和痛苦。

每个人都不知道在人生的什么时候能找到，不过，它可能就在我们身边，在不经意的人生流转中偶有闪现。我认为它一定是你喜欢做的，你只要一见到它就内心愉悦，做这个活动时你能全身心投入而忘了一切，可以达到废寝忘食的境地。如果有一天不接触它，你就会感觉内心缺少什么而不舒服。做这件事你不会考虑到任务、约束、社会声望，也不会把它作为成名成家的手段。它是你心中的故乡，你生命的归处。找到它真的不容易，有的人可能要付出终生的精力。无疑，这是个寻根的路，并非那么容易，需要真诚，放弃世俗的各种评价观念，去叩问自己的内心。我既然幸运找到了就不能丢，我要经常擦拭它，把它放在床边，带在身上，放在心里。

踏上回家的路吧，不管我是身在旅途，还是客在他乡，心中的家园始终是我生命的忠实陪伴。

读书，回家，那是生命的召唤，那是心底的守望。

感悟：寻找自己的精神家园，呵护自己生命的家。有了自己的精神家园，我们就会明白自己人生的方向，我们的人生就不会孤独。无论遇到什么艰难困苦，我们都能从中汲取温暖、启迪以及勇气和力量。

写自己的故事

从小到大，我们的目标都是当个乖孩子、好学生，仔细揣摩大人们的心思、喜好，一切的表现只为讨他们的夸奖。没有他们的关注，我们就会感到内心恐惧，也失去了生活的目标。我们的生命就这样消磨在没有独立意志的平凡生活中。除了自己的名字外，我们不知道自己是谁，我们是“无我”的。我们看似“独一无二”的生命与别人毫无二致，言谈举止都尽可能为吸引别人的眼球和同辈的喝彩，他们的评价主宰了我们的行为表现，结果使我们活在别人的议论中。

从懂事到四十多岁，我们可能按照约定俗成的声望、身份与地位，忍受所有的委屈，不断地削足适履往模子里钻，努力收腹去穿上社会期待的外套，表现出社会期待的样子。也就是说，我们一直活在别人的眼里，活在社会的“设计”中。可是，一个人，尤其在晚上，宽衣就寝时才会感觉活出真我最好。如果人生是写的故事，以前我们都是写别人眼中自己的故事。从“应该”到“应该”，太多的理性充斥在我们所写的

图 9.7　从小我们就要做个听话的好孩子，然后我们一直在按照社会的标准塑造自己，我们很少关注内心的我

故事中。虽然这让我们养成了隐忍或所谓“成熟”的个性，可是里面并没有我们自己的声音，这让我们内心体验最深的是疲惫。我们真正的笑都是苦笑，因为不敢听从内心，只敢表现出“社交式的微笑”。

当我们进入不惑之年时，别人“设计”的衣服，我们也穿过几件，人生的悲欢离合也体验过几回，更主要的是我们正走在人生的转折点上。往前看，有新生命的诞生，还有他们成长、打拼事业，然后是结婚、生子；再往后看，父母开始进入暮年，有的已经离开人世。置身于人生这样的交汇点，我们完整地体验生命的历程，更有资格谈人生，我们真正感触到生命的脆弱，开始重新思索、诠释生命的意义。这是第一次借用自我的力量，很认真、慎重地认识人生，这决定着我们今后如何度过人生，这关系到弥留之际我们神圣的告别。我们不想那时有丝毫的后悔，有不愿面对的无奈与绝望。

为什么会后悔？是因为有许多想做的事没有做。到了这个什么都不怕、什么也都可以放下的年龄，唯独害怕的就是面对挣脱出来的自我，它虽然宣告了自己的心声，但遗憾的是我们心有余而力不足，也就是我们想做却回天乏力。

为了避免后悔，四十多岁以后要做自己想做的事，写自己的故事。我们应该珍惜时光，积极蓄积我们的精力，努力拼搏一下，将郁积多年的自我冲动尽情释放。无论成功与失败，令人欣慰的是我们做了自己喜欢做的事，抚慰了不安的内心，给自我的夙愿一个响亮的交代。

如果是我自己活着，我会写自己的人生故事，因为这是人生的某个阶段想了许久、用成年累月的精力滋养的某个冲动。自己生命的故事，是一个尊重自己生命的、不能回避的呼唤和声音，也是今生今世的使命。如果此生不实现，将遗恨终生死不瞑目！

一个有责任感的人在四十多岁虽然可能经历人生的彷徨和迷惘，但一定要抓住这个契机，要读懂自己是一个什么样的人，了解自己有哪些误区和不足，有哪些童年的梦想，能做什么和适合做什么，应该树立什么样的人生信念，需要放下哪些东西……诸如此类的人生问题都要想清楚。

最重要的是要开诚布公，勇敢解剖自己的思想，认真反思自己的人生

图 9.8　了解自己吧！活出真实的自己，活出有个性的自我

经历和遭遇的大是大非。必要时，我们可以读些人文方面的书、文章，或认真看一部电影或电视剧。然后，用心问自己喜欢与不喜欢哪些人或物，多问几个为什么，争取从故事中找到自己的影子，以期更加客观地认识自己。

为了更好地认识自己，要忍受孤独和寂寞，沉寂一段时间。如果可能，最好把反思的结果写出来，帮助你理清头绪，深入认识自己。也可以走进社会，参与各种有益的活动，广泛结交朋友，以他们作参照，发现自己，重新领悟自己有哪些不足和优势。如果在共同的活动领域交上知心朋友，他们会关注你，若有缘遇到高人，他可以帮助你反思，从不同的视角全面地认识自己，协助你建立新的自我概念或自我的图式，更有可能引导你由知其然到知其所以然，从而帮助你建构潜在的社会认知理论或人格理论，这些都能增进你对人生和社会的认识，以促进你的人格走向成熟。

还可以回忆少年的学生时代，那是你生命历程不可缺少的一部分。阅读少年的作文，触摸家乡的遗物，用心感悟；访问久违的老同学，少年的发小、伙伴，听他们讲述过去有你的故事。你可以从第三者的角度追思、追忆，感触多少年前那个熟悉而又陌生的你。由此，你会明白现在的你，也会从历史的角度把握走过几个时代的你。可以说，生命缩放的内容都已融入今时你生命的意识中。

经过这些途径，你在思想的阵痛中，经历凤凰涅槃，完成生命的蜕变，感悟到生命的愿望和使命，找回你遗失在心灵深处的守望。

然后，毫不犹豫铺开一张白纸，从头开始，抓住人生的分分秒秒，写自己的人生故事。记住，无论如何，什么困难也阻止不了你生命强烈的呼唤。你不管做什么都是生命里的约定，放开手脚，做人生的最后一次较量，让世界见证一个生命的运动，完成从生命诞生到今天你领悟到的使命。

我的人生我做主，这是人生极高的境界。

这是你生命历程早已圈定的轨迹，只有唤醒它，一步步践行它，才算完成了自己的人生。

这是一个多么美好的人生瞬间：能够含着微笑，在不能走动的夕阳里，给自己的人生画上个句号。

感悟：了解自己，做回真实的自己。活出真实的自己，活出有个性的自我。时刻准备着，让自己的生命创造今生今世不悔的传奇！

感　恩

在商品经济大潮下，由于社会鼓励人们占有财富，以物质财富的多少论英雄，所以人们只关注索取和占有，总害怕积聚的财富不多，唯恐手头的资源贬值。

在这种社会现实背景下，人们之间抱怨、争吵、过河拆桥、急功近利，缺少对彼此的关爱、责任。为了利益的分割，经常出现同事拆台、夫妻反目、老人无人赡养的情况。为此，整个社会陷入利益追逐的旋涡，没人重视社会公益事业，人们的行为失去了道德的约束，各种违纪犯法事件层出不穷。

可以说，人们内心极度空虚，除了“金钱”二字外，一无所有。

终于有一天，当早晨醒来，我们发现无法在祖先留下的家园生存下去。每天都遭遇环境恶化、资源枯竭所带来的消极影响，人与人之间缺乏真诚、关爱，唯利是图，更令人触目惊心的是我们的食品假货泛滥，我们的精英纷纷移民国外，甚至我们的后代也自私自利……

当我们有时间和机会放下早已倦怠的工作，反思走过的路，扪心自问时，终会发现这是因为我们那颗感恩的心丢了。

由于没有了感恩，我们对生养我们的地球失去了敬畏，挑战她自我修复、再生能力的有限性，疯狂地开发与占有；由于没有感恩，我们失去了人性，在人和人的交往中，尔虞我诈，获取不义之财，甚至为了快速地占有财富，冲破道德底线，强取豪夺。不仅如此，就连我们赖以生存的家庭，由于没有感恩，亲情关系浸透利益关系，抱怨、争吵，甚至反目为仇，致使家庭缺乏温暖、关爱，冲破人和人之间信任的最后一道防线。毋庸置疑，从这样的家庭走出的人不相信社会，不相信任何人，处于焦虑、警惕中，他们没有起码的生存安全感。

图 9.9　感恩让我们有责任感，感恩使我们快乐，感恩是我们生命的使命

感恩为何有这样大的力量？这主要是因为人具有社会性。感恩是在人与人的交往中对别人所做事情的一种承认和认同，对别人的关心和帮助心存欠愧之意，努力去回报的一种行为。可以说，心存感恩，我们就能发现与你交往的任何一个人、一件事，也就是现在你生命中的任何东西，对你生命的成长都具有很重要的价值，

都曾经对你的生活产生了积极的影响和作用。基于这个认识我们才会怀着歉意，力图去回报。如果以这样的心态去面对你的周遭，你就会宽容、谦让、无私。不言而喻，感恩是一切道德的基石和核心。每一次的感激和回馈，我们自始至终都是快乐的，而且从心底认为这是自己心甘情愿地尽责任，这种发自内心的回馈是一种感动，也是爱、是付出。人们之间的关系因真诚的爱与付出而神奇地发生变化。哪里有爱，哪里就没有争吵、猜忌、抱怨和欺骗。如果每个人都有感恩之心的话，社会就充满爱和温暖，就没有贫困、欺诈和冲突，社会就处于真正的和谐之中。

人们因有感恩之心，就会对大自然心存感激，认为地球上一切事物都是有灵性的，存在着生命的交流和互惠。我们要怀着敬畏之心，善待大自然的一草一木，合理利用和保护自然，善待我们生存的地球。为此，感谢大自然吧，感谢它为我们带来阳光、空气、水和食物，让我们生活在色彩斑斓的植物王国中，与各种各样的动物为邻，让我们的生命不孤独，与大千世界和睦相处。

感恩使我们认识到人类与大自然是共生共息、彼此呵护、相互依恋的共生关系。怀着感恩的心，地球各种事物之间的和谐关系才能维持。回首人类走过的历史则不难发现：人类与自然的和谐，人与人之间关系的维系，都离不开人们的感恩。有感恩才有尊重，有感恩才有和谐，有感恩才有道德，所以感恩是伦理、自然法则的核心。作为万物之灵的人，有凌驾于万物之上的智慧，应该从感恩开始，反思自己的行为，合理控制自己的行为，以协调各种关系。在伦理关系中，因为有了感恩，人们才能放下自己的私欲尊重对方；感恩是由感而发的回馈，是从内心深处产生的，它增进了人们之间的情谊；当人们滴水之恩以涌泉相报之时，就唤醒了责任意识，强化了人们的责任感。为此，感恩是伦理的基石，心存感恩的人，才能养成高尚的品德，放下自我，与周围环境和谐相处。

地球上的自然灾害，已经让人们深刻意识到人与自然保持和谐关系的重要性，我们是从大自然走出来的，自然孕育了我们的生命，对待自然，我们应该敬畏、呵护，心存感恩之念。

感恩，一个神圣的字眼，值得我们回味。感恩是我们获得快乐的源泉，使我们学会承担责任，使我们救赎人们道德的沦丧，使我们得以与周遭和谐相处。常怀感恩的心，我们的人生就会充满无穷无尽的美好。

感恩，是亟待我们从心底唤醒的一份神圣。

第十章 我思故我在

“我思故我在”，是法国哲学家笛卡尔的话。

在这里引用是想说明，人要思考，要明白自己活着的意义。因为，人与动物最大的区别是人有意识，会思考。思考是人意识的高级形式。人不仅对外界事物进行思考，还能反思自己，认识主观世界。思考，是人存在的基础，否则人活着如同死了。一个人无论是在现实中，还是在梦境中，都不能否认自己是在不停感知和思索。

我们一刻也不要停止思考，我们生活中面临的所有问题都能在思考中解决，这就是理性的魅力。在所有思考中，反思是最有助于我们生命成长的。能反思说明我们能放下自己，坦然面对一切。

思考能延长我们生命存在的价值，思考也能进一步提升我们生活的品质。

自助他助，自助天助

“只有经历过绝境的人，才知道这种帮助的珍贵”[①]，说出这番感慨的是个画“矿工”题材的画家——杨建国。早年他的父亲为吃粮，在胡宗南的部队当过兵。受此影响，他初中一毕业就插队下乡了，后来回矿山也只是当了个采煤工人。他经常感受到生活的无助和无穷无尽的饥饿，即使那时他已经努力成为当地著名的明星采煤队员。

图 10.1　自我实现的力量能克服外界的各种困难。只要我们怀着一个守望的信念，我们就能自助天助，赢得最终的胜利

恢复高考后不久他报考了美术学院，初试通过后，拿到了体检通知。当面临最担心的“政审”时，他万万没想到，一个和自己关系不错的人，也就是采煤队里的团支书，写的鉴定意见不但没有优点，竟然是“无故旷工，不热爱劳动，思想落后”等，这几乎判了他“死刑”。

后来矿里一个负责政审的老同志很同情杨建国，写了一封充满赞赏的推荐信，盖上章，寄到招生部

① 龙灿：《最后一班事故的魔咒》，《羊城晚报》，2012 年 3 月 17 日。

门，以淡化团支书的消极鉴定，这才使得他顺利上了大学。因此杨建国对那个老同志念念不忘，前几年，他要去看望那个老人。不幸，这位老人去世了，杨建国懊悔不已，说出了本文开头的那句话。

这个故事让看过的人既揪心又遗憾。

主人公早年的辛酸经历，让我们感触良多，可能也唤醒了我们人生的苦难记忆。任何一个从社会底层，或从因遭遇政治风波而发生家庭变故的困境中走出来的人，都有不止一个让人痛心的故事。在那些阴郁的日子里，我们没有做人的尊严，甚至还会受到歧视，这些清苦的生活已被埋入我们记忆的深层。虽然我们不想去触碰它，但它却常常成为我们夜半的梦魇。任何一个人由一个社会阶层进入另一个社会阶层的时候，都可能虽然有不同的经历，却有类似的体验。难怪孟子有曰：天将降大任于斯人也，必先苦其心志，劳其筋骨，饿其体肤，空乏其身，行拂乱其所为。

我们的出身不能选择，正如主人公杨建国一样，其父亲的政治污点，不仅给他自己带来人生坎坷，还影响到无辜的孩子。我们不能抱怨他父亲是冤屈的，因他根本没有政治意识，仅仅为了填饱肚子，而不经意误入匪军，成为历史的牺牲品，无奈承受终生的痛苦。我们单说无辜的孩子，更是可怜，让他在那个时代竟毫无道理地忍受了那么多人生的屈辱。这个苦命的孩子不懂得人生的复杂，可能有无数次面临和其他的孩子不一样的待遇，他那双无助、不解的眼神一定会让他的父亲懊悔、自责不已。我能想象出黑夜里那双让人心痛的眼睛，是绝望的，是哀怨的……

不过，越是经历这样的磨难，越让他感受到生活的艰辛，这反而促使他去思考人生的问题，激发他以百倍的勇气去承担自我发展的责任。这正是“穷则思变”的现实诠释。心理学有个心理弹性理论，强调个体不幸的环境并不能摧毁个人的意志，反而更能激发意志的力量，以至于获得更好的人生发展。综观历史上的很多英雄，其背后都有一段励志的传奇人生故事。我们的出生不能选择，但是我们可以选择我们所走的路。在人生的不同时期，绝境往往能激发个体生命的潜能，让人做出难以想象的成就。没人会想到出身泥腿子的陈胜、吴广，能在大泽乡揭竿起义，率领数万草民，推翻雄霸一时的秦朝，建立繁荣昌盛的西汉。

杨建国，就是这样一个从煤矿走出来的著名画家。他的经历告诉我们：环境可以剥夺我们的尊严，但控制不住我们那颗追求自我发展的心。不管环境怎么艰难，只要我们竭尽全力去努力，就能克服遭遇的各种困难，也会在关键时期获得意想不到的帮助。与其说是绝处逢生，倒不如说自助天助也。只要我们有自我发展和超越的心，任何外界艰难都不能阻碍我们前进，这并非仅仅是天无绝人之路的一句老生常谈。人的天性是看山喜不平，追求变化与超越是人的本性之一，人的生命发展就是不断超越自我。心理学家阿德勒认为人一出生就是自卑的，人生的发展就是不断超越自卑获得优越的过程。这是生命强大的驱动力，也是显示个体生命存在的意义。我们不能让自己的生命沉睡，漠视或压抑自我的本性，人生中遭遇的任何障碍或困难，只要我们用心去克服，就会战胜，获得自我生命的变化，进而一步步走向成功。如果一味地消极退让、躲避，非但不会彻底远离或根除困难，结果只会让我们遭遇更大的艰难，陷入举步维艰的境地，甚至有可能导致自我毁灭。所以，困难像弹簧一样，你弱它就强，面对人生的困难，我们要以顽强的意志努力去克服。在体会超越的欢欣时，我们的生命走过一天又一天，直到离开人世的那一天，我们能毫无懊悔地对自己说：我没有虚度人生，我人生的每一天都是认真走过的。这是多么大的欣慰啊！一想到我们哭着降生而带着微笑离开人世，怎么能不认为这是完美的人生呢?

当然，我们都不是力大无比的神人，人生的困难也并非在我们浪漫主义情怀下富有激情地呐喊之后就消失的，而是脚踏实地一步一步用心克服的。因此，这需要我们在漫长的人生中，不轻视自我生命中的力量。因为自信是成功的一半。人常说：哀莫大于心死。别人可以瞧不起我们，但我们自己不可以放弃自己，我们要对自己充满信心。不管身处何种困境，我们都要有梦想，要有实际的行动。要知道，这不屈服命运的行动，会感动上苍，召唤贵人的相助。这些都会化作对我们自身有利的资源，进而激励我们战胜任何困难。社会心理学研究指出，在利他行为中，人们并不是帮助那些需要帮助的人，而是帮助那些既需要帮助而又有希望成功的人。因为天底下需要帮助的人太多了，最能打动我们、能让我们义不容辞伸出援助之手的人，一定是那些在困难中仍有梦想、信念而不放弃努力奋斗的人。因为帮助这些人相当于成就我们自己内心成功的梦想，在某种意义上，这也是帮助自己实现英雄的夙愿。这种帮助能够使我们身心感到快乐和解脱，因为我们认同英雄，英雄是每个人心里潜在的人类集体无意识情结。

没人愿意帮助一个坐等别人施舍的懒汉，帮助他等于我们认同他们的行为，还会让他们对我们产生依赖，其结果不仅会玷污我们积极向上的精神追寻，也会带给我们无穷的心理负担。

杨建国为什么感觉到帮助的珍贵呢？因为他身处绝境，但是并非每一个身处绝境的人都会有这种“珍贵感”。有些人可能心已死，帮助对他没有丝毫的触动，他对生活已麻木；有些人可能听天由命，帮助对他不啻一种侥幸。无疑，对这些人来说，帮助他们，近乎施舍，不能唤回他们生命的激情。只有那些身处绝境又坚持不懈的人，才会珍惜自己的生命，渴望走出困境，绽放自己生命的光彩。他们才最能体会到帮助的珍贵，体会到重生的莫大欣慰。杨建国最能体会到身处绝境之人多么需要在生死节骨眼儿上有人拉他一把，这求生的精神煎熬，让他产生一种至真至纯的宗教情怀。能否上学，对他来说已超越了生命肉体的存活，他的整个生命已经献祭给了绘画，失去了这次上大学的机会，以后的生命可能是生不如死。因此，他才有这样的感悟：“只有经历绝境的人，才知道这种帮助的珍贵。”

这个故事告诉我们：生命在于自己要不断地行走。做任何事情，并非像我们主观认为的那样难，只要我们用心走，就会自助他助、自助天助。只有这样未来的路才会越来越好走，要做的事情才会越来越容易。

自助他助，自助天助——这是生命的呼唤！

感悟：天无绝人之路。只要内心有梦想，任何障碍也挡不住我们一路前行。生命之河总会在某个地方，让我们绝处逢生。记住：自助天助。

文化与理解

我在小金家待了三天，明天就要离开。小金是我的一个朝鲜族朋友，我们是在西藏旅游时认识的。在聊天中，他得知我对文化很感兴趣，就约我来年到他家——一个靠近延边图们江的朝鲜族村庄。

这儿偏僻，信息闭塞。不过，土地肥沃，景色秀美。由于紧毗图们江，与朝鲜隔江相望，所以隐约可见对方的兵营、农舍。

小金告诉我，过去图们江的水很清澈，他经常在河边捉鱼。然而现在，眼前的江水已被朝方洗铁矿的污水污染，估计已没有鱼虾。不仅如此，我方的一些人还在河岸挖沙，沿岸有些地段坑坑洼洼，也积满了水。有的坑较大，形成大的水塘，远远望去，像哭泣的脸。不用说，河床破坏得相当严重。

这个地方人烟稀少，森林较多，空气清新。除了河流外，自然环境基本上未遭到任何的破坏。今天下午我在一处清澈的、水流回旋较深的溪边洗了澡。虽然水有些凉，但在无人的山野，能享受这样的溪流，肌肤感觉别样的舒爽。晚上，我们喝的是玉米粥，吃的是他家院子里的菜蔬。由于食材都是原生态的，独特的味道让我感觉特别的香甜。吃完饭，我简单地收拾了离开的行囊。我让小金带我出去，

图 10.2　深处这偏僻小村，让我们感觉置身于历史的后花园。陌生的异域风情，让我感到些许害怕以及浓重的寂寞

欣赏一下乡村的夜色。

我俩沿着江边或山脚的田间小道，一边转悠，一边谈家庭、生活和人生，不知不觉天色已晚。虽然夜里风凉，但我还是不想回去。我们又继续转悠，村子不大，但很散，一家一户都被他们的地分开。

乡下很静，一到夜里，更静了。除了农舍的灯光外，大地一片黑暗，死静的山里，让人有些害怕，偶尔只能听到浓浓夜色里的几声犬吠。由于是在边疆，经常会有一些“北逃”的人，也就是朝方偷渡的人出没。这增加了几分恐惧和神秘，所以夜里当地人很少出来。想到这儿，我们加快了脚步，借着月明返回家中。

这儿是实实在在的生活，繁衍生息这个词用在这里很恰当。他们的一切劳作都是为了满足日常生活的需要，家家户户都是自给自足。这里的生活比较淳朴，这种远离都市的生活，让人感觉行走在被历史遗忘的角落。这里没有钩心斗角，也没有利欲熏心，有简单的一日三餐，有看日出日落的闲情，还有数夜空星星闪烁的逸致。只有在这里，人的身心才能得到彻底的放松。我认为遭遇大灾大难、身心疲惫的人很适合待在这里疗愈。

这里的日子宁静、简单、祥和。

不过在这样的环境中生活下去，会消磨人的斗志。时间一久，没有了思想，也会滋生寂寞、孤独。

所以如果因无可抗拒的原因待在这里，如大山、雪灾、洪水或政治运动，人也如同笼子中的困兽，渐渐在不知不觉中被这里的气氛同化，也就是被这里的文化吞没。要不了多久，你就成为它的一部分，你会因此失去原有的热情、信念，和先前的你迥乎异同。这就是文化在塑造你，你也失去了自我，你死了，你也获得了新生。从这个意义上说，文化有改造人即洗脑的作用。无疑，这远离都市的、近乎原始的乡村文化，对贪欲极强的现代人，或名利场上争斗的人是有一定的心灵治愈作用的。

如果待在这个偏僻的乡村，我会怡然自乐，但随着与外界接触的减少，我会渐渐忘却过去，思想会麻木，情感也会迟钝。久而久之，我可能就会成为一个“原始的人”。然而，我是刚从外面进山而来的，我心中仍有另一个世界的牵挂，尤其脚踏在这过去和现在泾渭分明的文化界线上，我不能自已。这样随兴想着，我不由后怕起来，也伤感起来，还由衷产生几多感慨！

这多像时光隧道啊，人在不同的文化之间跳跃，如同在不同的历史时期穿越，人若适应不了这种变化，仿佛就生活在梦中。不是吗？如果人在不同的环境和文化中生活，或者在很短的时间内往复穿梭其间，他们有可能很快适应这种文化“时差”，更有可能会恍惚如隔世，心似悬在半空。无疑，频繁的变换会让我们内心混乱，已有的观念不断受到质疑和挑战；频繁的变换更让我们心里紧张，在忙于适应新的环境和文化中，我们心灵安宁的家园将不复存在。因为我们不是百变新娘，我们是荒野里迷失家的路人。我们需要回家，需要吃家乡的饭，说家乡的话。我们需要在大统一的文化下，有当地老乡的思想认同和情感的支持，我们需要的是文化的护佑和理解。这正如走过千山万水，故乡的饭最香，故乡的人最亲，无论如何故乡的文化是自己魂牵梦绕的精神家园。

……

“理解万岁”是人们口头上常用的词汇，是人在不同旅途中最渴望的听到的，这说明人与人之间缺乏理解，也说明人与人之间很容易产生误解。人们之间的理解也是心理学上的“同理心”“共情”。好的咨询师主要是共情的功力深。要理解就是要走进他坚守的文化，从他内心的精神家园进行沟通，用自己的行动告诉他，我们是同一文化的，我们是同一精神家园的一家人。

是人就离不开思想的交流和沟通，正如只要有人的地方，就离不开同理心，这种理解是与人沟通的桥梁。读书需要理解作者的意图，而写书的作者更需要理解读者，他只有进入文化穿越的状态，寻找、发现并恰当地表达，也就是善于以读者可以理解的表述方式说故事、讲道理，才能走进读者的内心，引导读者回归内心的家，也才会最终赢得读者的心。显然，各种吸引人们视线的媒体、表演都是通过精心研究人们的心理需求，精心编排自己的节目，以达到取悦于人的目的的。

不用说，充斥于媒体的各种广告也是这种“理解”目的的体现。广告词、影像、配乐协同起来，对人们的潜在需要和精神家园发动冲击，呼应他们，理解他们，吸引他们，进而牢牢地抓住人们的思想情感，成为它们捕获的“东西”。这种神秘之旅是精神之旅，是寻找回家的路，也是认同文化的长征。

人之所以这样，说明人与人之间理解困难。因为人与人之间成长的环境不一样，生理遗传不同，而我们又都是以自己既有的经验去理解对方，先入为主是常犯的错误。不仅如此，还在于人们认识的对象是有生命、有思想的个体。有生命的人去认识理解有生命的人，其中不确定、变化的因素太多了。

理解万岁的实质是理解文化，也就是文化认同。我们不论走到哪里都要学习文化、理解文化、认同文化，人生就是文化之旅。无论如何，我们还要坚守一种文化，那就是我们自己的精神家园，它是自我的整合和统一，是我们心灵安放的神龛。

明天就要离开朝鲜族小金家了，随着我的离开，我不得不放下这里的文化，这里的一切美好的经历也只能留在心底了。

般　配

南方秀美的山水孕育了南方人的柔美，北方雄伟的山、野性的水造就了北方人的粗犷，这都是美。所以我们说南方“小男人”，北方“野汉子”。在我们的心目中，一听到北方，我们就期望看到黄土高坡，听到扯着嗓子吼出的高亢的歌；一听到南方，我们则是希望目睹青山绿水，听到雨打芭蕉的呢喃。这是大自然的一种和谐。

在社会生活中，人的一生最为重要的事是婚姻大事，中国自古就有门

图 10.3 穿衣讲究搭配与和谐，人际关系也强调和谐，大千世界更是以和谐为美

当户对、郎才女貌、志同道合、男主外女主内、慈母严父等相关的说法。我们通常认为，只有这样的婚姻与家庭，才能花好月圆、家庭安定。否则婚姻就易出现冲突，家宅口角不断。我们还期望男大当婚，女大当嫁，希望每个人都按照人们期待的路子走。我们还听说，男女搭配干活不累。谈论的这些无非都是婚姻般配、家庭角色搭配等人生大事。可以说，不般配也就是不和谐，会导致双方之间的对立与冲突。这诸多冲突都告诉我们，大千世界存在一种内在的运行规律——和谐与般配。任何事物只有和谐了，也就是老百姓说的般配，它们才处于矛盾的统一中，才会持久而稳定。

与时俱进是我们当下使用频率较高的一个词，它督促我们要变化，要与时代发展同步与和谐。我认为当我的生命阶段发生变化时，我也要有与之相应的思想观念，这也就是般配。所以，人生的沉浮会造成我们身份与地位的变化，要适应这种命运的变化，我们就要学会放下，顺其自然，努力到什么山唱什么歌。只有这样我们才能与周围环境相适应，也就是般配。不然的话，我们内心会悬在半空，一天到晚都将体会到痛苦。

我以前工作过的学校有一个退休的书记，据说退休没几年就患上抑郁症，进而积郁身亡。他退休前是单位非常有影响的人物，学校的重大事件，尤其是人事调动都需要他的拍板，所以每天到他们家的人特别多。他是人们手心的月亮，那些有事求他的人，更是把他捧到天上，所以他非常享受这种感觉。每次走在路上，他都昂首挺胸，时刻迎接着过往行人的问候。我觉得他是校园里笑容最灿烂的人。然而，退休后，我发现他垂头丧气，不是走在路中间而是倚着墙角或比较偏僻的道儿走。再以后，就更少见到他了，偶尔一两次，也是低着头弓着腰，似乎要躲避别人的眼光。最后一次，我看见他头发花白，若不是同事提示，我真的认不出来这个苍老落魄的老人正是几年前“知名”的书记。每次想到这事我心里都不是滋味，是哀叹世态炎凉吗？还是对人老的恐惧，我都说不清。我是真切体会到他的痛苦，那深深的痛苦，里面可能有悔恨、抱怨、悲哀、绝望、伤心吧！没想到，他老得竟那么快，似乎他用当下所有阴郁的生活，以及痛苦的心，来偿还他往昔当书记时享用的所有欢乐。现在我平静地回忆这事，我认为他后来痛苦的原因是他仍活在过去当书记的光环中，他应该把自己放在一个退休老人的境地。换句话说，他应该是活在与身边“般配”的现实中。如果这样的话，那他就会享受到一个平常老人的平淡与安详，他的生命还会在时光中慢慢走向衰老与死亡。

图 10.4　性别有相应的角色期待，各行各业也都有相应的职业道德。职位越高，越要有更高的信念和要求

不管怎么说，我们不是为观念而活着，而是为每天的生存而活着，放下过去已有的思想而学习或接纳当下的生活法则，这是一种明确的适者生存的“般配”观。

人生的命运变化无非沉浮两种。不过，人往高处会很适应，也很会摆谱，表现出傲慢；人往下走却很难适应，因为人不容易放弃享受众人的关注以及优越感。这其实就是人喜欢得到，而且是永远得到却不懂得或不愿意放弃。我想中国儒家的智慧是让人虚怀若谷，低调做人；是让人内心平静，克己复礼。这会让人在遇到人生重大的事都不大喜大悲，因为欲望少了，烦恼也少了，从而益于身心健康。同时，还会让人际关系更加融洽，因为没有人喜欢与盛气凌人的人交往，与处处显出优越感的人相处。因为与这些人相处，你会感到没有自尊。我认为，一个人只有放低自己，欲望少了，才会真正达到淡泊以明志、宁静以致远的人生境界。

世界是运动变化的，我们的人生肯定是有起有伏，要想获得与周围和谐的关系，你就要与时俱进，到什么山唱什么歌，做好如何“般配”地调整与适应工作。其实，社会心理学把这个学会适应外界的过程叫社会化，社会化是我们终身的课题。毕竟，万事万物遵循适者生存的规律。我们是活在现实的大地上而不是梦想的天空里，所以要不断考虑如何与外界“般配”。

一句话，不管到哪里我们都要与时俱进，要有“般配”的意识，主动进行与当下环境相匹配的社会化，这是保障我们人生顺利发展与身心健康的法宝。

感悟：人生不能高调，也不能低调。高调有骄傲之意，更有欺世盗名之嫌，低调则会压抑自己，总觉不快，也不能获得做好工作的动力。世间万物和谐就好，学会与环境相处，学会与时俱进，学会履行自己的社会角色。

环境与人

心理学上争论较多的是环境决定人还是遗传决定人，这是一个非常复杂的问题。因为影响人的发展因素太多了，结论又受到研究者的知识背景和研究对象取样的影响。不过，这里不从学理上分析阐述，仅仅从个人的生活感悟入手。现实的生活经历还是说明环境对人的塑造作用大些，可以说人一出生就开始受到环境，尤其是文化环境的影响。

在维持生命存活的条件下，遗传的力量只有适应周围环境后，才可以呈现出独具个性的发展趋势。个体生命的发展轨迹一定是打上环境影响烙印的，表现为具有环境特征的生命体。同样是小麦，在北方能很好地生长，磨出很好吃的面粉；但是移种到南方，就很难存活，即使成熟，不仅产量低而且加工出的面粉也不好吃。人的适应性在万物之上，人的生存足迹遍布世界各地。除了生物特征相同或相似外，即，都具有地球人特征，但是语言文化以及民族性格却迥乎异同。同样是华人，旅居国外几年后，因文化环境的塑造，也表现出与身居国内的人不同的人格特征，尤其在理想、兴趣、生活习惯、价值和信念等方面。

我曾到某个单位讲课，在吃晚饭之际，有个敢于说实话的领导，酒后感慨："一个单位是什么样的（文化）环境，就会造就什么样的人。崇尚溜须拍马，你再能干也得不到提拔和重用，非逼着你也要说假话，一门心思讨好巴结领导；单位风气正，领导务实，注重发展，器重品德好、真才实学的实干的人，这种环境就适宜勤劳的人发展，努力工作踏实肯干的人就多。"他说完，大家都拍手叫好。因为，他痛快地说出了大家心里的认同和想法。他真是人缘好、人品更好，是个讲求实际、体恤民情的人。我也为他的人格魅力所折服。这说明在一个单位，领导营造的文化环境影响了下属的价值取向，也决定了单位的发展方向。

图 10.5　一棵长得枝繁叶茂的树，是环境影响还是遗传决定的呢

在青海工作期间，我到一个县级市的学校探望一位大学同学。教务上有个干事，长相俨然典型的广东人，但一开口，从说话、神情、饮食习惯都是典型青海人的表现。对此我很惊讶。原来他祖籍广东，初中毕业来青海投奔当军官的姐夫。从入伍、工作到结婚，他在青

海扎扎实实生活了三十来年，生活环境和文化环境已把他塑造成地地道道的青海人了。初中以前的生活都只是记忆中的一些浪花而已，他已忘却了好久了，前年回广东，他都不习惯老家的生活了。

我经常利用业余时间接待一些有心理问题的人。虽然帮助他们澄清问题，仅靠一般的沟通技能，以及逻辑思维分析就能解决，但是要寻找问题的原因却是要依赖运用心理学知识的水平。不过，任何问题通过不同的分析方法都能找到过去某个经历以及环境造成的影响。比如早年的经历，或重大事件带给他心灵的创伤，由于他自我无力获得积极的修复，致使形成错误的认知，或留下潜在的情感阴影，或造成不良的行为方式，等等。因此，过去不同的经历造成现实个体与环境之间的冲突，超过了个体应对的弹性，就形成了心理上的问题。

每个人都是过去经历的产物，我们只有采用历史的观点才能客观、全面地了解现在的自我。在心理治疗过程中不能就事论事只解决表面问题，而是应该以此为契机，了解他已形成的自我概念，尤其注重对内在自我的分析和挖掘，力求整体上把握求助者。然后，走进个体的内心，以改善自我为立足点，帮助求助者走出心理问题的阴霾，建构新的自我。如果没有从过去的环境或当下的亚文化环境找出自我的原因，个体依然是困惑的，很难重新建构新的自我观。

图 10.6　家庭环境塑造了孩子的人格

人一出生就开始接受周围环境，尤其是文化环境的影响，个体是没有自我的。由于没有自我，没有主体意识，我们几乎是全盘接受环境的影响。三岁以后我们的自主性发展起来，开始去选择环境的影响，尤其是到了青春期，我们的自我意识发生了质变，在决定自我朝什么方向以及以何种面貌发展时发挥着主导作用。可以说，自我概念对行为起引导作用，还整合经验进行具有一致性的解释。总之，不管当下我们的行为或认知是何种轨迹，是如何受自我概念影响的，如果追根溯源我们都能找出过去的经历、文化环境对我们现在自我概念的作用。从这个意义上说，自我概念是过去环境熏染的结果，因此，环境影响人，在决定人的行为方式的诸多原因中，环境起着决定性的作用。这个环境包括现实和过去的，尤其是形成我的自我概念的环境事件。

在中国文化下，孩子，包括成人都是“无我”意识的，从家庭到学校，乃至工作单位，我们能决定自己命运的事情太少了。乖孩子、三好生、优等生、十佳之星等，这些称号就是典型的社会环境对自我的教化。某些情况下带有强制性，否则很难生存下来。在这种亚文化环境下，真实表达自我往往被视为不成熟，有时会影响到生存或人生的发展。结果个体要么扭曲，要么说假话。

如果我们能选择的话，我们一定要选择良好的生存环境，无论是自然环境、社会环境，还是文化环境。我认为最重要的是社会文化环境，它有助于我们自我概念的形成，能够影响我们人格的形成，最终还会影响我们的人生发展。如果我们一时无法选择我们的生存环境，一定要意识到环境对我们人生发展的重要影响，努力提高自己的思想修养，明辨是非，正确分析和吸纳周围环境中的积极信息和因素，自我拯救，莫同流合污，努力主宰自己的命运，以百倍的努力获得自我的提升和发展。

感悟：好环境孕育好的人，这是强调文化环境对人的影响。虽然人有意识的能动性，但是环境可是决定性的作用。我们要做一个明白人，选择好的人生发展环境。如果不能，一定要记住入乡随俗但不能同流合污。

第十一章 精神还乡

心泰身宁是归处，故乡可独在长安。

这句话告诉我们，精神找到了家我们才真正地有了依靠。我们的身体会衰老，但精神不会，它会随着我们的生命获得永恒。物质层面的家再好，也只不过遮风避雨，可能就是一张床和一瓢果腹的羹，但精神的家却伴随我们的终生。人不是由于身体舒适而快乐的，而是精神和谐才真正快乐。

从诞生、发育到死亡，生命是轮回的。伴随着生命回归，我们的精神需要日益强大。无论如何，我们人生遭遇的各种问题，尤其是困扰人的死亡问题，都是我们精神要解决的问题。淡泊以明志，宁静以致远，这是一种精神境界。只有精神成熟了，我们的生命才无所畏惧，才能获得了永恒和超越。

寻找精神家园，让我们在外漂泊的精神还乡，是我们人生永恒的追求。

呵护精神

我这段时间有一种渴望，想阅读一些社科类的文章，好让这些鲜活的知识激活大脑的思维。因为好长一段时间，我总感觉内心欠缺些什么，可能就是欠缺精神食粮吧！

这种想法不时在夜阑人静时从心底泛起，撩拨我平静的心，似年少的相思一般，总抹不掉它顽强的吟唱。仅读专业书籍是不能平抚我内心深处的不安的。

人生的意义在于生存和发展。这决定了人需要两类知识，也就是生存和发展两方面的知识。其中，关于发展的，涉及人工作要读的专业书籍，主要是解决工作实际中相关的问题；关于生存的，包括人要明白的人生意义，需要活下去的动力，这需要学习各方面的知识。对一个人而言，两类知识都是不可缺少的。然而，我最近内心渴求的是关于人生存在意义的知识，有人把这类知识戏称为“心灵鸡汤”。这是一门永远都学不完的知识，无论我们生活中遇到怎样的艰难困苦，我们也都能从这些关于“人”的知识中获得领悟，从而让我们摄取克服困

图 11.1　我们的发育需要食物，然而成长则需要心灵的滋养

难、让生活重新绽放意义的力量。

我们经常说，某些人有很多钱财，是某某领域很显赫的人物。然而，盛名之下，他却活得并不开心，有的甚至自杀，我认为这些人缺乏人文知识，尤其是，关于“人”活着的正能量知识太少，他们不懂得人是需要精神食粮的。生活中有宗教信仰的人，心灵经常得到滋养，所以他们精神世界充实，都能安贫乐道。无独有偶，生活中很多丰产的作家、画家，还有那些具有人文修养的科学家，他们不仅事业有建树，而且生活也过得怡然自乐，其奥妙是他们的精神生活充实，这些也都是一个道理。

如果说学会生存是在现实中寻找一个可发挥自己潜能价值，也可以维系自己生命的职业的话，那么学会生活就是在这个基础上产生的关于“人生”精神需要[①]的问题。也就是如何活得有意义、活得开心，这就是对学会生活最通俗的诠释，也是最精准的定位。不论任何人都必须面对和思考这个问题。

这说明人文知识对滋养人精神的重要性，然而，这方面的知识比较宽泛，涉及认识人生，以及从别人的经验体悟中理解生活的真谛等。当然，能满足人的精神需要的，除了知识外还有活动，比如欣赏文学艺术活动，参加各种人生仪式，与朋友相聚和交流，走进大自然，等等。这些活动虽好但一定要思考这些活动经历，努力领悟这些道理与知识，只有这样它才能达到滋养人的心灵、提升人的精神境界之目的。

这些知识对人心灵的滋养作用，能激活困惑中的心灵，产生创造力，还能让人平静地思考，以加深对生活的理解和认识，其结果是获得心灵的慰藉和满足。我们正是在这种求索中，驾驭自己的各种现实生活，并且获得内心的自我成长。这也就是人精神力量的唤醒与发展。

人的精神是一个永恒的力量，它能帮我们超越滚滚红尘，去勇敢、自觉、理性地面对各种人生境遇，勇敢地走完自己的生命历程。

---

① 精神需要是指人们在精神上的欲望和追求，是人类特有的不可缺少的。其中包括求知、审美、道德、尊重、才干，以及实现自我价值等。

我们不应忽视自己精神的需要，即使我们拥有再多的财富，即使科学让我们无所不能，我们也要呵护自己的精神世界，要关注它。无论生活多么忙，都要给精神的活动一点空间。

精神的发展是我们生命的根，我们要活得有意义，要活得开心，别忘了浇灌我们的精神之树。

我们不是毫无情感的机器，我们是有血有肉的、活生生的生命，所以，我们不能忘却我们的精神需要。

感悟：人有精神的需要，人们需要有尊严地生活。美好的生活是在满足人生存的需要后，满足人的认知、审美、交往、道德和创造的需要。生存与发展是生命永恒的主题。

神　奇

生活中你一定遇到过这样的故事：说曹操曹操到；遇见似曾相识的人或环境；想躲开的人或事却偏偏又碰上；在大海或其他的自然景观前叹为观止；喜欢某个人或厌恶某个人；置身在古老的建筑中，感觉有人在说话，等等。这些事件一定让你感觉很神奇，但欣喜之余，你的内心可能有几分害怕，仿佛体验到一种无形的力量，它在你的身边且似乎在左右你的生活，这冥冥之中的力量会让你不由自主产生敬畏。这就是宗教经验，它是人对神灵存在的一种体验。

我们先不谈论它是否正确，叩问内心，只要认为它是存在的并经常在我们的生活中存在就行了。说它是宗教经验，并非是宗教所独有，主要是它在宗教领域中表现得最为典型与突出罢了。所以，凡是体会到超自然力量的现象都可以称之为宗教经验。宗教经验是人意识的特征，这是因为人有好奇心，喜欢思考，认为世间万物的变化都是有原因的。当人们遇到奇怪的事时，凭借已有的知识却又找不到合理的原因，人们就认为是受一种人看不见的力量所控制。当人们这样归因时，内心也就没有了什么困惑，从而心安理得了。

图 11.2 生命中有许多神奇的事。比如自己的相貌会变，越怕什么事什么事就会找你等

宗教经验是人精神方面的东西，个体之间存在很大的差别。有的人注重内心体验，他可能有更多的神奇经验；不爱思考的人，不关注自己命运变化的人体验的神圣感可能会少些。相比较而言，信教的人体验的会更多。有人把宗教经验与马斯洛的高峰体验相提并论，认为它们的本质都是相同的，都会唤起人们不同以往的幸福与喜悦。每个人都喜欢获得这种神秘的体验，不过，有些人可以通过一些条件来触发这种体验。比如佛教的入禅、打坐就是人自觉地诱发这种体验的表现。

宗教经验是不期而遇的，但是人们通过努力还是可以触发的。据国外的研究①：古迹、自然景观、药物、酒精、缺氧、音乐、宗教仪式等都能触发人的宗教体验。还有人提到性爱与生孩子也能让人体验到忘我的沉醉，或天崩地裂的感觉。毋庸置疑，人们都喜欢这种异样的意识状态。有些宗教徒通过鞭笞自己的身体，来体现神的虔诚，以获得宽恕等。

宗教经验的描述很多，也很复杂，因为这属于人精神层面的东西。如果进行归纳，一共有四类：神秘感、似曾相识、一体感、超感觉。其中神秘感是距离神灵最近的接触与交流，也就是说与神圣联系最典型的体验；似曾相识这种体验是其最普遍的表现方式，一般人都可以遭遇到；一体感

① ［英］麦克·阿盖尔：《宗教心理学导论》，陈彪译，中国人民大学出版社 2005 年版，第 66 页。

则是与外界融为一体，表现为人的一种沉醉状态；超感觉则是看到别人不曾看到的东西，或感受异样的信息。

这些事件之所以神奇，主要是用常理解释不通，它的到来是不期而遇的。如果是着意的触发，需要内外条件的努力调整，方可达到。当然，神奇的程度也是不同的，由巧合、让人惊讶到神奇。

世间为什么有这么多神奇的事件呢？如果单单用偶然巧合来解释，并不能满足人好奇、探索的心。无疑，这与人的意识有关，也就是说好奇心、爱思考，以及奉行的因果论。这还与人生命的神秘以及人和自然是一体的精神性有关。人的生命是神秘的，人有许多我们至今尚未知晓的潜能，比如生活中某些人的感知特别灵敏，具有透视的功能。国外对人超感能力的研究[①]指出：人的某些超感、心灵致动是存在的，由于久而不用就丧失了。如果经过一定的方式在一定年龄进行训练，是可以恢复的。所以，当我们未知的潜能呈现时，我们由于前所未知，就会产生神奇之感。既然如此，那么这就不足为怪了。人的意识分为无意识和意识，人们对自己的意识了解得较多，但对无意识却了解得较少。心理学指出：人的很多情绪、行为是受我们无意识层面调控的，比如意识不到的痛苦，莫名的喜欢或厌恶，还有鬼使神差老想一个问题，等等。荣格的集体无意识理论是在无意识领域研究中最具盛名的学说之一。正是由于无意识对人的影响，我们在不了解行为背后的原因时，产生惊讶是可以理解的。除上述人本身的原因外，还有人与外界的关系。中国自古就有“天人合一”观，其实西方的星座、占星术也说明人与宇宙息息相关。从我们现代科学所揭示的环境污染与人的健康的关系，也可以窥见一斑。众所周知，地球是有磁场的，任何物种都有其生物电磁的力，是否因为我们生命的磁力会召唤外界一些事件的邂逅？是否外界环境会唤醒我们生命的某些记忆，或吸引我们做出某些怪异的行为？有关这些稀奇古怪事件的发生，我们都可以这样大胆地设想。

---

① ［苏］史坦利·库皮呢：《潜能开发——人类发展的可能性》，张宝蕊译，中美精神研究所（内部书刊），第16页。

既然遇到的事是神奇的，我们的思想也是可以天马行空的。

神奇的事还不只我们主观世界遭遇的人或事，实际上整个世界到处都是神奇。我们看到的山川河流，没有一个相似的，如果再加上阳光的装扮，真是造化钟神秀，阴阳割昏晓，处处是神奇，面面显精彩。我们的生命机体，每一个器官都是十分精巧绝伦的机器，又和其他部件搭配和谐，共同捍卫着我们的生命。不仅是人，其他动物，更广泛地说生物，它们自身的一切组织和结构精美绝伦，都是为生命及生命的发展所创生的。它们的结构与功能没有一丝多余，也没有一丝不足，这真似一幅艺术画，增一分则太黑少一分则太白。所以，大千世界的神奇是巧夺天工，亦是自然天成，更是一幅大师艺术的杰作。

神奇是我们世界的符号，也是我们人生最强的鸣唱。生活在神奇的世界中，我们要怀着好奇，热爱生活，探秘人生，不枉费上天赐予我们神奇的生命与经历。为此，我们自己要努力工作，以有别于他人的方式创造我们的人生传奇。我们要秉承："天生我材必有用"，相信我们生命里潜在的人生使命，相信自助天助的精神力量。即使遭遇再大的困难，也会借助内心的呼唤而获得外界的帮助。这不是外界神奇的支持，而是我们内心神奇的强大。

记住，在这神奇的世界里，我们一定会有神奇的一生。

感悟：人有许多不了解的地方，所以人有超验的需要，这让人有了各种各样的宗教经验。随着科学的发展，旧有的宗教经验不再神秘，但可能还会产生新的宗教经验。

奇 遇

人生是本未知的书。有人说，我们从出生走到死亡，人生就是一次生

图 11.3　济州岛上的汉拿山是美丽的风景

死的旅程。不管怎么定位，我们都是人在旅途。明天我们能遇到什么，谁知道？如果我们去旅行，也许这个地方你去过，但是明天去，肯定会有不一样的发现和奇遇。

人人都喜欢旅行，我也是。有人说，失恋的人、失意的人和失败的人也喜欢旅行。这有一定的道理，但我认为期望寻找和发现的人喜欢旅行，想摆脱单调、困惑的人也喜欢旅行。

寒假里，我们单位的几位同事一同去韩国旅行。

我们先到了韩国济州岛的汉拿山。

这里是一个海岛，景色宜人。汉拿山不高，但山不在高有仙则名。汉拿山的“仙”是这里的海。山上有瀑布、民俗村、豪宅别墅、影视拍摄基地。这里最大的看点，我认为是海。放眼望去，外海很大，海水很干净，能领略到海天一线的博大。站在山巅，海风拂面，鼓起抖动的衣衫、飘逸的长发，似凌空欲飞。据导游说，如果有幸看到日出日落，整个大海都是闪动的金光，波澜壮阔。很幸运，我们爬山快的人，终于瞥见了海面上太阳腾空的一瞬。那场面很震撼，让我们体验到一种神圣，内心回荡着抹不掉的敬仰之情。

下了山，我们在海边玩，遇到捕鱼的渔民，当时是冬季，渔民劳作很辛苦。出于保护海洋以及开发旅游的目的，这里不允许机械化作业，一切活动都是原始的人工操作。

第二天，我们到了滑雪场。滑雪场是人工依山建造的，但雪却是自然的，我们没有那么大的胆量，只在山脚乘兴滑滑。这里人声鼎沸，到处都是欢乐的海洋，除了中国游客外，韩国人也很多。大家玩得特别开心，这里没有年龄的区别，只有滑雪技艺的高低。我很勇敢，慢慢尝试，能晃悠悠地站起来。我于是有了信心，内心自我暗示我能行，结果竟然还能滑上一段。几位同事都感到惊奇，我除了自豪外，更觉得神奇。那些我认为手脚特别灵活的人，有的胆小，甚至连站都站不稳。这次滑雪让我重新认识自己，我可能还有未知的能力。信心，对要挑战的行为的确是一剂良药。

通过这两天的游览，我认为韩国虽然受中国文化影响，但那是在古代，而现代的韩国有着不亚于我们的发达。我们所到之处，不仅体验到异族风情，还强烈地感受到科技的发达，尤其是三星电子产品。

韩国的文明程度高，街道、公共场所都很干净。街道的招牌很有创意，很吸引人的眼球。韩国经济发达，据说，他们的收入高，是国内同行业的五六倍。虽然，看起来吃得很贵，但这是和国内相比，若和他们的收入相比，也算很便宜了。

韩国人饮食清淡，绝少吃油，和国内烹、炒、煎、炸形成鲜明的对比。相比之下，国内的大吃大喝是非常浪费的，也很不健康。所以，走在路上所见韩国人，太胖太瘦的几乎没有，足见他们健康的饮食观之影响。

难忘的是当晚旅游团记得我们同行三个人的生日，送来蛋糕和礼物以示祝贺。这是一个意外惊喜，也是后来回忆这次旅行的最美好回忆。从爬山、滑雪，到过生日，新发现，是这次旅行的关键词。

没想到，我们仨竟是同一天的生日，更没想到我们仨又是在异国过集体生日。这无疑让旅游又增加了许多意外情趣。大家给我们敬酒，使我们倍感亲切和满足。

我们不住感叹：真想不到！

这意外的喜悦，让我们在异国他乡，一起唱生日歌。这甜美的经历定格在四十三岁的年龄，这美好的回忆永远留在异国他乡的浪漫之地。

平淡的生活，有这些意外，真让人感觉到生活有趣，充满欢乐。

我想，若干年后，有关韩国之行，我禁不住会告诉朋友们这意想不到的——生命神奇。

我高兴之余，感慨万千，想豪饮，想放歌。此情此景，我不由得遐想，四十岁以后的生活并非平淡如静谧的月夜。

也许，我的生命中还有许多的情趣和追求。

外出旅游，我想，可能就是一条邂逅意外与发现未知的途径吧。

走出去，并非有什么目的，只要在外走走，尤其远离自己熟悉的文化与环境，我们就会有惬意的心情。如果走得远，更远，不同的文化和机缘一定会唤醒我们不同的内心需要。

你会发现未知的自己，你也会有奇妙的人生邂逅，你更会体验到生命的神奇。

感悟：人生中遭遇的各种神奇，让我们对生命产生一种敬畏。如果相信头上三尺有神明的话，我们可能会慎独，会在日常生活中循规蹈矩。

神　圣

神圣感就是人体会到一种超大力量存在的感觉，极为典型的是对神灵存在的体验。神圣感是一种莫名其妙的体会，激动得想流眼泪，感觉到神秘、敬畏，甚而诚惶诚恐。神圣感的觉知会让人浑身充溢力量，有一种非我莫属的担当与责任，也会对人有悲悯的意识。一般而言，比较注重精神生活的人、内心很安静的人可能都会体验到。据说，还有一些有精神疾患的人也能感觉得到。神圣感是人的精神力量，我们看不到也无法去证明，但人们相信，尤其那些有体验的人，更相信它的存在并对人的行为产生深远的影响。

我们不必争论它是否科学与存在，凡是人精神上的东西，有些是科学无法证明的，只要人们相信有，它可能就存在，进而会对人们的身心产生持久的影响。我有几次神秘的体验，我认为它就是神圣感。

在我高中补习时，由于家庭经济条件不好，我内心很清楚：可能只有这么一次机会了。为此，我很珍惜时间，几乎把所有的时间都用在复读上了。那时候，我的压力很大，父母不理解，尤其母亲。他们认为只要抓紧白天的时间就行了，晚上学习会浪费电。然而，即使在白天有时看着我学习而不做家务，他们也会生气，进而是谩骂与抱怨。我常常感到很孤独，与他们说理也不通。因为我认为我只有付出比别人多的时间与精力，才有可能学得比他们好。

图 11.4 走进内心体验一种神秘的体验，感受一次心灵的旅行

有一次过年，我早上去学校看书，希望能吃到早点，却没有。我是挨着饿、忍着抱怨走的。到了学校，发现有人也在学。我也很快忘记了不愉快，赶紧投入了学习。

我记得当时是在外面的雪地里背英语。

我望着苍茫的天空，它是浓重的铅灰色，偶尔有零星的雪花飘下来。这时我是饥饿难耐，加上冷，真有点饥寒交迫的感觉。想想自己的处境，参军、招工都要有门路，我都不行！唉，要想有个工作，考大学是我唯一的出路，然而求学的路很苦，还有家人的不理解，我很需要理解和帮助。这时我的内心很孤单，似乎还有一些无助。此刻，校园很静，因为快过年了，都放假了，没有了老师和学生，只有肃穆的校园，还有远处偶尔稀落的爆竹声。

我抬起头仰望天空。

天空很辽远，也很凄凉。我可能是望呆了，也可能是出神了。我久久沉醉其中，天空是那么大和远，不知怎的，我想哭，鼻腔一阵酸楚，又忽而想起自己的家庭和处境，有一丝悲凉和伤感袭上心头。我是一个苦孩子，以往的日子开心的少，以后人生的路还要靠自己走。无论如何父母也是帮不了我的。况且，高考压力这么大，是否能考上也有几分不确定。想到这儿，我真的流出了眼泪，内心很期望有个人给我关心和力量。不过，我很快振作起来，昂扬着头，望着天空，似乎一下长大了。然后，以一种大无畏的气概，向天鸣誓：功夫不负有心人。我付出了比别人多的勤奋，吃了比别人多的苦难，我就能获得超过常人的成功。想到这儿，我终于心情舒畅起来。这时，我感觉天空，虽然阴沉沉的，还那么苍凉，但它似乎是有生命的，像个沉睡的我无法触及的人，它很有力量，似乎对我笑，我似乎能感觉到，却看不到。它对我说："你能成功的，天道酬勤。"顷刻间，我浑身充满力量，仿佛抓着水中的一棵救命的稻草，我似乎看到我拿到入学通知书后全家人的欢呼……

这个体验和感觉，让我忘了饥寒交迫，忘了几天来的所有不开心与抱怨，我感觉周围很美好。我心底涌动一种前所未有的使命感。

我从这种状态中走出来，抖擞精神，埋头学习。

很多年后，这种体验以及那个经历总活在我心里，尤其在我孤独、失意时，不时从心底泛起，它历历在目，给我力量，让我难以忘怀。

从此，我喜欢天空，尤其是铅灰色阴沉的，那里一定有个与我说话的人。

这是一次神圣的体验，我还有另一次印象深的经历：

在南方某大学工作时，有一次外出讲学。课余，校长带我去看海。我是在北方长大的，对大海充满好奇与神往。我很快吃完饭，不巧的是时间已是傍晚，他说涨潮了，海浪大，不安全，劝我改天。然而，我丝毫不顾他的好意，尽可能说服他马上带我去看海。他十分不解我这份与年龄不相称的孩童般的好奇，告诉我不着急，以后有的是时间。但是，我的激情一旦唤起，很难冷却，我还是试图说服他。我的真情打动了他，他终于决定带我看海去。他骑着摩托车，带着我先翻了一个小山包，接着颠簸走了一段土路，然后，我们沿着海边的沙土地，踽踽而行。

经过一片防风林时，我闻到了海水的咸味。海风较大，吹着松涛阵阵，我迎着海风听到了海浪的巨响。我顿时提起了精神，也兴奋地跳了起来。

随着海浪的波涛声增大，大海赫然就出现在我面前。由于是傍晚，海天都是灰蒙蒙的，看不到哪是海哪是天。海岸朝两边扩展开，消失在天边。大海很深邃、很博大，由近及远，消失在无边无际的远方。在万里海岸，一层层的海浪迎面扑来，先后簇拥，卷起千堆雪，它们拍打着岸边，发出阵阵轰鸣，然后变为一层层飞沫而消失在广袤的海岸上。我惊讶，第一次感到海的博大、深远。它气吞万里的巨大力量，深深地折服了我，我竟下意识想投进它的怀抱。如果真投身这海里，我一定是毫无声息地被它吞没了。此刻我有些害怕，对海天浑然一体的大海产生敬畏，不知怎的，我流出了眼泪，感觉到自己的卑微，有一种向大海臣服、跪拜的冲动。我脱下鞋，光脚踏在松软的海滩上，内心欣喜万分。如果不是天色已晚和这么大的浪，我真想躺在大海的怀里沐浴。

我还有一种冲动，似乎大海是个沉睡的巨人，它在向我召唤，诱惑我扑向它的怀抱。

大海是神秘的，也是有魔力的，我很想走进它的心底。

要不是那个老师的提醒："别走太近了，小心海浪把你带进海里！"我一定会沉醉在大海强大的魔力中，它吸引我追随它……

这就是神圣感吧！把无生命的东西生命化，然后拟人化。不仅拟人化，而且还要发展到神圣化的境地，至此，我们才能有神圣的体验。这些触发我们产生神圣感的因素，可能是叹为观止的自然景观，也可能是音乐、艺术、仪式活动，还可能是药物与酒精等。它们都能诱发或召唤我们生命的神秘体验，让我们领略到一种强大的力量，它似乎在召唤着我们走近它，似乎又在与我们絮语，它让我们心生敬畏与恐惧，我们甚而会悲伤地流泪、无助绝望地流泪……

神圣感是人的一种特性，是人对自己无法解决或抗拒外力时内心产生的一种体验，是人想超越现实困境而对外界寻求的一种依靠。不管你是否承认，神圣感是人的一种需要。有了神圣感，我们就会让内心强大而充满战胜困难的勇气。久旱之际，民间就会进行祈雨仪式；在各地市的大寺庙，新年的第一炷香都是由当地最高长官或最有影响的人敬上；如果想搞好民族团结，最好的方式是因循民间的风俗，祭拜共同的祖先，等等。这些近乎“迷信”的活动都是人们集体无意识的写照，它们说明：我们是唯物主义者，但更是生活在现实中的人。神圣感也是我们孤独中的精神陪伴，我们可以与它交流、与它对话，它尽管无形，但却可以在我们身边，给我们力量。有它，我们虽独自一人却不孤独。

无论我们追求什么，其最高境界都是把这个东西放在我们内心的神龛，不说顶礼膜拜，也是永恒的守望。不言而喻，引起神圣感的可以是某个目标或信念，也可以是一个伟人。不过一旦神化了某个观念、目标或伟人，也会对我们产生神奇的、让人敬畏的影响。我曾到天安门看升国旗仪式，那种肃穆的气氛让我看到红红的国旗不是一块红布，而是能引起我产生神圣感的有生命的东西。我从心底认为国旗就是烈士鲜血染成的，我真的对五星红旗产生敬畏，有想流泪的深刻体验。其实，周围许多看升国旗的人都流泪了，我认为观念或目标，凡是有了神化的这种力量，就表明了我们下的决心很大，达到了内心的臣服。所以，一旦我们全身心的皈依，它就成为我们生命的唯一。

神圣是我们不能言说的心底秘密，我们都在寻找外界的神圣，其实它就在我们的心底，只有我们努力寻觅，才能让它呈现出魅力。它是我们的精神家园，它呵护我们的生命，陪伴我们走完一生。它像佛教中的禅，游走无定却又在我们心间，若用心它会保护你；忽视它，它会惩罚你。因此，不管你做什么，都不要忘记神圣感在你身边。

不要忘记，举头三尺有神明。

不要忘记，自助他助。

不要忘记，相信自己行你真的就行。

感悟：我相信举头三尺有神明，我相信因果报应，我相信好人好报。因为内心有了这个永恒的守望，我会修身养性，会心怀善良与宽容，会拒绝侥幸，做一个有公德、有良心、有爱心的好公民。

变化的欢唱

生命是一条流动的河，不舍昼夜，或静静流淌，嘤嘤呜呜，诉说生命的无奈；或飞下悬崖，画一挂飞瀑，引彩蝶舞蹈。何时落卧平原，何时又跳下万丈深潭，我们都难以预料。如果生命有自己的轨迹，那我们就守望自己的使命，不卑不亢，永远前行。然而，生命的不确定让我们时不时要做出选择，是顺应命运的安排，还是一次次迎接挑战，描绘我们自己的人生旅途？

人常说：命是注定的，运是变化的。由此而言，人的命运是难以琢磨的，如天边的云，有时我们可以预测它的行踪，有时又难以了解它的去向。无论何时，我们都处于人生旅途的选择中，信命也好，不信命也好，我们的最终归属都是死亡。生活总是一天天走过，回过头来发现，我们曾经热衷的未必都是我们想要的，不经意间放弃的，却发现它可能才是我们孜孜以求的东西。因此，怀一颗平常心，会化解我们万般忧愁，引领我们相信未来的美好。

图 11.5　人生多变化，如天空的云，如湖中的荷花，如孩童的成长

为此，我们不要抱怨失去的东西，要知道塞翁失马焉知非福。实际上，我们得到了就意味着失去。人生就是一场旅

行，我们都在不断地变化。生活的辩证法说得好：人生由好到不好，又由坏到好。生命的轨迹也真是三十年河东，三十年河西，风水轮流转。

这就是生命的变化，不以我们愿望而转移，我们能拥有的是此时此刻，不能把握明天是否依然如今天这般星辰闪烁。因为影响星光出现的因素太多了，浩如烟波，理不出经纬，大得无边无际，我们只是其中的一粒微尘。

变化的力量如此巨大，如升起的太阳，令万物敬仰。我们一天天走过，岁月如歌。也许，酸楚的眼泪会迷蒙我们的双眼，让我们在寂静的斗室面壁无言的墙，或让我们登高望雾霭淡妆的群山……

这凄然的心、阴郁的情，沉醉不了多时，就会被冉冉升起的霞光，温暖得荡然无存，照耀得无处藏身，这气吞万里如虎的力量，逐浪排空，势不可挡。我们只有俯首投入其中，全身心融化为这伟大力量的一粒光子。

这是我们的新生，是在经受神圣力量洗礼后的皈依。

变化是生命的永恒，变化是生命的本质。我们要顺应命运的变化，唱着生命变化的神曲，走我们自己的人生旅途，践行自我的人生价值。

面对命运的变化，我们要反对逆来顺受，努力摒弃成为命运奴隶的厄运，我们要高举生命变化的大旗，积极去创造促成生命变化的契机。

在一个充满变化的人生中，人在旅途，如何让我们的生命更精彩？有一句话说得很好：争之必然，失之坦然，顺其自然。

感悟：变化发展是大生命的永恒轨迹。顺境时不必沾沾自喜，逆境时不必悲悲戚戚。塞翁失马焉知非福。人生没有过不去的门槛，关键是我们都要有一颗思辨的不断进取的心。

我们离我们的生存目标越来越远

我们生活在一个变化的时代，各种观念、各种生活方式异彩纷呈。多元的价值，不一样的生活如万花筒，让人眼花缭乱。房地产的火爆，使小城变成大城，没城也要劈山填水造城。要不了几年，就会高楼大厦鳞次栉比，街道车水马龙。无论哪个城市，街道都是商流、人流。巨大的广告招牌，争奇斗艳，竞相怒放，恨不得死死抓住眼球不放。各种商家播放的招揽音乐、汽车喇叭声充斥街道。路上的行人神色匆匆，大包小包提着东西，攒动的人头不是接手机就是打手机，各种浓重的方言夹杂着急促呼吸，随着人群涌动流向大街小巷。

喧闹的街市里，人们行步匆忙，很少交流，很少有笑声。各种店铺挤满了人，在消费、在抢购能满足自己私欲的东西。

为了面子、显贵，人们在衣食住行方面，不断攀比，追求更好。

人们的衣着穿戴也不断丰富、升级。据调查，中国的奢侈品消费攀升，各种名牌衣服、名表、化妆品、首饰、名鞋等源源不断流向中国。中国人对奢侈品的疯狂购买和占有，令富裕的外国人都目瞪口呆。中国更是已经成为手机的消费和使用大国，人们求新、求美，如果两年没换手机，人们都说你“奥特嘞”。

图 11.6　一张床、一碗饭、一瓢水、一件衣，这些足以满足我们的基本生存。当欲望被挑起，尤其是无穷的贪欲被激起，我们就会攀比、虚荣，进而走向异化，最终自我毁灭

中国人崇尚民以食为天，

现在吃得越来越好。各个城市都有美食一条街，各种楼堂馆所、大酒店、宾馆也拔地而起，纷纷开发自己的私房菜，以精美口感、营养、稀缺等为噱头，招引天下食客一饱口福。中国自古以来就在吃上用足精力，越是达官显贵越要吃得好。筵席大餐成为显示个人身份、权力的一大标准，用餐的人也穷奢极欲，赚足人气，其场面豪华堪比皇家的排场。所以，无论天上飞的还是地上跑的、水里游的，统统被冠名，变成人们朵颐大餐的食材。

沿街的楼房越盖越高，因为这里的地段有足够的升值空间。人们住的房是越来越大、越来越豪华，这是富裕的象征，是地位的显示。开发商也用心研究人们的心理，诱人的广告总让人心动。他们往往穷尽一方风水宝地，矗立一座座刺激、惹眼的广告，引导人们去购买高档的楼房，或显贵的欧式别墅，或山水环绕的世外桃源；它们大多在交通便捷的商业核心地带，或毗邻名校的地段。总之，让你觉得这个好，当然还有更好。他们都鼓吹你内心隐藏的每个需要，放大满足你的欲望。各种概念、炒作，让人挣足了面子，什么私密性、人文性、黄金地段、富人区等，都让你深深感觉你生于此命贵，死于此命值。喜好面子的中国人信奉风水，认为在这里居住就可以富养万代，永享荣华。

人们开的车越来越好，各个阶层的人都抢着购车。年轻人结婚要买车备房，工作几年的人要贷款买车。难怪中国已成为世界第二大汽车销售王国。中国的大中城市道路超负荷运转，拥堵已成为一大景观。一方面是车多；另一方面是违规驾驶的人也多。发达的人要紧赶潮流换车，买不起新车的人争着买好的二手车。据报道，有个山西煤老板，一次买了几十辆悍马，浩浩荡荡开回山西。

然而，当走进人们的生活，零距离地接触时，我们都会在街道、饭店的餐桌，或在车里，听到一连串的抱怨，看到无神的眼、没有笑容的脸，以及拖着的一身的疲惫。他们都在抱怨：吃得不健康，伪冒假劣食品太多；到处堵车，开车反倒更慢；新房的质量差，裂缝大，墙皮脱落还漏水……

市场制造着繁荣与奢侈，让我们一方面不停追逐着享受奢华的脚步，另一方面却又抱怨着这些东西。我们焦虑、不安、满腹牢骚，甚至有些抑郁。太多的欲望无法满足，太多的冲突。这些郁闷让我们酗酒、彻夜狂歌，甚至冲破道德的底线，蹂躏他人的尊严或自残。

究竟为什么我们会这样？为什么物质生活极度丰富却不幸福？

我们内心的平和安宁哪里去了？什么才能拯救我们现在烦躁不安、感情冷漠、极度贪欲却又缺乏安全感的状态？

人们现在的衣食住行极大丰富了，选择也多了，更主要的是，我们永无止境的欲望被激发起来，我们不停地攀比，占有领先别人的优越地位，我们总害怕失去当前的一切，极力去获取尽可能多的财富。为了获得更大的利益，我们经常看到财富创生财富的投资，投资越多，我们的担心就越多；我们拥有优势的标准是我们对未来控制力的增强，当我们有太多的财富，太多的投资经营的时候，像多米诺骨牌一样，任何一处的一个倾倒，都会使全盘受到连锁的影响。真是，财富越多，我们越容易担心失去。

我们就这样被外在的欲望和市场挑起的需求所刺激着，像上足马力的轮子不停地运转，一刻也不敢停下来。我们试图控制财富，实际上是财富控制着我们。我们的心被搅动起来，焦虑、不安、恐惧使我们失去了平静的生活。财富让我们异化了，我们追求的财富左右了我们的生活。回首看看西藏人的生活，他们平静、祥和、内心喜悦、没有焦躁不安的困扰，他们的生活目标是听从佛的旨意，生死由天，富贵由命，他们活在当下，满足于每天的三餐和衣服的温暖。他们日复一日、年复一年地生活，在单调重复的生活中追求着永恒，他们和自然环境保持着和谐，始终怀着感恩的心，对周围的山山水水怀着一颗敬畏之心。人和人之间充满着友好、热情，没有谩骂和争斗。他们在洒满阳光的草原上唱歌跳舞、嬉戏，把爽朗的笑声抛洒在空气中。他们似乎没有追求，但他们的确享受着生命的快乐、自然的幸福，他们过着属于自己的生活，简单而富足，单调而丰富。他们与天最近，与自然最近，他们与自然融为一体。相比而言，我们是科学主义倡导下的物质主义，他们则是宗教主义。一种是不断地获得与征服，另一种是敬畏与和谐。

我们从中应获得启发和借鉴，以反思我们的生活，我们究竟是幸福还是虚荣，我们是得到还是失去。西藏的宗教生活给我们这样的启示：如果我们一味地获取与占有，我们占有的越多，对自然的破坏、影响也越多，为此竞争将成为主宰我们生活的主旋律；获得越多越不满足，都想争得天下先。于是，人与人之间疯狂抢占资源，贪婪地敛财，国与国之间也这样弱肉强食，发动各个领域的战争。我们的家园——地球因激烈的竞争而导致战争、冲突，我们内心更加焦虑、烦躁、不平衡、不安全。我们的生活方式已经远离生命的本原，虽然我们追求文明、幸福，但是我们生活的轨迹已经严重偏离生命发展的历程，而且越来越远。如果不幡然悔悟，我们将感受不到内心平和的呼唤、人生的真正幸福，所有创造的文明都将成为加速我们灭亡的工具。

回首人类进化的过程：动物、社会性动物、人。我们之所以在生物进化中生存至今，是我们与世界自然环境相适应的结果，我们始终是自然界的一部分，在自然界面前是渺小的。我们生活在自然界，人类如同任何一种动物一样有自己的生活轨迹，有责任适度地享用大自然的资源。大自然有其内在的平衡调节，如果我们违背了这一规则，永无止境地获取与占有，最终我们将一无所有。任何生物成长的过程都遵循生命固有的生死轨迹。无尽的宇宙，有限的地球，我们都是其中的一分子，顺应生命的轨迹，就等于爱惜我们自己的生命。作为万物之灵的人，我们有能力调节与自然的关系，感受生命的原始呼唤，过我们本然的生活，而不要沦为中邪的动物，肆无忌惮地践踏自然、毫无节制地繁衍，这种疯狂破坏自然的结果就是招致大自然无情的报复。

人的欲望是无限的，佛家认为人的贪欲招致人的痛苦和毁灭。这是因为，贪欲使人烦恼不安，驱动人发起有漏业，尤其是发起不善有漏业，而有漏业往往导致人的生死苦果。显然贪欲是人生诸苦之本原。《大毗婆沙论》卷四十四解释说，欲寻自害者，当贪欲生起时，“身劳、心劳，身烧、心烧，身热、心热，身焦、心焦”。《华严经随疏演义钞》认为人有五欲：财欲、色欲、名欲、饮食欲和睡眠欲。人的欲望是无止境的，如不理性加以控制、合理满足的话，必将招致人的毁灭。我们人类对自然无节制的开发、掠夺，破坏了自然的平衡，曾遭到或正在遭到自然报复的事件，已令当今的我们触目惊心。

我们和大自然是一体的，生于此、长于此、死于此，我们无时无刻不依赖大自然。人和自然是一种和谐平衡，我们要在有限的范围内利用大自然，善待大自然。人要合理化我们的物质需要，追求我们精神的解放和自由。

回想一下我们的生活目标，我们生命的原本轨迹是什么？我们不要离人类的天性本然太远了，我们要获取并享有我们真正的生命幸福。

感悟：资本主义利益最大化的原则让人类走向了异化，使我们成为自己命运的掘墓人。物质主义、消费主义至上，让我们沉湎于醉生梦死的享乐而没有了精神和灵魂。生命为天，和谐为本，让我们敬畏自然和生命，回归内心，寻找生命本性的初心，合理化自己的欲望。

生命的色彩

人的命运是变化的，它的变化规律正如大千世界的变化规律一样，是永恒的。

一年中的四季，它亘古未变，周而复始，让人感受到春之韵、夏之艳、秋之意以及冬之籁，而我们的人生阶段，也从啼哭的婴儿，经历青春期、中年期，至鹤发童颜的老年，这些都会让我们感受到岁月匆匆，从心底体悟到生命的流淌。

少年时我们没有对过去的留恋，只渴望未来。中年时，我们大多沉浸于当下的奋斗时光。然而，到了老年，我们就会留恋过去。人生的变化及轨迹，会让我们深深体悟到人生没有重复相同的阶段，人不可能两次踏进

图 11.7　不同时期的生命都有其独特的色彩

同一条河流。不言而喻，人生的变化是高低起伏的，好坏交替呈现。想永远维持在一个位置，一劳永逸享受某个永恒的优越是不可能的。这正是花无百日红，长江后浪推前浪，江山代有才人出。生命的变化就是这般无情，也是这般的公平。为此，我们要有一个淡泊的心态，既能享受辉煌的盛宴，也要能拥抱人生低谷的寂寞。这就是我们应该拥有的人生态度——达观。换句话说，如果人生的变化是潮起潮落的步伐，我们就应该顺应自然的变化，期待下一个潮起的波动。所以，在人生失意时不要消沉，要昂头挺胸，面对未来。只要我们乐观、勇敢地挺过眼前，就会迎来并抓住人生的新机遇，铸就我们明天的胜利与辉煌。

在漫长的等待中，我们不要消极被动，而是要努力积累力量，积极迎来人生下个阶段的精彩。

只有坚持到最后，我们才是真正的成功者，这也诠释了人们常说的一句话：笑到最后的人才是真正的胜利者。生活告诉我们这样一个哲理：人都是往前看的，过去的事已经随岁月过去了，永远消失在记忆长河里，唯独当下或未来才是人们应当关注的，也是人们倾其所能应该追寻或奋斗的。如果过去是死亡的话，那么当下乃至未来就是充满希冀的太阳。

人很早就对生命的变化有深深的忧患意识：逝者如斯夫。

年轻时，我们豪情万丈，一直在奋斗与得到，正如我们的生命在生长一样，每天我们都会有新的变化与收获，生命就是一架不知疲倦的永动机，我们的脚能走万里路，手能攀万仞山；我们的胃口具有无穷的容量，能吃尽天下美食。我们也会怀着这样的信念：人生没有办不到的事，只有想不到的事。我们敢于挑战人生的一切，我们气吞万里，对未来没有恐惧，精力充沛。我们正如早上八九点冉冉升起的太阳，我们生命的霞光普照大地。

然而，随着岁月的流逝，我们的激情开始消退，正如我们慢慢走过人生的巅峰。我们再也拥有不了那么多东西，开始回家，踏上回归内心的路。此时，岁月在我们内心画上一个老年的符。从此，我们开始关注自己的内心，思考我们生命存在的价值和自己的终极关怀。因为，死亡的字眼闯入了我们心头，我们熟悉的亲人、朋友，有的患重病或伤残，有的开始离开我们。他们的人生变故，让我们关注以前从未认真思考的死亡，以及我们的使命。因为，在我们的生命走向尽头的时候，我们不得不面对或回答这个问题：生命是有限的，亦是脆弱的。这个话题让我们对人生唏嘘不已，平添了几许伤感。纵览悠悠人生，难道我们就这么似发条或陀螺一样，在世上平淡走一遭吗？我们心里坚定地回答：不会，绝不会是这样的！无疑，只有认为此生无怨无悔了，才会欣然进入另一个世界，否则我们将是带着遗恨痛苦地、无奈地离开。我们是痛苦地来到这个世界，所以期望带着微笑离开这个世界。只有这样，我们的人生才是一个圆满的归宿。因此，为避免我们不期望的窘境出现，我们都必须在这个时候，对生命和自我终极性的问题进行思考，从而获得关于这些问题的明确回答。

在意识到死亡之后我们重新对生命加以认识与诠释，由此更懂得人生的意义，也就是我们存在的价值和这辈子来到世上的神圣使命。因此，到了知天命年龄的人，或者说对这些问题经过明确思考的人，已脱离对奢华物质的追寻与占有，因为物质的东西并不能让他们获得心灵的最终满足。他们对人生已大彻大悟；他们很成熟、有信念；他们宽以待人，有社会责任感，对人类的未来有悲悯意识；他们大都热衷于社会公益，助人为乐；他们更加关爱自己、他人的生命，更懂得珍惜时间；他们努力工作，与周围和谐相处。

从整个人生说，青春期是美好的，青壮年是走向生命发展的辉煌与巅峰的时期；老年则是危机期，因为他们的身体已开始走下坡路，生机勃勃的年轻人已经开始向他们发出要接班的挑战。

如果说“铁打的营盘流水的兵”，部队永远是充满活力的年轻人的天下，那么社会，也是年轻人奋斗的战场。这是事物发展的趋势，也是任何有生命的事物新陈代谢的发展轨迹。

然而，对一个人而言，无论多么辉煌也都是社会发展长河中的一朵浪花而已，他也会随着无情岁月的流逝，走进中年、老年。为此，我们每个人都应该彻悟人生的规律，到什么山唱什么歌，不以物喜不以己悲，以自己的使命为己任，做自己人生的事，履行自己人生的使命。我们虽不能为社会发展负责，但我们可以为自己的人生负责。我们应活出自己的尊严，活出自己的精彩，活出自己的价值。

如果说年轻人是社会关注的中心，那么中年人更是社会垂青的群体。这是中年的独特优势与价值，所以中年人更懂得自己的人生目标，更懂得如何热爱、珍惜与彰显生命的价值。

如果说年轻人是为赞声、荣誉而活，那么中年人更应该成为社会的中坚力量，实现自己人生的价值，老年人则是要为自己生命的快乐而活。如果说年轻人会失败的话，那么中年人，会把每一次机会的风险降低到极点，他们更会审时度势，拓展生命的意义。老年则是人生的收获季节，似天边最美的一抹晚霞。

人生似一条河，在变化、流动，不同的河段有不同的风景。少年的癫狂、青年的热情、中年的沉稳、老年的淡定，这是生命不同的色彩，都有其独特的价值。我们应该循着生命的轨迹，唱不同的歌，做不同的事，让生命在我们身上绽放出独特的美丽的花。

如果说识时务者为俊杰，那么我们就应该忘记过去的辉煌，放下自己已有的成绩，倾听生命本身的呐喊，接纳我们这个年轻阶段的生命使命，以乐观的态度迎接新生命的约谈，谱写属于自己时代的生命华章。

一年有四季，人生有不同，乐观的心是我们内心的永恒，真实的自我是我们内心的守望，生命的呼喊是我们义不容辞的使命。这是生命流动的轨迹，这是生命的踏歌而行。活出每个时代的尊严，唱出每个年龄段的欢歌，行出每个时期坚定的步伐。

这就是生命的轨迹！

这就是生命与热爱生命的人同辉！

这就是生命的色彩，也是精神的还乡。

人生驿站

虽然昨晚辗转反侧，睡得很迟，但是今天还是起得很早。因为，今天是新年的第一天，我很兴奋。起了床，走到阳台上，我深深呼吸了一口新年的空气，真有些沁人心脾的感觉。然后，伸伸懒腰，我浑身有一种说不出的舒坦，似乎有一种神圣的感觉。我不禁感慨：新年的第一天就是不一样，万物都有一种灵性。

一上午我都精神抖擞，内心有股莫名的劲头，逼着我坐下来，耐着性子，把手中的书稿改完了。我松了一口气，习惯性地伸伸腰，满心欢喜，哼着几句小曲。

今天，是个特别值得纪念的日子，因为这是为自己一年的生涯付诸实施的第一天。我不由自主心生一种感慨：年年岁岁花相似，岁岁年年人不同！我认为，只要我们心里始终有自己的目标，使命感就成为每天做事情的动力。这真是今天我内心的写照。

多少年来，我一直有个习惯，当心情烦乱时，便偷闲使自己静下来，努力放下一切，给心灵一个休息的驿站。要么去无人的山涧，要么在夜阑人静的月夜下独自漫步，要么安居宁静的斗室，要么面对辽远的天地。每每在这个时刻，我都有一种特殊的体验，心里涌动一股悲凉、神圣的情调，而后咬紧牙关，一阵酸楚浸入鼻腔，眼睛也很快蒙上一层泪水。此时此刻，我很清楚，这是内心的我，它无视外在的所有影响、干扰，我能体会到它

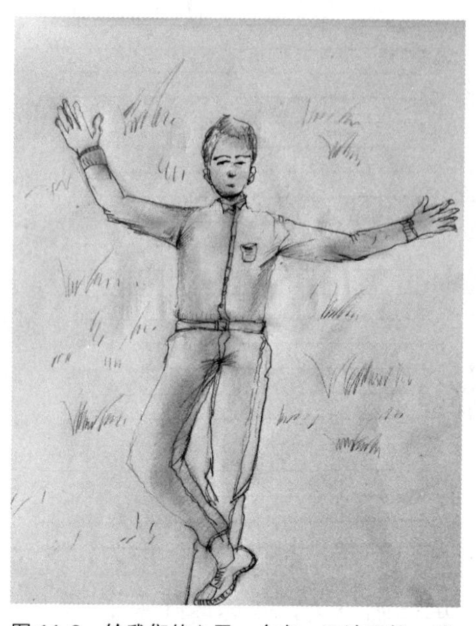
图 11.8　给我们的心灵一个家，无论再忙，我们都需要一个滋养与疗愈的家。它温暖，让我们不孤独，更不寂寞

神奇的力量。这个时候，我感觉很实在，我在聆听它的心动、想法。天底下，我属于我自己，我是自己的主人，我体会到自己的存在和价值。我能跳出身体，远远地审视端坐的我，还能换个角度看待头脑中的我的经历存在的问题，也能想明白生活中很复杂的事。有时，我真的会豁然顿悟，会放下一些恩怨，感觉一下子很轻松，似乎身体也有了灵气和力量。我认为这是静修的魔力，也是进入了佛的状态。

如果我们每天临睡前能自我放松，身心浑然进入这个状态，那一定很好。在完全松弛的境况下，让内心的我活跃起来，受到外在我的观照，使压抑的情绪毫无顾忌地释放。哭也好，笑也罢，痛痛快快，酣畅淋漓，随心所愿。之后，我们一定不认识此刻的你，脱了伪装而纯粹的你。在滚滚红尘中，内在的你经常会迷失，我们经常是一辆没有制动的车，在名利、功利和必胜的目标驱使下一直往前，走了很远、很久，忘了我们的初心、我们的家，更有可能异化，以至于颠倒了亘古以来的人生根本的目标和人生天然的运行轨迹。还有一种结果是，在不知不觉中我们对内在的我忽视已久，以至于与外在自我出现严重的失衡，生活老感觉不顺，内心凸显出莫名的痛苦。当面壁苦思良久，才突然发现你已经迷失得很深，离开内心的我而走得很远。过了不惑之年，你也许得到了你并不需要的东西，也许至今才明白哪些东西才是属于你的。

当我们生命的年轮走向岁月的夕阳，一向自尊的你，也许口上并不承认你的后悔。可是，在某个夜阑人静的时候，你总会放下一切的最能看清楚的自己内心的伤痛、感慨，你不得不面对内心真实的自我，以一种哲人的胸怀达观、全面地看待过去的热情和执着，以及引以为豪的拥有。你可能会领悟：不经意失去了人生最重要的东西；为了声誉而迷失了内心的愿望……

你也许会后悔，希望人生可以重来，期望下辈子你再明明白白地活着，可这都是聊以自慰，无奈地只能对年轻人发出人生的忠告，以获得一种心灵的慰藉和升华。

这种悔意可能会伴你余生，如果你不能超脱的话。

为避免类似命运的发生，我们要多些单独的时间体悟内心，与那个内在的自我对话。静下心来反思一下走过的路，多问问自己真正快乐吗？我现在的行为方式和人生目标是我的需要吗？你一定要激活内在的自我，与他心平气和地交流，让你的生命焕发出本性的魅力。

这真像是人生旅途的加油站，也好似人生身心休憩的驿站。有这个心灵歇脚的地方真好，它给我们内外自我一个对话的机会，给我们一个回首与感悟的契机，也让我们脱下各种伪装，寻觅真实的自我，思索我们生命的本性和源头。不管如何，在这里我们可以思前想后，休整疗伤，养精蓄锐，还可以面对未来及时调整我们自己的人生方向，让内在的自我引领你找到属于自己的人生。

只有这样，我们的人生路途才更加坚实，每一步才都是我们真实生命的流露。为此，我们不能忽视人生道路上的人生驿站，它能给我们一份心灵的慰藉，让我们的身体和心灵获得沐浴和休憩。有这样的身心休整的驿站，我们才有机会进入忘我的境界，和内心的自我相拥、对话。人生驿站能让内心的自我获得生命的滋养，更为重要的是有它陪伴漫漫的人生，才会让我们有一个无悔的人生。

我喜欢待在人生驿站的感觉，如果人生如节，我很希望这个节点不仅仅是人生仪式的重大时刻，更是人生旅途的“文武百官至此下马”的大驿站。在人生驿站里，好好读读走过的岁月，晒晒内心的秘密，倾听内心自我的呼唤，然后放下不属于自己的东西，毅然地追寻心中向往的梦想……

人生驿站啊，我们的精神家园，我们人生的发动机，我们自我成长的乐园！

有你，真好！呵护你，是我们的神圣使命和义不容辞的责任！

感悟：给自己心灵一个安静的家，常回精神的家园养养心。在这里，可以冥想，可以思过，可以祈祷，可以畅想……我们不仅可以从中汲取克服困难的动力，更可以适时调整我们人生的方向。

后记：在旅行中成长

人生是一个漫长的旅行，从出生到离开这个世界，我们经历了旅途的风风雨雨。临死的时候，每个人都会对自己的人生旅程作一个总结和感言：刻骨铭心的是什么？最痛苦、最快乐的是什么？最遗憾、最内疚的是什么？人生最精辟的箴言又是什么？如果有来世，下辈子该如何生活、奋斗？这离别的遗言，是最真诚的表白，不仅撼山动地，而且闪耀着大彻大悟的光华。因为这是活了一辈子才顿悟的道理，所以让聆听的人难以忘怀。毋庸置疑，遇到这样的场合不多，只有最亲密的人，才有机会与临终的人话别。这似生命旅行的结束，岁月如歌，我们都会一步一步走到生命的终点。

在漫长的一生中，我们少不了外出，会感受不同的文化或氛围，遇到不同的人。野外踏青、走亲访友、出差办事、求学、工作，这些也都是旅行。不管怎样，离开家，也许漂得近，也许会泊得很远，不过，我们总是要回家的。这期间你会经历异样的人生，感悟不同的故事。因为生命是神奇的，能遇上什么事、什么人，听到什么样的故事，这些都是很难预料的。如果你躲在家里，是不会有这样的恩惠降临的，无

图 12.1　这是旅行中看到的树根，它让我联想到生命力的顽强

论你有多么丰富的想象，也有你想不到的世间百态。而且，亲身经历的与闭着眼睛想象的场景，对人内心的影响是截然不同的，这就是亲历的事件总能打动人，让人经久不忘的原因。亲历的旅行不仅丰富了我们的人生，也延长了我们的生命。由此，旅行是一步步的心灵疗愈，那些坎坷的经历和感动的事，都是滋养我们心灵成长的良药。相比而言，旅行的人与一生一世长于某地的人，会有更丰富的人生经历。如果这样一想，这一辈子经历那么多世事，获得那么多体验和感受，我们一定会欣然竖起拇指，“这辈子活得值”。

每一次的外出，我们领略异地风光、了解各种人情、体验百态万象，这些都会让我们兴奋、激动，敞开胸怀。经历这么多从未有过的变故，一定会激活我们麻木的情感世界，不仅体验人间的喜怒哀乐而且感受人们的悲欢离合，这些丰富的人生体验使我们的情绪高昂，心灵处于活跃的状态。这些不同的文化和风俗，与自己头脑中已有的观念有些是相似的，更多的却又是不同的，这令我们惊讶不已。不仅如此，我们还会亲历十里不同天，会听到不同的人生故事，尤其是意想不到的英雄传奇和平凡人的创业经历，这些新鲜的东西会让我们兴奋、回味和感触。每次旅行回来，我们总有说不尽的新奇，我们的视野由此渐渐开阔、心若虚谷。从此后，我们真可能成为一个有情有义的人，不仅体会别人的各种复杂情感，还能主动地调节负面的情绪，始终怀着一份对生活的热爱，坚守内心渴望的信念，豁达、淡泊、乐观地生活。

由于旅行，我们离开了家，没有了依靠。这无法选择的处境，让我们努力学会独立生活。这是难得的“野外谋生训练”，每天吃喝拉撒的生活琐事、做事的计划以及与人沟通都得由自己打理。不管是享受权利，还是承担责任，甚至忍受孤独和寂寞，我们都守望着心中的梦想和目标。

在实现目标的过程中，我们会遇到意想不到的困难，甚至失败与挫折，你不能回避和退却，而要面对它，以乐观的心态坦然处之。面对困难或失败，个体耐受挫折的能力很重要，因为挫折可能使你痛苦，但同时却能磨炼你的意志，让你更加坚强和自信。如果有了这种经历，你会养成勇于接受命运挑战的个性。这种勇敢、坚强和自信的人格，激励我们不甘平庸，做出惊人的业绩。有人说：性格决定命运。我们的人生轨迹由此而获得奇迹般的改变。

不仅如此，遇到困难与挫折还能让我们独立地抉择，学会思考。人们常说：不怕做不到只怕想不到。仅有面对困难的勇气是不够的，要把这种热情化为一种智慧，激发自己的创造力。世间的困难既有普遍性也有特殊性，而普遍性寓于特殊性之中，你遇到的任何困难，都可以说是一件特殊的事，你要有独自的判断和思考。每次的抉择都是我们宝贵的经历和财富，在一次次化险为夷的决策中，我们的智慧和经验得到了增长。我们也可能有判断、决策失误的时候，但那会让我们品尝到权利与责任的真正含义及关系。无论如何，失败会让我们体会到责任的重大，思索会让我们理解权利的含义，从而更好地履行自己的责任。由此，正确认识人生的沉浮，卒临天下事不惊不怒，守一份淡定，怀一腔宁静。这种人生体悟促使我们人格的日趋成熟，奠定了事业成功和美好人生的基础。

要克服旅行中遇到的困难，还要学会与人沟通，努力获得别人的支持和帮助。俗话说：站在巨人的肩膀上，可以很快成为巨人；三个臭皮匠顶个诸葛亮。这告诫我们，要善于利用外界的资源和智慧，克服我们生活和事业中遇到的困难。人并非完美，我们的局限可能正是别人的优势。我们的迷惑之处，可能是有人领悟过的问题，他能给我们在黑暗的路上点亮前进的明灯。我们要相信天无绝人之路，在苦苦求索的路上，一定会有贵人相助。这些“贵人”的出现，能使自己化险为夷，绝处逢生。为脱离困境，我们要学会主动获取帮助。

图 12.2　旅行离开了家，又会认识不同的家，更会发现不同的文化

怎样才能获得别人的帮助呢？世间最难做的事是与人打交道，发现相遇的人中哪些是能帮助你的人很不容易，争取他们的帮助更不易。为此，我们首先要加强修养，成为一个受欢迎的人。其次还要懂得人情世故，学会与人交往和沟通，这方面的能力仅靠看书学习是不够的，待在家里也是永远学不会的。而旅行恰恰是个好方法，旅途中我们会遇到性格迥异的人，把自己置身于具体的会谈情境中，大胆交流，认真反思。就这么积累、坚持，终于有一天我们会蜕变成沟通达人。

旅行还使我们享受各地的美食，饱览各地的山川美景。古人说：民以食为天。我们每天都要吃饭，获取维持生命的营养，使我们精力充沛，从事各种事业活动。人的嘴巴主要是获取食物的营养，漂亮的牙齿不只是美观更主要是用于咀嚼食物的，人的舌头不只是发音更是搅拌食物、品尝味道的。风味小吃激发我们口腔的各种功能，还能引发我们快乐的情绪，留下美好的人生记忆。吃饭并非仅仅是为了获得营养，也是我们沟通交流的场景，在这里你可以结交朋友、分享快乐、感悟人生。饮食是一种文化，如果你是有心人，你会从中获得很多滋养心灵的元素。

各地的山川如风味美食一样异彩纷呈，相互交融，各自成趣。看山喜不平，各地山水的不同，蕴含有独特的风情，为了感受这种独特的魅力，我们行走于崇山峻岭；为了领略山外有山的美景，我们翻越一山又一山，涉过一河又一水，欣赏山川的美丽，我们要亲自去经历这旅行，它让我们乐不思蜀、流连忘返。在欣赏山的壮美、感悟水的柔美之时，我们的身体得到锻炼，心灵得到愉悦。如果我们是用心在游历的话，总能读懂山看透水。中国人讲天人感应：道生一、一生二、二生三、三生万物。有道是：仁者乐山，智者乐水。历代的文人墨客从自然中找到他们喜爱的梅、兰、竹、菊，也从中找到他们的精神家园。白杨树的平凡、松树的坚强、华山的险峻、黄河的不屈……这些自然景致给人以启示，不仅陶冶我们的品格，而且提升我们的精神境界。如果你能领悟自然的变化和人生的变故同出一理，那么旅行就会陶冶我们的性情，也会提升我们的品格。只要我们善于从旅行中向生活学习，就会有一个不悔的人生。

朋友，人生似一种旅行，旅行对我们人格的成熟，以及对我们发现并体验生活的美好都益处多多。无疑，旅行也是心灵的疗愈，是自我的成长与超越。旅行的好处很难说尽，难怪乎，人们总是这么说：读万卷书还需行万里路。我们人生的各种需要都能从旅行中获得，各种机缘也能从旅行中遇见。

……

朋友，我喜欢旅行路上记录下亲历的感悟。我是一个书生，特别喜欢旅行与写作，它们都具有心理治疗的作用，有助于滋养我的心灵，促进我的精神成长。这个集子收录了我这几年人生旅途中所写的文章，我希望与你们一同分享。文章中的观点都是自己的感悟，故事是我亲身经历的或旅人讲述的。

希望得到你们的关注和建议，让我们一同好好走自己的人生旅途……

宋兴川

2017.6 浙江丽水